高强钢带约束加固混凝土结构技术

杨 勇 薛亦聪 冯世强 陈 辛 郝 宁 著

中国建筑工业出版社

图书在版编目（CIP）数据

高强钢带约束加固混凝土结构技术 / 杨勇等著. —
北京：中国建筑工业出版社，2021.11
ISBN 978-7-112-26874-0

Ⅰ．①高… Ⅱ．①杨… Ⅲ．①钢筋混凝土结构-加固
-研究 Ⅳ．①TU375

中国版本图书馆 CIP 数据核字（2021）第 249336 号

本书系统介绍作者团队在自主创新发明的高强钢带约束加固混凝土结构技术（简称高强钢带加固技术）方面的研究工作和取得的系列成果，具体内容包括：绪论；高强钢带加固钢筋混凝土梁受剪性能研究；高强钢带加固混凝土柱轴压性能研究；高强钢带加固钢筋混凝土柱受压性能研究；高强钢带加固钢筋混凝土长柱抗震性能研究；高强钢带加固钢筋混凝土短柱抗震性能研究；高强钢带加固钢筋混凝土框架节点抗震性能研究；高强钢带加固钢筋混凝土梁柱组合件抗震性能研究；高强钢带-防屈曲支撑组合加固钢筋混凝土框架结构抗震性能研究。本书内容具有较好的系统性、理论性和实用性，可为高强钢带约束加固混凝土结构技术的科学研究和工程应用提供理论依据和科学支撑。

本书可作为高等院校土木工程、桥梁工程、工程力学等专业领域的本科生和研究生教材或参考书，也可供从事工程结构加固研究、设计、施工的技术人员参考。

责任编辑：王华月
责任校对：赵 菲

高强钢带约束加固混凝土结构技术
杨 勇 薛亦聪 冯世强 陈 辛 郝 宁 著
*
中国建筑工业出版社出版、发行（北京海淀三里河路 9 号）
各地新华书店、建筑书店经销
北京鸿文瀚海文化传媒有限公司制版
河北鹏润印刷有限公司印刷
*
开本：787 毫米×1092 毫米 1/16 印张：16¾ 字数：338 千字
2021 年 12 月第一版 2021 年 12 月第一次印刷
定价：**128.00** 元
ISBN 978-7-112-26874-0
（38646）

前 言

随着我国经济发展和城市建设的发展，目前我国建筑业已经逐步从大规模新建时期向以新建与更新改造并重的发展时期转变，并将在不远的若干年后逐步进入到以更新改造和维修加固为主的新发展时期。由于灾害损伤、用途变更、建造年代较早、使用环境腐蚀等诸因素，既有钢筋混凝土建筑结构、工业厂房结构、桥梁结构等均可能在构件承载能力、结构抗震性能、结构构造连接等方面出现不满足现行规范要求的情况，继而导致结构安全性、适用性、耐久性无法满足要求，需要对在结构检测鉴定和可靠性评估后，对结构进行维修加固或改造加固以确保结构可靠度满足要求。

长期以来，我国对工程结构的维修加固和更新改造十分重视，较早颁布了《混凝土结构加固技术规范》CECS 25：90、《钢结构加固技术规程》CECS 77-96、《建筑抗震加固技术规程》JGJ 116-2017 等加固规程。近年来，结合大量的工程实践经验和科学研究成果，我国先后修订和制定了《混凝土结构加固设计规范》GB 50367-2013、《建筑抗震加固技术规程》JGJ 116-2009、《预应力高强钢丝绳加固混凝土结构技术规程》JGJ/T 2014、《建筑结构加固工程施工质量验收规范》GB 50550-2010 等系列规范规程。上述规范规程建议的混凝土结构加固方法主要有：增大截面加固法、置换混凝土加固法、粘钢加固法、外包钢加固法、粘贴钢板加固法、增设支点加固法、粘贴纤维加固法、改变结构受力体系和预应力高强钢丝绳加固技术等，这些混凝土结构加固方法在大量实际工程得到应用，发挥了重要作用和意义。

考虑到混凝土在受到横向约束时，抗压强度和极限变形能力可以得到显著提高，多种基于横向约束混凝土的加固技术得到研究和应用，其中得到较为系统研究应用的方法有预应力钢板箍加固技术、预应力碳纤维布加固技术、形状记忆合金加固技术。上述基于横向约束混凝土的加固技术均表现出了良好的加固效果，基于此，在国内外已有横向约束混凝土加固方法基础上，本书作者团队创新发明了一种新型混凝土结构加固技术—高强钢带约束加固混凝土结构技术（以下简称高强钢带加固技术）。高强钢带加固技术采用在包装行业应用较成熟的钢带打包技术，对各种类型的混凝土结构构件外表面沿横向布置等间距分布的高强钢带，并通过拉紧钢带（可产生一定预应力），使构件中混凝土受到横向约束，有效提高构件的承载能力和变形能力。自 2012 年以来，本书作者团队结合试验研究和理论分析，对高强钢带加固钢筋混凝土梁、柱、节点、框架的力学性能与抗震性能进行了深入研究，先后获得 3 项国家发明专利和 10 余项国家实用专利授权，并在 30 余项实际工程中得到应用，系统建立了高强钢带加固钢筋混凝土结构的成套设计法，可为高强钢带加固技术的工程应用提供理论依据和科学支撑。

全书共分九章，第 1 章 绪论，第 2 章 高强钢带加固钢筋混凝土梁受剪性能研究，第 3 章 高强钢带加固混凝土柱轴压性能研究，第 4 章 高强钢带加固钢筋混凝土柱受压性能研究，第 5 章 高强钢带加固钢筋混凝土长柱抗震性能研究，第 6 章 高强钢带加固钢筋混凝土短柱抗震性能研究，第 7 章 高强钢带加固钢筋混凝土框架节点抗震性能研究，第 8 章 高强钢带加固钢筋混凝土梁柱组合件抗震性能研究，第 9 章 高强钢带-防屈曲支撑组合加固钢筋混凝土框架结构抗震性能研究。

本书由杨勇统稿，参与本书撰写工作的有：杨勇（第 1、5、6、9 章），薛亦聪（第 2、3、4、7、9 章），陈辛（第 2、3 章），冯世强（第 7、8 章），郝宁（第 5、6 章）。

本书研究工作得到陕西省杰出青年科学基金（2019JC-30）、陕西省建筑科学研究院专项研究经费、陕西省教育厅科研计划项目（14JF014）和西安市科技计划项目（CXY1432（5））的资助和支持，在此表示感谢！

本书研究工作的主要试验在西安建筑科技大学结构工程与抗震教育部重点实验室完成的，在此对实验室全体老师的付出深表谢意！

本书研究工作是在作者课题组的大量硕士、博士研究生和博士后的共同努力下完成，在此向刘义、于云龙、张波、李辉、刘如月、薛亦聪、冯世强、陈辛、郝宁、郭梁、王欣林、李少语、王汉迎、郝良金、魏渊峰、赵飞、张雪昭、王念念、陈展、夏泽宇的辛勤付出和鼎力支持致以诚挚谢意！

鉴于作者学识和水平有限，书中不妥之处在所难免，作者怀着感激的心情恳请读者批评指正。

Contents
目　录

G 第1章

绪 论

1.1 研究背景

一般来讲，土木工程发展进程大致分为三个阶段：大规模新建阶段、新建与更新改造并重阶段、更新改造与维修加固阶段。目前，西方部分发达国家已经逐步发展到第三阶段，土木工程行业的重点已经转向更新改造与维修加固阶段。早在 1987 年，美国国家材料顾问委员会提交的报告称：约 25 万座混凝土桥梁的桥面板出现了不同程度的破坏，其中部分桥梁使用不到 20 年，并且正以每年 35000 座的速度增长。英国的加固改造工程，已占其土木工程总量的 1/3。丹麦用于加固改造工程与新建工程的投资比例已达 6∶1，并有逐渐扩大趋势。

随着我国经济发展和城市建设的发展，我国土木工程发展目前也已经逐步从大规模新建时期向以新建与更新改造并重的发展时期转变。以建筑业为例，早在 1986 年，国家统计局和国家建委对全国 323 个城市和 5000 个村镇进行普查，结果显示当时全国现有建筑面积约 50 亿 m² 中，其中约 23 亿 m² 需要分期分批进行鉴定加固，近 10 亿 m² 急需维修加固后才能正常使用。截至 2020 年，我国既有建筑面积达到 600 亿 m² 左右，其中约 40% 建筑物出现安全性降低情况。

混凝土结构作为我国土木工程的主要结构形式之一，特别是我国改革开放以来，在基础设施建设取得的举世瞩目成就中，混凝土结构发挥了重要作用。由于灾害损伤、用途变更、建造年代较早、使用环境腐蚀等诸因素，既有混凝土民用建筑结构、工业建筑结构、桥梁结构等均可能在构件承载能力、结构抗震性能、结构构造连接等方面出现不满足现行规范要求或使用要求的情况，需要对结构进行维修加固或改造加固以确保结构可靠度满足要求[1-3]。

长期以来，我国对混凝土结构的维修加固和更新改造十分重视，较早颁布了《混凝土结构加固技术规范》CECS25∶90[4]、《建筑抗震加固技术规程》JGJ 116-2017[5] 等加固规程。近年来，结合大量的工程实践经验和科学研究成果，我国先后修订和制定了《混凝土结构加固设计规范》GB 50367-2013[6]、《建筑抗震加固技术规程》JGJ 116-2009[7]、《预应力高强钢丝绳加固混凝土结构技术规

1

程》JGJ/T 325-2014[8]、《建筑结构加固工程施工质量验收规范》GB 50550-2010[9] 等系列规范规程。在上述规范规程中，形成和建议了增大截面加固法、置换混凝土加固法、外包钢加固法、粘钢加固法、粘贴纤维加固法等传统加固方法，同时我国专家学者先后创新发明了预应力钢板箍加固、预应力碳纤维布（板）加固、预应力钢绞线加固方法、形状记忆合金约束加固方法等横向约束混凝土结构新型加固方法，这些传统加固方法和新型加固方法都在大量实际工程得到应用，发挥了重要作用和意义。

1.2 传统混凝土结构加固技术

目前常用的混凝土加固方法有：增大截面加固法、置换混凝土加固法、外包钢加固法、粘钢加固法、粘贴纤维加固法、外加预应力加固法、增设支点加固法和改变结构体系加固法[1-3]。

（1）增大截面加固法：这是一种采用增大 RC 构件的截面面积，以提高其承载力和满足其正常使用功能的加固方法，可广泛应用于 RC 结构的梁、板、柱等构件和一般构筑物的加固，该法施工工艺简单、适应性强，并有较为成熟的设计和施工经验。缺点是现场施工的湿作业时间长，对生产和生活有一定的影响且加固后的结构物净空有一定的减小，对其功能要求将造成一定的影响。采用混凝土增大被加固构件的面积，还将对被加固结构增加较大的附加重量，并可能加剧原构件材料的不利受力。

（2）置换混凝土加固法：用于补强局部损伤、混凝土强度不足、有裂缝以及混凝土剥落导致钢筋暴露等构件的承载力及耐久性，该法的优点与增大截面法相近，且加固后对建筑物的净空影响较小，适用于受压区混凝土强度偏低或有严重缺陷的梁、柱等混凝土承重构件的加固。但同样存在施工湿作业时间长的缺点。

（3）外包钢加固法：即在混凝土构件四周包以型钢的加固方法，适用于使用上不允许增大混凝土截面尺寸，而又需要大幅度增大承载力的混凝土结构的加固。该法受力可靠、施工简便、现场工作量较小。缺点是用钢量较大，加固后的结构尚需配合必要的防腐措施。

（4）粘钢加固法：此法是用建筑结构胶将钢板粘贴在 RC 构件表面，是近几年来发展的加固技术，该法施工快速、现场无湿作业或仅有抹灰等少量湿作业，对生产和生活影响小。缺点是对加固结构的工作环境要求比较苛刻，要求其使用环境温度不应超过 60℃，相对湿度不大于 70% 及无化学腐蚀，同时，粘钢加固法因结构胶的老化及耐高温性能差，直接影响被加固结构构件的耐久性及耐火性能。

（5）粘贴纤维加固法：近年来，纤维增强复合材料（fiber reinforced polymer，FRP）由于具有轻质高强、耐腐蚀、易于施工等优点已较广泛地应用于混凝土结构的抗震加固。粘贴纤维加固法是在 RC 结构构件的表面采用结构胶粘剂粘贴纤维布或纤维片材，从而使两者协同工作来提高承载力和延性的一种加固方法。该法施工简便、周期短，材料轻质高强，粘贴方便，加固后不影响结构外形，适用于 RC 梁、板、柱、节点的加固，是目前采用较多的加固方法之一。但用于粘贴纤维布的有机胶存在耐久性和耐火性问题，同时纤维材料与混凝土的粘结锚固问题仍需进一步研究。

1.3 横向约束加固技术

除了上述常用加固方法，近些年，国内外专家学者提出多种横向约束加固混凝土方法。横向约束加固混凝土方法，主要思想是使用加固元件（钢板、钢绞线、钢带、碳纤维布、形状记忆合金丝等）对混凝土构件进行包裹或者包围，对构件中混凝土形成横向紧箍约束，给混凝土构件产生横向约束力，并利用这种横向约束力对受约束的混凝土极限受压强度和极限变形能力的提高作用，从而来提高和改善混凝土构件的承载力和变形能力。在横向约束加固方法中，有些方法还利用预应力原理，在加固元件安装过程中对混凝土构件形成预应力横向约束，从而更能有效提高加固元件与原有混凝土构件间共同工作能力，并使混凝土受到一定的横向主动约束，能更加及时和有效地发挥加固元件的加固效果。

（1）预应力钢板箍加固技术

郭子雄等[10-13] 提出预应力钢板箍加固方法，该方法是通过在 U 形钢板箍的两端头预先设置对拉装置，高强度螺栓穿过预留螺孔并张紧，钢板箍达到预拉应变后将连接板进行焊接，同时卸下对拉装置，其装置如图 1-1 所示。研究结果表明，随着钢板箍预应力度和箍筋特征值的增加，混凝土的约束作用不断得到增强，轴压加固时可有效抑制钢筋混凝土（以下简称 RC）试件竖向裂缝的产生及发展。此外，横向预应力钢套箍能提供良好的主动横向约束，加固后的 RC 短柱在地震作用下可有效抑制斜裂缝的开展，将试件破坏模式由剪切破坏转变为塑性铰位于柱端的弯曲破坏，加固后试件的抗震性能大大提高。

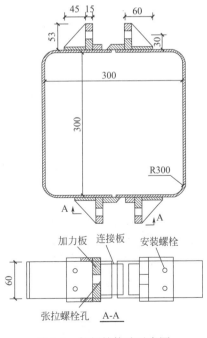

图 1-1　钢板箍构造示意图

Hussain 等[14] 提出了在隔墙位置处增设钢板以及与之配套的预应力钢管约束柱加固方法。其装置是将钢管两端沿 45°方向切掉，并在切面垂直的钢管表面上开孔并焊接短钢管，两根钢管沿 45°方向对接后，再将螺杆穿过短钢管并用螺栓旋紧进而施加预应力，其装置如图 1-2 所示。研究结果表明，加固试件的轴压承载力及极限压应变均比对比试件有大幅度提升；此外，在地震作用下，加固后的试件也表现出良好的抗震性能。

图 1-2　钢管箍构造示意图

（2）预应力碳纤维布加固技术

周长东等[15-17] 提出了预应力纤维布加固方法，该方法采用的是一种自锁式锚具施加预应力，锚具是由锚头、螺栓、螺母和高强纤维布组成，如图 1-3（a）所示。锚头由两个夹片组成，合在一起组成外形为两端是长方体中间是圆柱体的装置，长方体上面布置有螺孔和安装孔，如图 1-3（b）所示。研究结果表明，在低周往复荷载作用下，预应力纤维条带可提供环向主动约束力，有效地延缓了加固试件混凝土裂缝的开展，同时经加固后的试件由剪切脆性破坏转变为延性较好的弯剪破坏和弯曲破坏。在同条件下，预应力度在 0～0.2 范围内时，加固试件的承载力、位移延性系数、耗能能力均高于未加固试件和非预应力纤维条带加固试件，其加固效果随着预应力度的增大而增大；双层预应力纤维带加固试件的承载力并不比单层加固试件高多少，但其变形能力和耗能能力提升幅度较单层加固试件要大。

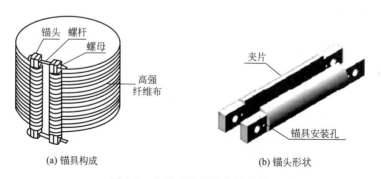

(a) 锚具构成　　　　　　　　　　　　　　　(b) 锚头形状

图 1-3　自锚式锚具结构示意图

1995 年日本关西地区的阪神地震给日本的工业及民用建筑造成大面积的破坏，在恢复重建以及加固维修的过程中，Yamakawa 等[18] 提出采用预应力纤维布进行应急加固，该方法首先沿受损构件的长度方向按照设计的间距锚固薄钢带，然后在构件转角处刚带上粘贴弧形转角部件，最后采用对拉螺栓装置对纤维片材施加预拉力，箍紧薄钢带。通过对 4 个不同程度受损试件的加固试验研究结果表明：由于横向预应力的施加，导致剪切裂缝闭合、剪切强度提高、轴向承载力恢复，可以将该方法应用到在地震中受到损伤的构件；在地震中构件损伤后剩余轴向承载力仅为损伤前的 0.2～0.6 倍时，采用该修复方法后混凝土圆柱体抗压强度可以恢复到损伤前的 60%～100%；在高轴压比条件下，其修复效果更佳。

Shahab 等[19] 利用夹钳式方法张拉 CFRP 和 AFRP（芳纶纤维）片材对 RC 柱进行加固，并对其抗震性能展开研究，试验结果表明，采用预应力 CFRP 和 AFRP 片材进行加固，可有效提高加固试件的承载能力、延性以及耗能能力。

（3）预应力钢绞线（钢丝绳）加固技术

1994 年美国加州洛杉矶北岭地震（M6.7）、1995 年日本关西地区的阪神地震（M7.3）以及 1999 年台湾地区南投县集集地震（M7.6）造成大量桥梁墩柱发生脆性剪切破坏，基于此，Saatcioglu 等[20] 提出并研究了"横向预应力钢丝绳加固技术"。如图 1-4 所示，该技术中钢绞线通过扭环锚进行锚固，加固时首先将扭环锚通过水泥钉固定在被加固试件上，将钢绞线的一端穿过锚孔并用夹片夹紧，另一端绕试件一周并穿过扭环锚的另一个锚孔，利用液压千斤顶进行张拉，达到控制应力后即用夹片将钢绞线进行锚固。试验结果表明，未加固试件均发生了剪切脆性破坏，在位移角为 1/50 时失效，而加固后的试件破坏形态由剪切变为延性更好的弯曲及弯剪破坏，其中采用钢绞线加固的试件，随着钢绞线初始预应力度的提高以及钢绞线间距的减小，其变形能力得到大幅度提升，承载力也有一定程度提高。

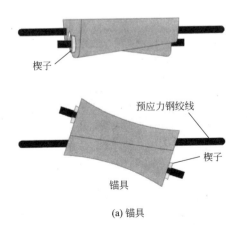

（a）锚具

（b）预应力钢绞线加固RC柱

图 1-4　预应力钢绞线加固

Yang[21-23] 等采用预应力钢绞线对 RC 梁进行加固，试验结果表明，经加固后的试件的开裂承载力、极限承载力以及变形能力都得到大幅提高；梁的抗剪承载力随着预应力度的增大而逐渐增大，钢绞线斜向布置加固效果要优于竖向布置，钢绞线的间距越小其承载力越大。

郭俊平[24,25] 等提出了使用新型预应力钢绞线网加固混凝土柱的加固方法。该法具有易加工、周期短、成本低、便于现场施工等特点。试验结果表明，加固柱的轴向峰值应力及应变大大提高，加固效果随着预应力水平的增加和钢绞线间距的减小而增大。

（4）预应力形状记忆合金加固技术

形状记忆合金（SMA）具有超弹性和形状恢复功能，在一定温度范围内，合金经拉伸后可以产生较大的塑性变形，但温度超过一临界值后，其塑性变形完全恢复。

Andrawes 等[26-28] 将 SMA 应用到桥梁墩柱修复中，采用一种 NiTiNb 形状记忆合金，该材料具有宽滞后性，加固时将合金丝按照设计间距缠绕在试件上，两个自由端锚固在试件上，然后通电对合金丝进行升温，升温到 108℃时，SMA 丝中的应力达到 565MPa，随后撤去升温装置，温度降低到室温 16℃时，丝中的应力维持在 460MPa。通过对圆柱体轴压性能试验研究表明，采用 SMA 加固后的轴压试件，其承载力提高了约 15%，而极限应变提高了 310%；低周反复荷载试验结果表明，采用 SMA 加固后的试件，其极限位移角可达到 12%，具有较好的变形与耗能能力。

1.4 高强钢带加固技术

1.4.1 高强钢带加固技术的特点

在上述横向约束加固混凝土方法的基础上，本书研究团队在国内首先提出了一种新型混凝土结构加固技术—高强钢带约束加固混凝土结构技术（以下简称高强钢带加固技术）。高强钢带加固技术采用目前在包装行业应用较成熟的钢带打包技术，对各种类型的混凝土结构构件外表面沿横向布置等间距分布的高强钢带，通过拉紧钢带，增强钢带与混凝土构件的贴合度，并使用专用钢带扣进行钢带锚固，可避免使用结构胶以降低现场湿作业量及加固后的耐久性能。混凝土受到横向约束后，混凝土的强度和变形能力均可以得到有效提高，并且开裂也可以得到很好地限制或延缓，从而整体上改善混凝土构件的受力性能。通过合理设计，高强钢带可适用于混凝土梁、柱和节点等各类型的受力构件，具有广泛使用范围，而且由于不需要进行特殊表面处理，操作设备简单，本加固技术具有施工方便、操作简单、成本低廉和性能优良等显著性能优势。表 1-1 为现有主要横向约束加固混凝土结构技术的对比表，从表 1-1 可以看出，与现有主要横向约束加固混凝土结构技术相比，高强钢带加固技术在以下几方面具有显著优势。

常见横向约束加固技术　　　　　　　　　　　　表 1-1

加固方法	预应力钢板箍	预应力碳纤维布	预应力钢绞线	预应力 SMA	预应力高强钢带
加固方法简单示意图					
加固材料	定制钢板箍、高强度螺栓	碳纤维布专用连接件高强度螺栓	高强钢绞线专用环向锚具	形状记忆合金丝	高强钢带钢带扣
加固设备	扭矩扳手	扭矩扳手	穿心千斤顶	专用预热设备	钢带打包机
加固成本	中	高	较高	很高	低

（1）加固设计方便。高强钢带加固技术不改变构件截面尺寸且不改变结构传力路径，高强钢带与钢带扣重量轻、横截面小，加固后结构的外观和重量不会受到大影响，适用范围广。

（2）加固性能优良。高强钢带加固技术中高强钢带对混凝土构件产生的横向约束力可有效抑制裂缝的发展，提高加固后 RC 构件的承载能力与变形能力。

（3）加固价格低。加固所用高强钢带与锚固钢带所用的钢带扣均为定型制品，广泛应用于打包行业。目前，1m² 钢带（展开面积）加固成本约为 150 元，而 1m² 的 1mm 厚高强钢带（极限强度 1000MPa）相当于约 2.0m² 的 0.168mm 厚碳纤维布（极限强度 3000MPa）。同时，加固所用的钢带拉紧器与锁止器均可用气泵驱动，可以有效降低成本。

（4）加固流程简单。高强钢带加固采用机械锚固（钢带扣），在加固过程中仅需"布置钢带""施加预应力"与"锁紧钢带"三个步骤，不需使用昂贵的建筑胶粘剂，可有效避免胶体老化的问题与人工需求高的问题。

1.4.2　高强钢带加固技术的适用范围

如图 1-5 所示，高强钢带加固技术具有广阔的应用前景，可用于加固 RC 梁、柱、节点等多类 RC 构件，还可以与防屈曲支撑搭配加固 RC 框架结构。

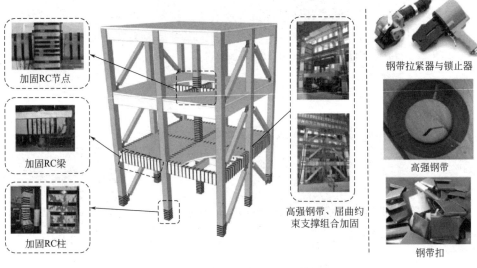

加固RC节点

钢带拉紧器与锁止器

加固RC梁

高强钢带

加固RC柱

高强钢带、屈曲约束支撑组合加固

钢带扣

图 1-5　高强钢带加固 RC 结构

（1）高强钢带加固 RC 梁

如图 1-6 所示，高强钢带可用于加固 RC 梁。随着我国建筑抗震设计规范的不断修订，按照旧抗震规范进行抗震设计的部分既有建筑已不能满足现行抗震设防要求。对于 RC 梁，依据旧抗震规范设计的 RC 梁通常不满足现行规范的配箍率要求，而高强钢带可作为附加箍筋以提升 RC 梁的受剪承载力，从而保证"强剪弱弯"的设计原则。同时，对于改变用途的建筑结构，高强钢带可以提供额外的抗扭与抗剪承载力，以保证改造过程的简便并降低改造价格。

高强钢带加固 RC 梁的具体步骤如下：（1）对 RC 梁表面进行清理，并对角部进行倒角处理以保证钢带的贴合；（2）沿构件长度方向按照一定间距进行钢带安装；（3）钢带采用钢带拉紧器与锁止器直接进行安装，施工时调整空压机给定气压值控制钢带松紧度，调整钢带箍对 RC 梁约束程度达到设计要求；（4）对加固后 RC 梁进行砂浆粉刷或外贴瓷砖等外表面装饰以满足耐久性要求。

（2）高强钢带加固 RC 柱

如图 1-7 所示，高强钢带可用于加固 RC 柱。如图 1-7 所示，RC 柱在地震作用下的破坏的主要原因为塑性铰区混凝土的受压损伤以及 RC 短柱的脆性剪切破坏。与高强钢带加固 RC 梁类似，高强钢带除了可以提升 RC 柱的受剪承载力，还可以有效约束塑性铰区混凝土，提升其承载与变形能力。此外，高强钢带还可等效为箍筋提升 RC 柱的轴压比限值以便于结构增层改造。高强钢带加固 RC 柱的具体步骤与上述高强钢带加固 RC 梁类似，在此不再赘述。因高强钢带是定型制品，其宽度与厚度出厂时已既定，若单层钢带所提供的承载力不满足设计要求时，还可进行多层钢带加固，如图 1-7 所示。

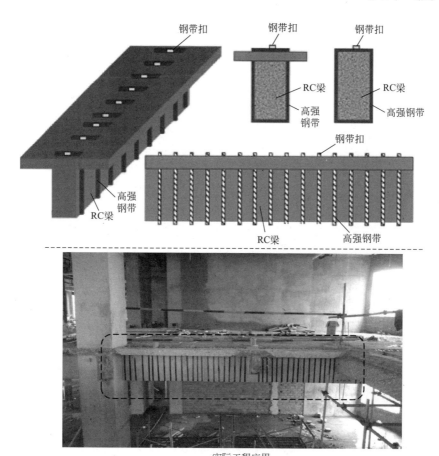

实际工程应用

图 1-6　高强钢带加固 RC 梁

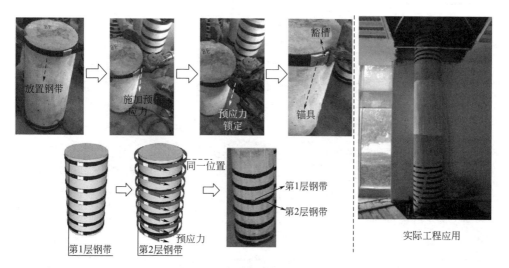

实际工程应用

图 1-7　高强钢带加固 RC 柱

（3）高强钢带加固 RC 节点

如图 1-8 所示，高强钢带可用于加固 RC 节点。高强钢带可以有效提升 RC 节点的受剪承载力，以满足现行规范对节点受剪承载力的验算。

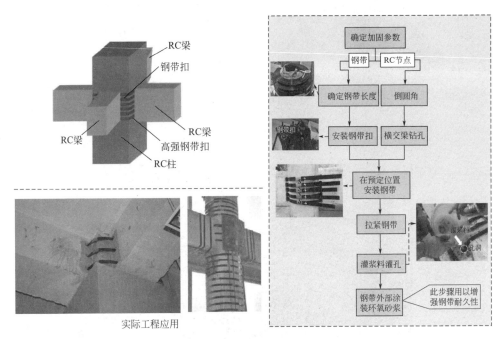

图 1-8　高强钢带加固 RC 节点

高强钢带加固 RC 节点的具体步骤如下：（1）对 RC 节点域表面进行清理，并对角部进行倒角处理以保证钢带的贴合；（2）依据设计钢带间距在节点域正交梁边缘钻孔，以保证钢带可以围绕节点域形成闭合截面；（3）钢带采用钢带拉紧器与锁止器直接进行安装，施工时调整空压机给定气压值控制钢带松紧度，调整钢带箍对 RC 节点约束程度达到设计要求；（4）对加固后 RC 节点进行砂浆粉刷或外贴瓷砖等外表面装饰以满足耐久性要求。

（4）高强钢带加固 RC 框架

如图 1-9 所示，高强钢带可用于加固 RC 框架。课题组结合高强钢带与防屈曲支撑（buckling-restrained brace，BRB）提出了一种新型 RC 框架加固方法，即高强钢带-BRB 组合加固方法。布置 BRB 后，在有效提高结构整体承载能力的同时，结构整体刚度提高导致结构自振周期减小，在地震作用下会增加结构的整体地震响应。虽然 BRB 作为主要的抗侧元件，承担了大部分的地震作用，但 BRB 的轴力会传递到框架柱中，导致框架结构中的框架柱所承受的轴力增加，影响主体结构的延性性能。为保证 BRB 耗能性能充分发挥，在梁柱端部以及节点核心区布置高强钢带，在提高 RC 框架延性的同时保障 BRB 充分发挥作用。

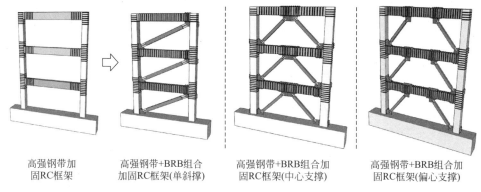

高强钢带加　　　高强钢带+BRB组合　　　高强钢带+BRB组合加　　　高强钢带+BRB组合加
固RC框架　　　加固RC框架(单斜撑)　　　固RC框架(中心支撑)　　　固RC框架(偏心支撑)

图 1-9　高强钢带加固 RC 框架

1.4.3　高强钢带加固技术的研究现状

（1）高强钢带加固 RC 柱

在加固 RC 柱时，高强钢带可提供充足的侧向约束以提升 RC 柱的受力性能。Pilakoutas 等[29] 于 1995 年提出了高强钢带加固混凝土结构的概念，通过 18 个 RC 柱的轴压试验，Pilakoutas 等[29] 发现钢带约束 RC 柱的承载能力与变形能力相较于普通 RC 柱有显著提升，钢带间距对轴压性能的提升影响较大。Moghadd-am 等[35,36] 于 2009 年研究了预应力钢带加固 RC 柱在水平低周往复荷载下的抗震性能，试验结果表明预应力钢带可以有效约束塑性铰区混凝土，并显著提升加固试件的变形能力。Moghaddam 等[30] 于 2010 年通过 72 个素混凝土圆柱与棱柱体轴压试验探究了预应力提供的主动约束对混凝土柱受压性能的提升，试验结果表明主动约束可以提升混凝土柱的承载能力，但相较于被动约束（不施加预应力）会一定程度降低混凝土柱的变形能力。同时，增加钢带层数、降低钢带间距、对方柱边缘进行倒角均能不同程度提升混凝土柱的承载能力与位移延性。Moghaddam 等[31] 基于上述试验结果提出了考虑主动约束效应的混凝土柱受压全曲线与峰值承载力计算方法，计算结果与试验结果吻合较好。Lee 等[32] 于 2014 年通过 21 个试件的拟静力试验探究了预应力钢带加固混凝土柱在单轴往复荷载下的性能，试验结果表明预应力钢带约束可以有效降低往复荷载导致的混凝土柱承载力劣化，与未加固试件相比，加固试件在承载力与变形能力方面均有较大提升。Ma 等[33] 于 2016 年探究了预应力钢带加固 RC 柱的偏心受压性能试验，试验结果表明预应力钢带所提供的主动约束可以提升 RC 柱的承载能力与变形能力，但是提升幅度并不与钢带用量呈线性相关关系。Apandi 等[34] 于 2021 年探究了预应力钢带加固震损 RC 柱的轴压性能，通过 21 个试件的静力轴压试验，Apandi 等[34] 发现预应力钢带能有效防止混凝土的脱离现象以及裂缝的发展，相较于未加固震损试件，预应力钢带加固 RC 柱表现出更高的承载能力与变形能

11

力。此外，国内外学者还研究了预应力钢带加固高强 RC 柱的力学性能，试验结果表明预应力钢带可以有效提升高强 RC 柱在各类工况下的承载能力与变形能力[37-39]。

（2）高强钢带加固 RC 梁

因为高强钢带加固 RC 梁时的受力机理类似于传统箍筋，国内外学者研究了预应力钢带加固 RC 梁的受弯性能与受剪性能。Ma 等[40] 于 2016 年通过 12 个试件的静力试验探究了预应力钢带加固 RC 梁的受弯性能，试验结果表明预应力钢带可以有效提升受压区混凝土的极限压应变，在加固超筋梁时可有效提升梁的变形能力。Helal 等[41] 于 2016 年通过 12 个试件的静力试验探究了预应力钢带加固 RC 梁的受剪性能，试验结果表明预应力钢带可以有效提升 RC 梁的受剪承载力与变形能力。为了解决 RC 梁加固时角部的应力集中问题，Colajanni 等[42] 于 2017 年提出了角钢-预应力钢带组合加固技术，试验结果表明该加固方法可以有效提升 RC 梁的受剪承载力与变形能力。

（3）高强钢带加固 RC 节点

Hadi 等[44] 于 2011 年探究了预应力钢带加固震损 RC 梁柱组合件的抗震性能，试验结果表明预应力钢带可以有效避免震损后混凝土的脱落情况，与初始试件相比，加固后试件的承载能力更高但是变形能力有所降低。Helal 等[43] 于 2012 年探究了不同锚固形式下预应力钢带加固 RC 节点的抗震性能，试验结果表明预应力钢带可以大幅提升 RC 节点的承载能力与耗能能力，其中“X”形钢带布置形式的加固效果最好。

（4）高强钢带加固 RC 框架结构

Garcia 等[45,46] 于 2014 年通过预应力钢带加固足尺 RC 框架的地震模拟振动台试验验证了预应力钢带加固技术在地震作用下的有效性。试验中 RC 框架的梁、柱以及节点核心区均采用了预应力钢带加固，试验结果表明加固后 RC 框架的刚度退化更缓慢、结构构件的承载力更高、层间侧移角更小，整体结构的抗倒塌性能相较于未加固框架更强。

本书作者团队自 2008 年开始，全面开展高强钢带加固技术研究，创新提出了高强钢带加固混凝土梁、柱、节点、框架的优化加固设计方法，并系统开展了大量试验研究与理论研究，究工作主要包括：7 个高强钢带加固 RC 梁受剪性能试验、39 个高强钢带加固素混凝土柱轴压性能试验、19 个高强钢带加固 RC 柱轴压与偏压性能试验、10 个高强钢带加固 RC 短柱抗震性能试验、4 个高强钢带加固 RC 框架柱抗震性能试验、9 个高强钢带加固 RC 节点抗震性能试验、7 个高强钢带加固 RC 梁柱组合件抗震性能试验与 5 榀高强钢带加固 RC 框架抗震性能试验。比较系统地对高强钢带加固梁、柱、节点、框架的受力性能与抗震性能进行了研究，并在此基础上提出了对应的设计方法。

1.5　本书主要研究内容

本书的主要工作如下：

（1）高强钢带加固 RC 梁的受剪性能研究。结合 1 根普通 RC 梁与 6 根高强钢带加固 RC 梁的试验结果，探究了不同钢带间距、钢带层数以及是否倒角等条件下加固 RC 梁的破坏形态与受剪承载能力，并基于软化拉压杆模型推导了高强钢带加固 RC 梁的受剪承载力计算方法和建议钢带用量，给出了便于工程应用的高强钢带加固 RC 梁受剪承载力简化公式。

（2）高强钢带加固混凝土柱的轴压性能研究。结合 20 根高强钢带加固混凝土圆柱和 19 根普通混凝土方柱的试验结果，着重考察不同钢带间距、钢带层数及截面尺寸对加固混凝土柱的破坏形态与轴向承载能力的影响规律。依据试件破坏形态以及实测钢带应变数据，研究了高强钢带加固混凝土柱的受力机理与钢带约束机制，在此基础上建立了高强钢带加固混凝土圆柱和方柱的轴压承载力计算公式。

（3）高强钢带加固 RC 柱的受压性能研究。进行了 10 个高强钢带加固 RC 方柱轴心受压性能试验与 9 个高强钢带加固 RC 方柱偏心受压性能试验，其中轴心受压构件采用高强钢带加固，为了增强偏心受压工况下的加固效果，对于偏心受压试件采用了高强钢带与钢板复合加固方法。研究了不同钢带间距、钢带层数对高强钢带加固 RC 柱轴心受压性能的影响，以及偏心距和钢带层数对高强钢带加固 RC 柱偏心受压性能的影响。依据试验结果分别进一步研究了钢带加固混凝土轴压和偏压柱的受力机理与钢带约束机制，分别建立了高强钢带加固 RC 柱轴心受压与偏心受压承载力计算公式。

（4）高强钢带加固 RC 长柱抗震性能试验研究。结合 1 个未加固 RC 柱和 3 个高强钢带加固 RC 长柱拟静力试验研究，分析轴压比、钢带间距对高强钢带加固 RC 长柱抗震性能的影响，并基于恢复力模型建立高强钢带加固 RC 长柱的压弯承载力计算方法。

（5）高强钢带加固 RC 短柱的抗震性能试验研究。结合 2 个未加固 RC 短柱与 6 个高强钢带加固及 1 个碳纤维条带加固 RC 短柱的抗震性能试验研究，分析剪跨比、轴压比及钢带间距对高强钢带加固 RC 短柱抗震性能的影响。同时，基于软化拉压杆模型推导高强钢带加固 RC 短柱的受剪承载力计算方法和建议钢带用量，并给出便于工程应用的高强钢带加固 RC 短柱受剪承载力简化计算公式。

（6）高强钢带加固 RC 框架节点的抗震性能研究。以 7 个不同形式高强钢带加固 RC 框架节点试件与 2 个未加固节点试件的拟静力试验为基础，研究了不同的轴压比、高强钢带加固量、高强钢带-粘钢组合加固等参数对试件破坏形态、滞回特点、承载能力、强度与刚度退化特征、位移延性和耗能能力等抗震性能指标的影响。依据试验结果及分析，研究了高强钢带加固钢筋混凝土框架节点的受力机理。基于软化拉压杆模型理论提出了高强钢带加固钢筋混凝土框架节点的抗剪承载力计算公式，并提出了高强钢带加固后节点抗剪承载力计算方法。

（7）高强钢带加固 RC 梁柱组合件的抗震性能研究。以 8 个不同加固形式的钢筋混凝土梁柱组合件试件和 1 个未加固试件的拟静力试验为基础，研究了不同组合件的核心区钢带间距、梁端钢带间距和层数、高强钢带加固位置和组合件类型等参数对试件破坏形态、滞回特点、承载能力、强度与刚度退化特征、位移延性和耗能能力等抗震性能指标的影响。依据试验结果及分析，研究了高强钢带、碳纤维布及外包钢加固钢筋混凝土梁柱组合件的受力机理。

（8）高强钢带-防屈曲支撑组合加固 RC 框架的抗震性能研究。以 3 榀高强钢带-防屈曲支撑组合加固 RC 框架与 2 榀未加固 RC 框架的拟静力试验为基础，研究了不同的支撑形式与高强钢等参数对试件破坏形态、滞回特点、承载能力、强度与刚度退化特征、位移延性和耗能能力等抗震性能指标的影响。依据试验结果及分析，研究了高强钢带-防屈曲支撑组合加固 RC 框架的受力机理。

本章参考文献

[1] 卢亦焱. 混凝土结构加固设计原理 [M]. 北京：高等教育出版社，2020.

[2] 侯晓萌，郑文忠，解恒燕. 火灾后混凝土结构鉴定与加固修复 [M]. 黑龙江：哈尔滨工业大学出版社，2021.

[3] 王文炜. FRP 加固混凝土结构技术及应用 [M]. 北京：中国建筑工业出版社，2007.

[4] CECS25：90. 混凝土结构加固技术规范 [S]. 北京：中国工程建设标准化协会，1991.

[5] JGJ 116-2017. 建筑抗震加固技术规程 [S]. 北京：中国建筑工业出版社，2017.

[6] GB 50367-2013. 混凝土结构加固设计规范 [S]. 北京：中国建筑工业出版社，2013.

[7] JGJ 116-2009. 建筑抗震加固技术规程 [S]. 北京：中国建筑工业出版社，2009.

[8] JGJ/T 325-2014. 预应力高强钢丝绳加固混凝土结构技术规程 [S]. 北京：中国建筑工业出版社，2014.

[9] GB 50550-2010. 建筑结构加固工程施工质量验收规范 [S]. 北京：中国建筑工业出版社，2010.

[10] 郭子雄，曾建宇，黄群贤，等. 预应力钢板箍加固 RC 柱轴压性能试验研究 [J]. 建筑结构学报，2012，33（11）：124-131.

[11] 郭子雄，张杰，杨勇. 设置外包预应力钢板箍 RC 短柱抗震性能研究 [J]. 哈尔滨工业大学学报，2006，（1）：140-144.

[12] 郭子雄，张杰，李传林. 预应力钢板箍加固高轴压比框架柱抗震性能研究 [J]. 土木工程学报，2009，42（12）：112-117.

[13] 郭子雄，黄群贤，郝娟，等．预应力钢套箍加固 RC 桥墩轴压性能试验研究 [J]．中南大学学报（自然科学版），2015，46（8）：3100-3107.

[14] Hussain MA，Dtiver RG. Experimental study on the seismic performance of externally confined reinforced concrete columns [C]．13th Word Conference on Earthquake Engineering（WCEE）. Canada：Vancouver，2004.

[15] 周长东，李季，朱万旭，等．纤维复合材料自锁式锚具设计及力学性能研究 [J]．建筑结构学报，2013，34（2）：141-148.

[16] 周长东，田腾，吕西林，等．预应力碳纤维条带加固混凝土圆墩抗震性能试验 [J]．中国公路学报，2012，25（4）：57-66.

[17] 周长东，田腾，吕西林，等．预应力碳纤维条带加固高轴压比混凝土圆柱抗震性能试验研究 [J]．建筑结构学报，2012，32（11）：115-123.

[18] Yamakawa T，Banazadeh M，Fujikawa S. Emergency Retrofit of Shear Damaged Extremely Short RC Columns Using Pre-tensioned Aramid Belts [J]．Journal of Advanced Concrete Technology，2005，3（1）：95-106.

[19] Shahab MT，Hasan M. Experimental and Analytical Investigation of Square RC Columns Retrofitted with Pre-stressed FRP Straps [C]．8th International Symposium on FRP Reinforcement for Concrete Structures . Greece：Patras.

[20] Saatcioglu M，Yalcin C. External Prestressing Concrete Columns for Improved Shear Resistance [J]．Journal of Structural Engineering，2003，129（8）：1057-1070.

[21] Yang KH，Kim GH，Yang HS. Shear behavior of continuous reinforced concrete T-beams using wire rope as internal shear reinforcement [J]．Construction and Building Materials，2011，25（2）：911-918.

[22] Yang KH，Byun HY，Ashour AF. Shear strengthening of continuous reinforced concrete T-beams using wire rope units [J]．Engineering Structures，2009，31（5）：1154-1165.

[23] Kim SY，Yang KH，Byun HY，et al. Tests of reinforced concrete beams strengthened with wire rope units [J]．Engineering Structures，2007，29（10）：2711-2722.

[24] 郭俊平，邓宗才，林劲松，等．预应力钢绞线网加固钢筋混凝土柱抗震性能试验研究 [J]．建筑结构学报，2014，35（2）：128-136.

[25] 郭俊平，邓宗才，林劲松，等．预应力钢绞线网加固混凝土圆柱的轴压性能 [J]．工程力学，2014，31（3）：129-137.

[26] Andrawes B，DesRoches R. Comparison between Shape Memory Alloy Seismic Restrainers and Other Bridge Retrofit Devices [J]．Journal of Bridge Engineering，2007，12（6）：700-709.

[27] Andrawes B，Shin M，Wierschem N. Active Confinement of Reinforced Concrete Bridge Columns Using Shape Memory Alloys [J]．Journal of Bridge Engineering，2010，15（1）：81-89.

[28] Shin M，Andrawes B. Lateral Cyclic Behavior of Reinforced Concrete Columns Retrofitted with Shape Memory Spirals and FRP Wraps [J]．Journal of Structural Engineering，2011，137（11）：1282-1290.

15

［29］Frangou M，Pilakoutas K，Dritsos S. Structural repair/strengthening of RC columns ［J］. Construction and Building Materials，1995，9（5）：259-266.

［30］Moghaddam H，Samadi M，Pilakoutas K，et al. Axial compressive behavior of concrete actively confined by metal strips；part A：experimental study ［J］. Materials & Structures，2010，43（10）：1369-1381.

［31］Moghaddam H，Samadi M，Pilakoutas K. Compressive behavior of concrete actively confined by metal strips，part B：analysis ［D］. Materials & Structures，2010，43（10）：1383-1396.

［32］Lee HP，Awang AZ，Omar W. Steel strap confined high strength concrete under uniaxial cyclic compression ［J］. Construction and Building Materials，2014，72：48-55.

［33］Ma CK，Awang AZ，Omar W，Liang M，Jaw SW，Azimi M. Flexural capacity enhancement of rectangular high-strength concrete columns confined with post-tensioned steel straps：experimental investigation and analytical modelling ［J］. Structural Concrete，2016，4：201500123.

［34］Apandi N，Ma CK，Awang AZ，Omar W. Structural behaviour of pre-damaged RC columns immediate repaired employing pre-tensioned steel straps ［J］. Structures，2021，34：964-978.

［35］Moghaddam HA，Samadi M. Seismic Retrofit of large-scale reinforced concrete columns by prestressed high-strength metal strips ［C］. Structures Congress，2009：2863-2872.

［36］Samadi M，Moghaddam HA，Pilakoutas K. Seismic Retrofit Of RC Columns With Inadequate Lap-Splice Length By External Post-Tensioned High-Strength Strips ［C］. WCEE-15，Lisbon，2012.

［37］Awang AZ，Omar W，Ma C，Liang M. Design of short SSTT-confined circular HSC columns ［J］. International Journal of Research in Engineering and Technology. 2013，2（8）：331-336.

［38］Ma CK，Awang AZ，Omar W，Maybelle L. Experimental tests on SSTT-confined HSC columns ［J］. Magazine of Concrete Research，2014，66（21）：1084-1094.

［39］Chin CL，Ma CK，Awang AZ，Tan JY，Ong CB，Omar W. Confining stress path dependent stress-strain model for pre-tensioned steel-confined concrete ［J］. Engineering Structures，2019，201：109769.

［40］Ma CK，Awang AZ，Garcia R，Omar W，Pilakoutas K. Behaviour of over-reinforced high-strength concrete beams confined with post-tensioned steel straps-an experimental investigation ［J］. Structural Concrete，2016，5：201500062.

［41］Helal Y，Garcia R，Pilakoutas K，Guadagnini M，Hajirasouliha I. Strengthening of short splices in RC beams using Post-Tensioned Metal Straps ［J］. Materials and Structures，2016，49：133-147.

［42］Colajanni P，Recupero A，Spinella N. Increasing the shear capacity of reinforced concrete beams using pretensioned stainless steel ribbons ［J］. Structural Concrete，2017，18：444-453.

16

［43］Helal Y. Seismic strengthening of deficient exterior RC beam-column sub-assemblages u-
sing post-tensioned metal strips ［D］. Ph. D dissertation，University of Sheffield，2012.

［44］Hadi MNS. Rehabilitating destructed reinforced concrete T connections by steel straps ［J］.
Construction and Building Materials，2011，25：851-858.

［45］Garcia R，Hajirasouliha I，Guadagnini M. Full-Scale Shaking Table Tests on a Substand-
ard RC Building Repaired and Strengthened with Post-Tensioned Metal Straps ［J］. Jour-
nal of Earthquake Engineering，2014，18：187-213.

［46］Garcia R，Pilakoutas K，Hajirasouliha I，et al. Seismic retrofitting of RC buildings using
CFRP and post-tensioned metal straps：shake table tests ［J］. Bulletin of Earthquake En-
gineering，2017，15：3321-3347.

第2章 高强钢带加固钢筋混凝土梁受剪性能研究

2.1 引言

本章以 1 个普通钢筋混凝土（Reinforced concrete，RC）梁试件与 6 个高强钢带加固 RC 梁试件的受剪性能试验研究为基础，考察了不同钢带间距、钢带层数及是否倒角等因素影响下加固 RC 梁的受剪承载力和变形性能。依据试件破坏形态和钢带应变结果，揭示了高强钢带加固受剪 RC 梁的受力机理。最后提出了高强钢带加固 RC 梁的受剪承载力理论计算方法和实用计算公式。

2.2 试验概况

2.2.1 试件设计

对于普通 RC 梁，配箍率是斜截面受剪承载力的主要影响因素之一，而配箍率的大小与箍筋截面面积、间距及试件截面尺寸有关[1]。与箍筋配箍率类似，采用钢带对 RC 梁进行斜截面受剪加固时，钢带配钢率也是影响加固效果和受剪承载力的主要因素，因此本章试验主要考察高强钢带间距和钢带层数对加固 RC 梁受剪性能的影响。同时从便于施工的角度研究试件倒角对加固试件受剪性能的影响。

（1）钢带间距

考虑钢带尺寸特性及锚固的便利性，本章试验选择 50mm、100mm 以及 150mm 三种钢带间距。

（2）钢带层数

由于钢带可以叠加使用从而实现单层、双层、三层等多层钢带加固，不同钢带层数对加固试件的承载能力和变形性能有重要影响。本章试验考虑单层和双层两种钢带层数对试件斜截面受剪性能的影响。

（3）倒角处理

倒角就是对试件转角处进行打磨，将试件原来的直角处理成圆角。一般认为钢带在转角处易形成应力集中，为避免钢带因应力集中而破坏，对梁的转角处进行倒角处理，以更好地保证钢带充分发挥作用。为避免倒角半径太大而导致混凝土保护层厚度不够、纵筋外露，本章试验采用的倒角半径为 15mm。考虑到实际工程中倒角处理会增加工作量，本加固技术主要研究不倒角的钢带加固效果，试验仅对 1 个试件进行了倒角，以考察不倒角与倒角处理的区别。

各试件所对应的参数设置见表 2-1，其中 GL-1 为未加固 RC 梁对比试件，其余 6 个为加固试件。

试件设计参数汇总表　　　　　　　　　　　　　　　表 2-1

试件编号	钢带间距（mm）	钢带层数	倒角半径（mm）	混凝土强度等级	试件尺寸（mm）	剪跨比
GL-1	—	—	—	C40	150×300×2000	1.5
GL-2	50	1	—	C40	150×300×2000	1.5
GL-3	100	1	—	C40	150×300×2000	1.5
GL-4	100	2	—	C40	150×300×2000	1.5
GL-5	150	1	—	C40	150×300×2000	1.5
GL-6	150	2	—	C40	150×300×2000	1.5
GL-7	150	1	15	C40	150×300×2000	1.5

本次试验的 1 个对比试件的 6 个加固试件除钢带外完全相同，均按照《混凝土结构设计规范》GB 50010-2010[2] 设计。试件尺寸及配筋情况如图 2-1 所示，截面尺寸为 150mm（宽）×300mm（高）×2000mm（长）。箍筋均采用直径为 6mm 的 HPB235 级钢筋，间距 200mm，配箍率为 0.19%；受拉区设置 3 根直径 25mm 的 HRB335 级纵向钢筋，配筋率为 3.74%；受压区设置 2 根直径 18mm 的 HRB335 级纵向钢筋。各试件高强钢带设置如图 2-2 所示。

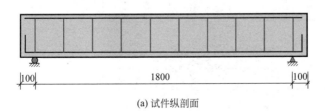
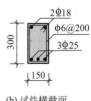

(a) 试件纵剖面　　　　　　　　　　　(b) 试件横截面

图 2-1　试件设计示意图（单位：mm）

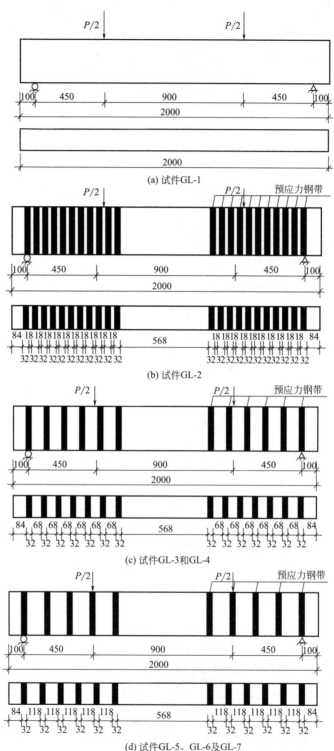

图 2-2 试件加固示意图（单位：mm）

2.2.2　材料性能

试件采用 C40 级商品混凝土浇筑，浇筑同时制作两组 150mm×150mm×150mm 的标准立方体试块，与试件进行 28d 同条件养护。混凝土标准立方体抗压强度试验在电液压力试验机上进行，试验所得混凝土的主要力学参数如表 2-2 所示，其中混凝土轴心抗压强度及弹性模量由均立方体抗压强度 f_{cu} 换算而得，换算公式为：$f_c = 0.76 f_{cu}$，$E_c = 10^5 / (2.2 + 34.7 / f_{cu})$。

混凝土力学指标　　　　　　　　　　　　　　　表 2-2

立方体抗压强度 f_{cu}(MPa)	轴心抗压强度 f_c(MPa)	弹性模量 E_c(MPa)
51.23	38.93	$3.47×10^4$

依据《金属材料 拉伸试验 第 1 部分：室温试验方法》GB/T 228.1-2010[3]，对试件中使用的钢筋进行材性试验，实测结果见表 2-3。

钢筋力学性能　　　　　　　　　　　　　　　　表 2-3

材料类型	钢筋直径 d(mm)	屈服强度 f_y(MPa)	极限强度 f_u(MPa)	弹性模量 E_s(MPa)
HPB235	6	425	669	$2.09×10^5$
HRB335	18	450	650	$2.05×10^5$
HRB335	25	490	675	$2.06×10^5$

钢带的主要几何参数及力学性能指标见表 2-4。试验时钢带两端直接加持于试验机上，如图 2-3 所示。钢带最终破坏形态见图 2-4。

钢带几何参数及力学性能　　　　　　　　　　　表 2-4

钢带宽度 w_s(mm)	钢带厚度 t_s(mm)	屈服强度 f_s(MPa)	抗拉强度 f_{us}(MPa)	弹性模量 E_{ss}(MPa)
32.0	0.9	635.0	647.0	$1.95×10^5$

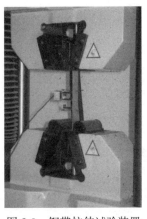

图 2-3　钢带拉伸试验装置

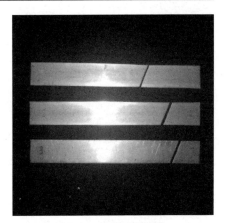

图 2-4　钢带破坏形态

2.2.3 试件制作

本试验所用高强钢带如图 2-5 所示。加固所采用的锁扣器和张紧器如图 2-6 所示。试件加固分为以下 3 步：

图 2-5 高强钢带

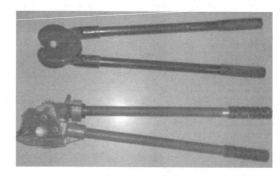

图 2-6 锁扣器和张紧器

（1）表面处理

利用打磨机等工具清除梁表面的杂质，使混凝土梁表面干净平整，以保证钢带与混凝土表面接触良好。其中试件 GL-7 在完成上述工作后，对梁转角部位进行倒角处理，打磨成半径为 15mm 的圆弧。

（2）确定加固位置

依据表 2-1 中各试验梁所对应的钢带间距，确定出钢带在试件上的相应位置。之后按照预估长度裁剪钢带，准备钢带扣及加固设备。

（3）加固

将已裁剪好的钢带插入钢带扣，在距端头 80mm 左右处将钢带弯折，移动钢带扣至弯折处；将钢带的自由端缠绕混凝土梁一周后也插入钢带扣，并使之伸出钢带扣一段长度。将该伸出端连接在张紧器的齿轮上，操作张紧器张拉钢带使钢带紧贴于试验梁表面。通过事先粘贴在钢带表面的应变片来控制施加在钢带上的预应力大小，当钢带应力达到设计初始应力值时停止张拉。将锁扣器的夹紧刀置于钢带扣上，操控锁扣器进行锁扣锚固。

完成上述操作后，剪断多余钢带，加固结束。

2.2.4 加载方案

本章试验在西安建筑科技大学结构工程与抗震教育部重点实验室进行，采用油压千斤顶进行单调静力加载，试验加载装置如图 2-7（a）所示。在梁开裂前以每级 10kN 进行加载，当达到试件开裂荷载后，开始以 5kN 增幅逐级加载。每级加载完成后持荷一段时间，待仪器显示值保持稳定后开始观测，充分观察各级荷载下梁的裂缝发展情况，完成相关数据记录后开始下一级加载。当试件的荷载下降到峰值荷载的 80％或试件失去承载能力时停止加载。

2.2.5　量测方案

试验主要测量各级荷载作用下试件变形和钢带应变情况，试验中位移计与应变片测点如图 2-7（b）所示。

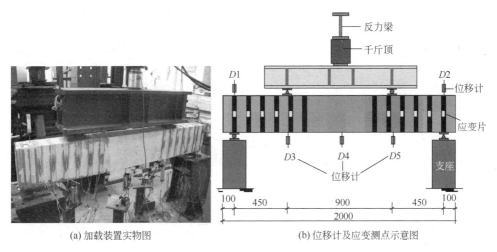

（a）加载装置实物图　　　　　　　　（b）位移计及应变测点示意图

图 2-7　加载装置及测点布置图（单位：mm）

2.3　试验结果及分析

2.3.1　试验现象

图 2-8（a）～图 2-8（g）为各试件的裂缝发展情况以及最终破坏形态。

试件 GL-1 为未加固的 RC 梁试件，发生剪压破坏。其破坏特征为：当加载到 16％P_m 时，梁跨中率先开裂，在梁下边缘处出现首条竖向弯曲裂缝；随着荷载的不断增大，纯弯段不断有新的裂缝产生；当荷载达到 35％P_m 时，在靠近支座处的梁端下边缘出现第一条腹剪裂缝。随着荷载的持续增加，弯剪段内也相继出现竖向裂缝，这些裂缝在沿竖向开展一小段高度后便开始向加载点方向斜向延伸，这其中以支座处附近的斜裂缝发展最为迅速，裂缝宽度增幅明显。当荷载达到 48％P_m 时，该斜裂缝已延伸至加载点处形成主斜裂缝，裂缝宽度随荷载的增大而不断变宽，并伴随有混凝土剥落。加载到 P_m 时，试验梁内发出较大声响，加载处混凝土剥落严重，受压纵筋及箍筋露出，随后试件左侧剪跨段内主斜裂缝迅速加宽，梁退出工作。此时梁跨中竖向裂缝较少且开展缓慢。

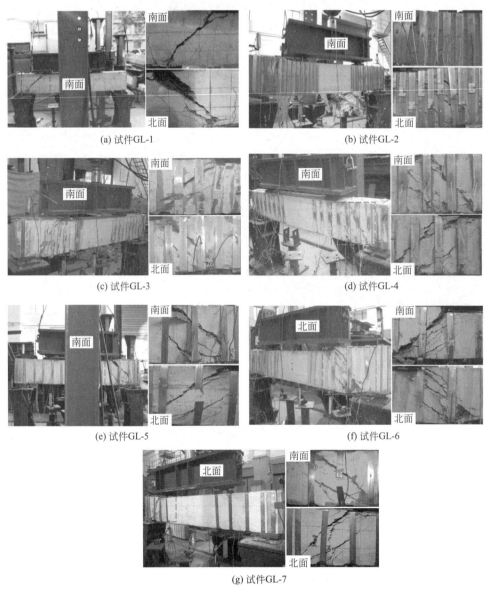

(a) 试件GL-1

(b) 试件GL-2

(c) 试件GL-3

(d) 试件GL-4

(e) 试件GL-5

(f) 试件GL-6

(g) 试件GL-7

图 2-8　各试件破坏形态

　　加固试件 GL-2～GL-7 发生的破坏形态共有两种形式：斜压破坏和剪压破坏。

（1）斜压破坏

试件 GL-2 发生斜压破坏，其破坏特征为：在加载过程中，斜裂缝首先在梁腹部出现（25%P_m），随后在梁腹部又形成若干条与之大致平行的短斜裂缝。随着荷载的增大，斜裂缝均一端向加载点、另一端朝支座不断的延伸（30%P_m），将梁腹部分成若干个小斜压柱体，最后试件因混凝土斜压柱体被压碎而发生破坏。

（2）剪压破坏

除试件 GL-2 外，其余试件均发生剪压破坏。具体破坏特征为：在加载过程中，首先在梁的弯剪段下边缘处出现初始垂直裂缝（10%P_m），随着荷载的增大，这些初始垂直裂缝在竖向延伸一小段后将开始向加载点方向延伸（25%P_m），最终形成一条贯穿支座与加载点的主斜裂缝（46%P_m），并随着荷载增大而不断加宽。随着荷载的继续增大，试件表面的钢带被拉断（试件 GL-4 和 GL-6除外），试件丧失承载能力。

通过上述分析发现，钢带间距相同时，试件的破坏形态没有改变，而钢带间距减小时，试件由剪压破坏转变为斜压破坏，因此钢带间距是影响试件破坏形态的主要因素。原因是钢带的作用与箍筋相似，可近似认为是"外加箍筋"。试件GL-2 按 50mm 间距设置钢带时，相当于增加了混凝土梁的腹筋数量，导致其因配置腹筋过多而发生混凝土斜向受压破坏的斜压破坏。

2.3.2　荷载-跨中挠度曲线

图 2-9 为本章试验中部分试件的荷载-跨中挠度曲线，由图可知：

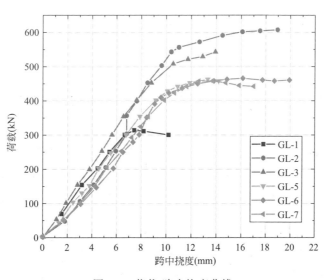

图 2-9　荷载-跨中挠度曲线

（1）在试验初始阶段，加固试件与对比试件的荷载-跨中挠度曲线大致重合，近似呈直线。表明采用高强钢带对 RC 梁进行受剪加固时，混凝土梁的整体刚度无明显变化。

（2）随着荷载继续增大，试件达到受剪承载力，从图 2-9 的曲线中可以明显看出，加固试件的峰值荷载相比于对比试件均有显著提高，表明钢带加固可以有效提高 RC 梁斜截面受剪承载能力。

（3）加固试件 GL-2 和 GL-6 所对应的曲线在接近荷载峰值时，有一段较为稳定的"平台"，承载力无明显下降，表现出了良好的塑性变形能力。原因在于高强钢带有效约束了剪跨段内的混凝土，抑制了裂缝的发展和裂缝宽度的增长。加固试件 GL-3、GL-5 和 GL-6 虽然由于钢带发生断裂造成曲线平台段较短，但其极限挠度相比对比试件也有明显增长，证明了钢带加固梁在剪力作用下有较好的变形性能。

2.3.3　承载力

表 2-5 为钢带加固梁主要试验结果汇总表，由表 2-5 可知：

钢带加固梁主要试验结果汇总　　　　　　　　　　　　　表 2-5

试件编号	钢带间距 (mm)	钢带层数	破坏形态	开裂荷载 P_{cr}(kN)	峰值荷载 P_m(kN)	峰值荷载增幅（%）	极限位移 Δ_u(mm)	位移比 γ
GL-1	—	—	剪压破坏	50	310	—	10.19	1.00
GL-2	50	1	斜压破坏	55	603	95	18.95	1.86
GL-3	100	1	剪压破坏	50	540	74	13.93	1.37
GL-4	100	2	剪压破坏	55	528	70	—	—
GL-5	150	1	剪压破坏	50	460	48	14.19	1.39
GL-6	150	2	剪压破坏	50	460	48	19.93	1.96
GL-7	150	1	剪压破坏	50	452	46	17.01	1.67

注：开裂荷载、屈服荷载和峰值荷载均为试验机荷载的一半。增幅＝（加固试件荷载－对比试件荷载）/对比试件荷载。

（1）各试件开裂荷载大致相等，钢带加固对 RC 梁的开裂荷载影响不大。这是由于试件的首条裂缝均在跨中出现，而钢带仅对 RC 梁弯剪段进行受剪加固，因此未能提高试件跨中纯弯段的开裂荷载，试件开裂荷载仍主要取决于混凝土的抗拉强度。

（2）加固试件的受剪承载力相比未加固试件明显提高，其中增幅最低为46％，最高达到95％。原因在于采用高强钢带加固后，混凝土梁受到钢带的约束，主斜裂缝得到有效抑制，同时钢带也能分担部分剪力。

（3）对比钢带加固层数均为一层的试件 GL-2、GL-3 及 GL-5 可知，随着钢带间距增大，试件的受剪承载力逐渐减小（但仍大于对比试件）。即随着钢带间距的增大，受剪承载力的增幅降低，如图 2-10 所示。原因在于钢带对试件受剪承载力的提高作用与箍筋类似，当加固区段长度一定、钢带间距较大时，加固区段内的钢带数量减少，钢带对受剪承载力的贡献减小，故加固试件受剪承载力增幅降低。

（4）对比钢带间距相同的加固试件 GL-3 与 GL-4 可知，钢带间距 100mm 时单层加固试件受剪承载力增幅为 74%，双层增幅 70%；对比试件 GL-5 与 GL-6 发现，钢带间距 150mm 时单层及双层加固时受剪承载力增幅均为 48%，即相同钢带间距下双层加固与单层加固对梁的受剪承载力增幅影响基本一致，如图 2-11 所示。原因在于试件破坏主要由剪压区混凝土破坏引起，在钢带数量充足时，试件承载力主要取决于混凝土强度，故单双层对加固试件的受剪承载力影响相近。

（5）对比未倒角的加固试件 GL-5 和倒角的加固试件 GL-7 的试验结果可知，倒角对加固梁的受剪承载力影响较小，但能稍微提高加固梁的变形能力。

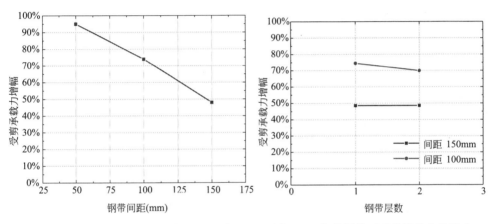

图 2-10　钢带间距对受剪承载力的影响　　　　图 2-11　钢带层数对受剪承载力的影响

2.3.4　变形性能

为分析钢带加固梁试件的变形能力，采用位移比 γ 的计算方法，公式如式（2-1）所示，计算所得结果见表 2-5。

$$\gamma = \frac{\Delta_i}{\Delta_1} \tag{2-1}$$

式中，Δ_i 为加固试件 GL-1～GL-7 的极限位移；Δ_1 为对比试件 GL-1 的极限位移。

由表 2-5 可得，当采用高强钢带加固 RC 梁时，梁的极限位移显著增加，位移比均有较大增长，其中试件 GL-6 的位移比最大为 1.96，试件 GL-3 的位移比最小，但也达到了 1.37。表明高强钢带加固可有效增强 RC 梁的变形能力。钢带层数均为一层时，钢带间距最小的试件 GL-2 位移比另外两个试件大 0.5，表明减小钢带间距可以提高试件的变形能力。双层钢带加固试件 GL-6 的位移比单层钢带加固试件 GL-5 增加了 0.57，同时受剪承载力基本相同，说明增加钢带层数也可以有效提高试件的变形能力。钢带采用倒角加固时，试件 GL-7 的位移比为

1.67，相同条件未倒角的试件 GL-5 的位移比为 1.39，说明倒角加固能够降低钢带的应力集中，增强钢带的约束作用，提高试件的变形能力。

综上所述，高强钢带加固可以有效提高试件的承载能力，并改善试件的变形能力。其原因有两方面，一方面是钢带可以直接参与梁的抗剪；另一方面则是源于钢带对混凝土的约束作用。通过试件破坏形态、荷载-跨中挠度曲线和试验结果分析可知，钢带的作用类似于箍筋，当混凝土开裂后，钢带直接参与截面抗剪并有效限制试件主斜裂缝发展，显著增大了梁的承载能力与变形能力。在各变量中，钢带间距对梁承载力与变形能力的增幅效果最为显著，而且钢带间距越小（即钢带布置越密），钢带分担的剪力越多，同时约束混凝土的效应也越强，加固的效果越明显。

2.3.5 钢带应变

由于钢带在试验过程中的应变发展和应变值可以反映钢带的强度利用状况和钢带施加截面受力的情况，进而可以对钢带的间距、层数的设置提供依据，因此进行了荷载-钢带应变分析和钢带应变分布研究。

（1）荷载-钢带应变分析

图 2-12（a）～图 2-12（f）中给出了各试件的荷载-钢带应变关系，对于双层加固的试件 GL-4 和 GL-6，钢带应变为最外层钢带的应变值。通过分析，发现钢带的应变发展过程大致可分为以下四个阶段：

第一阶段：小应变阶段。在试件剪跨段混凝土开裂之前，钢带的应变基本不变，处于应变较小的阶段，荷载-钢带应变曲线垂直上升。

第二阶段：应变缓慢增长阶段。剪跨段混凝土开裂，特别是随着斜裂缝的产生及发展，钢带的应变开始缓慢增大，但仍处于一个较低水平，荷载-钢带应变曲线非线性增长。

第三阶段：应变快速增长阶段。主斜裂缝形成后，随着荷载持续增大，剪跨段混凝土的开裂愈加严重，钢带所受的拉力持续增大，应变值迅速增加。

第四阶段：应变持续增长阶段。当荷载增大到一定阶段，特别是接近试件的极限承载力时，钢带的应变增幅更大，荷载-应变曲线近似水平发展，最终试件失效或钢带被拉断。

结合试验过程中裂缝的发展和荷载-钢带应变曲线分析表明，同级荷载作用下，与主斜裂缝相交的各钢带由于分布位置不同其应变值也不同。主斜裂缝尖端宽度较小，底部宽度较大，因此位于主斜裂缝顶部与加载点附近钢带应变值较小，剪跨段中部位置钢带应变最大。不同位置钢带的应变增幅也不同，随着荷载持续增加，剪跨段中部位置的钢带应变增长最快，增幅最大；而未与斜裂缝相交的钢带应变值变化很小，增长较缓。

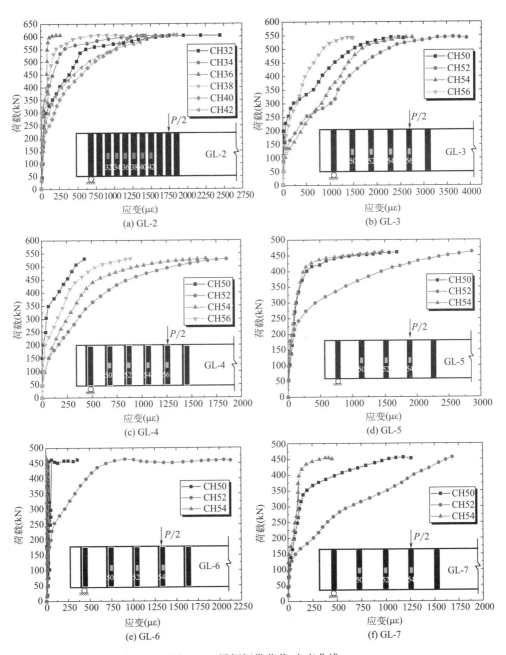

图 2-12　梁侧钢带荷载-应变曲线

双层钢带加固试件 GL-4 和单层钢带加固试件 GL-3 的钢带极限应变相比可知，单层钢带的最低应变值为 $1500\mu\varepsilon$、最高为 $4000\mu\varepsilon$，个别钢带达到极限拉应变，而双层钢带的最低应变值为 $400\mu\varepsilon$、最高为 $1800\mu\varepsilon$，均未达到屈服应变。双层钢带加固试件 GL-6 和单层钢带加固试件 GL-5 也可得出类似的结果。表明多层钢带加固可使每层钢带应变降低，减少钢带断裂的风险，但钢带强度可能未得到充分发挥。钢带间距为 50mm 的加固试件 GL-2 大部分钢带应变不到 $1800\mu\varepsilon$，而钢带间距为 100mm 的加固试件 GL-3 大部分钢带应变都超过了 $2500\mu\varepsilon$，表明减小钢带间距也可以降低钢带应变值。

（2）钢带应变分布

图 2-13 给出同一荷载水平下，各加固试件剪跨段内钢带应变的分布。由图 2-13

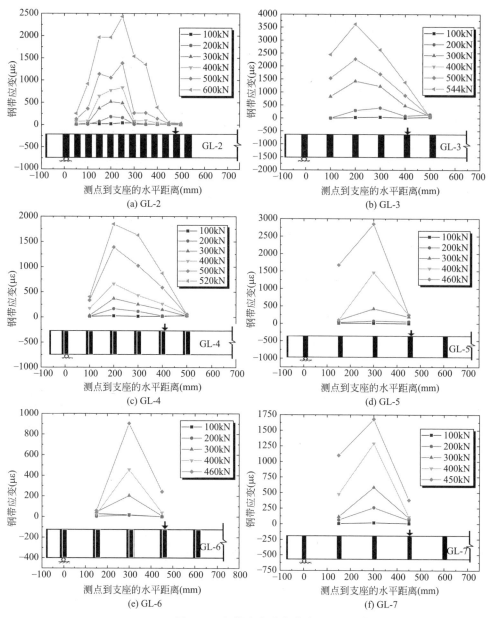

图 2-13　钢带应变分布曲线

中曲线可知，混凝土梁破坏段内各钢带的应变分布不均匀。无论是单层加固还是双层加固，同一级荷载作用下各测点的应变都近似呈抛物线状分布，即剪跨段中部附近钢带应变较大，两端钢带的应变值较小。图 2-8 中试件破坏形态中钢带断裂的位置也证明了在剪跨段中部钢带的应变最大。

由试验破坏形态、荷载-钢带应变曲线和钢带应变分布曲线可知，试件的主斜裂缝角度基本相同，且均为剪跨段中部的钢带应变增长速度最快，钢带应变最大。实际设计时可据此优化钢带布置形式，对剪跨段中部钢带承受拉力最大的位置区域采用小间距或者多层钢带加固方式，降低此处钢带应变，减少钢带断裂对试件变形能力影响，同时充分利用钢带强度。

2.4　高强钢带加固钢筋混凝土梁受剪承载力计算方法

由前文试验结果可知，高强钢带加固能够提高 RC 梁的受剪承载力，为了更准确地评估高强钢带对 RC 梁受剪承载力的提高作用，本节首先对 RC 梁的受力机理和力学模型进行了分析，并推导得出了钢带加固梁受剪承载力的理论计算公式，同时为便于工程应用时的初步设计和计算，进一步给出了实用计算公式。

2.4.1　理论计算公式

RC 梁在剪力作用下截面同时承受正应力及剪应力，使混凝土处于复合受力状态。特别是在混凝土开裂后，试件截面上的应力会发生重分布现象，使得问题更加复杂。多年来国内外学者一直都在分析与研究钢筋混凝土梁斜截面的受剪性能和受剪承载能力准确的计算分析理论。目前，普通钢筋混凝土梁剪切强度的计算方法日渐成熟，例如用细长构件的齿模型、混凝土桁架模型、断裂力学方法、经验方法等计算无腹筋梁受剪承载能力，以及利用塑性理论模型、压力场理论、修正压力场理论、扩展及修正压力场理论及桁架模型等方法来计算有腹筋构件的受剪承载能力[4]。

目前应用于各国设计规范的受剪分析理论模型主要是桁架模型。桁架模型[5]是用桁架来比拟有斜裂缝的混凝土梁，并假定桁架中各杆件间均是铰接，其中将梁顶部的受压区混凝土取为桁架上弦杆，受拉纵筋为下弦杆，箍筋和弯起钢筋作为受拉腹杆，弯起钢筋与梁轴线的夹角记为 α；梁腹部混凝土作为受压斜腹杆，与梁轴线的夹角记为 θ，通常将斜裂缝的倾斜角 θ 取为 45°。箍筋对混凝土梁的作用是受拉，而不是受剪。该模型力学概念简洁明了，计算方便，故沿用至今，但由于钢筋混凝土构件受力状态的复杂性，该模型也有一定的不足，主要表现为假定上弦杆的混凝土只承受压力而不考虑剪力，下弦的纵筋不考虑其所受横向的销栓力，同时忽略斜裂缝间混凝土的骨料咬合作用和腹板相对刚度对箍筋应力的影响，等等。为此，许多学者对桁架模型进行了修正与改进，Hwang 和 Lee[6] 在压杆-拉杆模型的基础上考虑了带裂缝工作混凝土的受压软化并提出了软化拉-压杆模型，可应用于梁、梁柱节点、剪力墙、牛腿等多种受剪构件应力不连续区的受剪承载力计算。软化拉—压杆模型充分考虑了混凝土的强度、剪跨比和水平与竖向钢筋对构件受剪承载力的影响。

由前文试件破坏形态和试验结果分析可知，钢带与箍筋的作用基本相同，均是在混凝土梁受力过程中承担部分剪力，约束混凝土并延缓斜裂缝的出现，限制了裂缝的宽度，从而改善了梁的斜截面受剪承载能力。因此，可近似认为钢带是在梁外侧按照相应间距增设的箍筋，本章采用软化拉-压杆模型进行钢带加固梁的受剪承载力计算。

由于受剪梁破坏区域为梁底支座支承点与梁顶荷载加载点之间的剪跨段，故梁的受剪机理分析取剪跨区域进行，钢筋混凝土梁剪跨段的软化拉杆-压杆模型如图 2-14 所示，该模型由斜向压杆、水平机构、竖向机构组成。

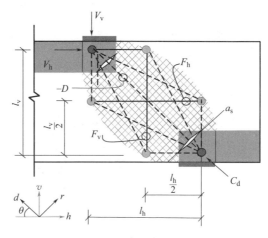

图 2-14　梁的软化拉-压杆模型

（1）斜向压杆由具有一定宽度的混凝土柱形成；

（2）水平机构由一个水平拉杆与两个平压杆组成，平拉杆由梁纵筋形成，平压杆由斜向混凝土形成；

（3）竖向机构包括一个竖向拉杆与两个陡压杆，竖向拉杆为梁中部箍筋，陡压杆由斜向混凝土柱形成。

整个软化拉-压杆桁架模型的内力分解如图 2-15 所示，可以推导得出下式：

$$V_{\mathrm{h}} = C_{\mathrm{d}}\cos\theta \tag{2-2}$$

$$V_{\mathrm{v}} = C_{\mathrm{d}}\sin\theta \tag{2-3}$$

$$\tan\theta = \frac{l_{\mathrm{v}}}{l_{\mathrm{h}}} \tag{2-4}$$

$$C_{\mathrm{d}} = -D + \frac{F_{\mathrm{h}}}{\cos\theta} + \frac{F_{\mathrm{v}}}{\sin\theta} \tag{2-5}$$

式中，V_{h}、V_{v} 分别是水平剪力和竖向剪力；C_{d} 是斜向压力；θ 是斜压杆与水平方向的夹角；l_{v} 为梁上、下部纵筋之间的间距；l_{h} 为荷载加载点和支座之间的水平距离，即剪跨段长度；F_{h} 和 F_{v} 分别为水平和竖杆的拉力；D 是斜压杆的压力，受压时为负值。

同时根据软化拉-压杆模型中的受力平衡关系可得：

$$V_{\mathrm{h}} = -D\cos\theta + F_{\mathrm{h}} + F_{\mathrm{v}}\cot\theta \tag{2-6}$$

$$V_{\mathrm{v}} = -D\sin\theta + F_{\mathrm{h}}\tan\theta + F_{\mathrm{v}} \tag{2-7}$$

继而可推导出 V_{h}、V_{v} 中水平拉杆与竖向拉杆所占水平及竖向剪力的比例，如图 2-16 所示。

$$F_{\mathrm{h}} = \gamma_{\mathrm{h}} V_{\mathrm{h}} \tag{2-8}$$

$$F_{\mathrm{v}} = \gamma_{\mathrm{v}} V_{\mathrm{v}} \tag{2-9}$$

$$\gamma_{\mathrm{h}} = (2\tan\theta - 1)/3, \quad 0 \leqslant \gamma_{\mathrm{h}} \leqslant 1 \tag{2-10}$$

$$\gamma_{\mathrm{v}} = (2\cot\theta - 1)/3, \quad 0 \leqslant \gamma_{\mathrm{v}} \leqslant 1 \tag{2-11}$$

式中，γ_{h} 为梁纵向钢筋产生的拉力与水平剪力比值，γ_{v} 为梁箍筋产生拉力与竖向剪力比值。

图 2-17 显示了力的流动和由此产生的不连续区域杆系理想化的水平和垂直拉杆的分布应力场：

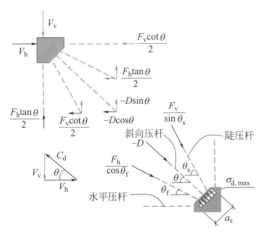

图 2-15　梁的软化拉-压杆模型内力分解

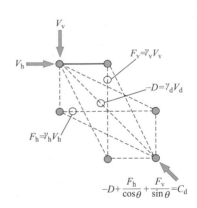

图 2-16　理想拉压杆模型

其中，混凝土主斜压杆的有效面积 A_{str} 计算如下：

$$A_{\mathrm{str}} = a_{\mathrm{s}} \times b_{\mathrm{s}} \tag{2-12}$$

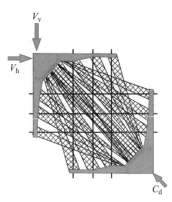

图 2-17 分布应力场

式中：a_s 为斜压杆高度；b_s 为斜压杆宽度，可取为梁宽度。

根据已有文献[7] 的研究，斜压杆的高度 a_s 计算可采用：

$$a_s = \sqrt{c_a^2 + c_c^2} \tag{2-13}$$

$$c_a = kh \tag{2-14}$$

$$k = \sqrt{[n\rho_s + (n-1)\rho_s']^2 + 2[n\rho_s + (n-1)\rho_s'd'/d]} - [n\rho_s + (n-1)\rho_s'] \tag{2-15}$$

式中，c_a、c_c 分别为梁端混凝土受压区高度和刚性垫块的宽度；n 为钢筋弹性模量与混凝土弹性模量的比值；d 为梁截面有效高度；d' 为梁有效受压区高度；ρ_s 和 ρ_s' 分别为受拉和受压钢筋配筋率。

当混凝土处于平面双向应力状态时，混凝土开裂后受压有明显软化现象，因此对斜压混凝土应力进行折减：

$$\sigma_d = -\zeta \cdot f_c \tag{2-16}$$

式中，σ_d 为混凝土斜压杆中混凝土平均压应力；f_c 为混凝土轴心抗压强度；ζ 为混凝土开裂受压软化系数，根据 Nielsen[8] 提出的斜裂缝区域混凝土有效强度系数进行计算，公式如式（2-17）所示。

$$\zeta = 0.79 - \frac{f_c}{200} \tag{2-17}$$

由于水平和竖向拉杆屈服后梁所承受的剪力可继续增加，直到斜向压杆混凝土被压碎才认为机构失效。但其斜压混凝土受力是斜压杆、平压杆和陡压杆的压应力之和，因此将混凝土压应力达到最大时的剪力定义为受剪承载能力，计算如下：

$$-\sigma_{d,max} = \frac{1}{A_{str}} \left[-D + \frac{F_h}{\cos\theta_f} \cos(\theta - \theta_f) + \frac{F_v}{\sin\theta_s} \cos(\theta_s' - \theta) \right] \tag{2-18}$$

式中，$\sigma_{d,max}$ 为混凝土最大压应力；θ_f、θ_s 分别为图 2-16 中水平压杆及竖向压杆与水平方向的夹角。

假定梁箍筋、纵筋及钢带为理想弹塑性材料，则拉杆应力应变关系如下：

$$\sigma_s = E_s\varepsilon_s, \ \varepsilon_s < \varepsilon_y \tag{2-19}$$

$$\sigma_s = f_y, \ \varepsilon_s \geqslant \varepsilon_y \tag{2-20}$$

式中，σ_s 为拉杆钢材应力；E_s 为拉杆钢材弹性模量；ε_s 为拉杆钢材平均应变，ε_y 为拉杆钢材屈服应变；f_y 为拉杆钢材屈服应力。

忽略斜压杆混凝土软化的影响，则拉杆内力与拉杆应变关系如下：

$$F_h = A_{th}E_s\varepsilon_h \leqslant F_{yh} \tag{2-21}$$

$$F_v = A_{tv}E_s\varepsilon_v \leqslant F_{yv} \tag{2-22}$$

式中，F_h 和 F_v 分别为水平和竖向拉杆平衡拉力；F_{yh}、F_{yv} 分别为水平与竖向拉杆屈服内力；A_{th}、A_{tv} 分别为水平与竖向拉杆面积；E_s 为拉杆钢材弹性模量；ε_h 和 ε_v 分别为水平与竖向拉杆平均应变。

根据以上关系方程通过迭代即可计算梁的受剪承载力，但计算量较大需要编程。因此 Hwang 教授[6] 提出了便于手算的简化计算方法，将斜压杆、平压杆和陡压杆的压应力对斜压混凝土压应力的影响通过拉压杆系数 K 来考虑，简化的软化拉压杆模型假定梁剪跨段受剪承载力为 V_v，计算如下：

(1) 当箍筋、钢带配置量较大，导致斜压杆混凝土被压碎时：

$$\overline{V}_v = C_{d,n} \sin\theta = \overline{K} \zeta f_c A_{str} \sin\theta \tag{2-23}$$

$$\overline{K} = \overline{K}_h + \overline{K}_v - 1 \tag{2-24}$$

$$\overline{K}_h = 1/\left[1 - 0.2(\gamma_h + \gamma_h^2)\right] \tag{2-25}$$

$$\overline{K}_v = 1/\left[1 - 0.2(\gamma_v + \gamma_v^2)\right] \tag{2-26}$$

式中，$\overline{V}_v$ 为斜压杆混凝土被压碎情况下的梁剪跨段受剪承载力；$\overline{K}$ 为拉压杆平衡系数；$\overline{K}_h$ 和 $\overline{K}_v$ 分别为水平和竖向拉杆平衡系数；ζ 为混凝土开裂受压软化系数；f_c 为混凝土轴心抗压强度；A_{str} 为混凝土主斜压杆的有效面积；θ 是斜压杆与水平方向的夹角；γ_h 为梁纵向钢筋产生的拉力与水平剪力比值，γ_v 为梁箍筋产生拉力与竖向剪力比值。

(2) 当箍筋、钢带配置量不足时，拉杆达到屈服，混凝土斜压杆未达到极限承载力，则梁剪跨段受剪承载力 V_v 计算如下：

$$V_v = C_{d,n} \sin\theta = K \zeta f_c A_{str} \sin\theta \tag{2-27}$$

$$K = K_h + K_v - 1 \tag{2-28}$$

$$K_h = 1 + (\overline{K}_h - 1) \times F_{yh}/\overline{F}_h \leqslant \overline{K}_h \tag{2-29}$$

$$K_v = 1 + (\overline{K}_v - 1) F_{yv}/\overline{F}_v \leqslant \overline{K}_v \tag{2-30}$$

$$F_{yh} = A_{th} E_s \varepsilon_{yh} \tag{2-31}$$

$$F_{yv} = A_{tv} E_s \varepsilon_{yv} \tag{2-32}$$

$$\overline{F}_h = \gamma_h \overline{K}_h \zeta f_c A_{str} \cos\theta \tag{2-33}$$

$$\overline{F}_v = \gamma_v \overline{K}_v \zeta f_c A_{str} \sin\theta \tag{2-34}$$

式中，K 为拉压杆系数；K_h 和 K_v 分别为水平和竖向拉杆系数；F_{yh} 和 F_{yv} 是水平和竖向拉杆的屈服作用力。

由于加固采用的高强钢带与箍筋作用相同，公式中竖向拉杆的屈服作用为箍筋和钢带的屈服作用力之和，最后将竖向拉杆系数计算公式修正为：

$$K_v = 1 + \frac{(\overline{K}_v - 1)(A_{tv} f_{yv} + A_{tvs} f_s)}{\overline{F}_v}, \ K_v \leqslant \overline{K}_v \tag{2-35}$$

式中：A_{tvs} 和 f_s 分别为钢带的截面面积和钢带的屈服强度。

根据两种受力情况分别计算，取两种计算方法的较小值，由此即可得各试件理论承载能力 V。

$$V = \min\{\overline{V_v}, V_v\} \tag{2-36}$$

理论计算结果与试验结果对比如表 2-6 所示。表 2-6 中 P_c 为理论公式计算结果，P_m 为试验结果。由表 2-6 可见，各试件梁受剪承载力计算值与试验值比值均值为 0.941，变异系数为 0.095，两者吻合良好，表明理论计算公式有较高的精确度。

加固梁受剪承载力理论计算值与试验值对比   表 2-6

试件编号	受剪承载力 P_e(kN)	计算值 P_c(kN)	计算值 P_c/试验值 P_e
GL-1	310	342	1.103
GL-2	603	507	0.841
GL-3	540	507	0.939
GL-4	528	507	0.960
GL-5	460	399	0.867
GL-6	460	457	0.993
GL-7	452	399	0.883
平均值			0.941
差异系数			0.095

2.4.2 理论公式应用：钢带加固量计算

对于钢带间距为 50mm 的试件 GL-2，虽然极限位移相较未加固对比试件 GL-1 增加了 37%，但梁的破坏形态将由剪压破坏转变为斜压破坏。可以得出当使用高强钢带过多且间距过密时，加固试件容易发生脆性更大的剪切破坏，不利于实际使用。因此在使用钢带加固时应存在一个钢带使用上限，即建议钢带加固量。在理论计算分析中，软化拉压杆模型可认为高强钢带作用与箍筋作用相同，均为作为竖向拉杆机构。由式（2-23）可知，软化拉压杆模型竖向拉杆系数存在上限值，超过上限值后钢带对 RC 梁受剪承载力的提高程度降低，且破坏形态容易改变，因此对高强钢带使用量上限值进行推导。

由式（2-28）和式（2-30）可知，高强钢带加固 RC 梁受剪承载力的提高作用是通过软化拉压杆模型竖向拉杆系数来体现的。但若斜向混凝土压杆率先达到屈服，继续增加竖向拉杆系数便不能提高 RC 梁的受剪承载能力，故竖向拉杆系数存在上限。定义加固后拉压杆系数最大增大值为 ΔK_v，RC 梁受剪承载力增幅为 ΔV_v，由式（2-30）推导得：

$$\Delta K_v \leqslant \overline{K_v} - K_v \tag{2-37}$$

$$\Delta V_v = \Delta K_v \zeta f_c A_{str} \sin\theta \tag{2-38}$$

$$\overline{K_{\mathrm{v}}} = \frac{1}{1-0.2(\gamma_{\mathrm{v}}+\gamma_{\mathrm{v}}^2)} \tag{2-39}$$

$$K_{\mathrm{v}} = 1 + (\overline{K_{\mathrm{v}}}-1)\,F_{\mathrm{yv}}/\overline{F_{\mathrm{v}}} \tag{2-40}$$

$$\overline{F_{\mathrm{v}}} = \gamma_{\mathrm{v}}\overline{K_{\mathrm{v}}}\zeta f_{\mathrm{c}}A_{\mathrm{str}}\sin\theta \tag{2-41}$$

$$\gamma_{\mathrm{v}} = (2\cot\theta - 1)/3 , \quad 0 \leqslant \gamma_{\mathrm{v}} \leqslant 1 \tag{2-42}$$

式中，K_{v} 为加固前竖向拉杆系数；$\overline{K_{\mathrm{v}}}$ 为竖向拉杆平衡系数。

上式化简可得：

$$\Delta K_{\mathrm{v,\,max}} = (\overline{K_{\mathrm{v}}}-1) - \frac{(\overline{K_{\mathrm{v}}}-1)A_{\mathrm{tvs}}f_{\mathrm{s}}}{\overline{F_{\mathrm{v}}}} = (\overline{K_{\mathrm{v}}}-1) - \frac{A_{\mathrm{tvs}}f_{\mathrm{s}}}{\gamma_{\mathrm{v}}\zeta f_{\mathrm{c}}A_{\mathrm{str}}\sin\theta}\left(1-\frac{1}{K_{\mathrm{v}}}\right) \tag{2-43}$$

$$\Delta V_{\mathrm{v,\,max}} = (\overline{K_{\mathrm{v}}}-1)\zeta f_{\mathrm{c}}A_{\mathrm{str}}\sin\theta - \frac{A_{\mathrm{tvs}}f_{\mathrm{s}}}{\gamma_{\mathrm{v}}}\left(1-\frac{1}{K_{\mathrm{v}}}\right) \tag{2-44}$$

即：

$$\Delta V_{\mathrm{v,\,max}} = (\overline{K_{\mathrm{v}}}-1)\left(\zeta f_{\mathrm{c}}A_{\mathrm{str}}\sin\theta - \frac{A_{\mathrm{tvs}}f_{\mathrm{s}}}{\gamma_{\mathrm{v}}\overline{K_{\mathrm{v}}}}\right) \tag{2-45}$$

则建议钢带加固量 n 为：

$$n = \frac{\Delta V_{\mathrm{v,\,max}}}{A_{\mathrm{tvs}}f_{\mathrm{s}}} = (\overline{K_{\mathrm{v}}}-1)\left(\frac{\zeta f_{\mathrm{c}}A_{\mathrm{str}}\sin\theta}{A_{\mathrm{tvs}}f_{\mathrm{s}}} - \frac{1}{\gamma_{\mathrm{v}}\overline{K_{\mathrm{v}}}}\right) \tag{2-46}$$

式中，$\Delta V_{\mathrm{v,max}}$ 为 RC 梁受剪承载力最大增幅；ζ 为混凝土开裂受压软化系数；f_{c} 为混凝土轴心抗压强度；A_{str} 为混凝土主斜压杆的有效面积；A_{tvs} 为钢带截面面积；f_{s} 为钢带屈服强度；γ_{v} 为梁箍筋产生拉力与竖向剪力比值；K_{v} 为加固前竖向拉杆系数；$\overline{K_{\mathrm{v}}}$ 为竖向拉杆平衡系数。

2.4.3　实用计算公式

为便于钢带加固工程中的加固设计初估和初步设计计算，此处进一步提出工程实用的钢带加固 RC 梁受剪承载力计算的简化方法，公式如下：

$$V = m\frac{1.75}{\lambda+1}f_{\mathrm{t}}bh_0 + f_{\mathrm{yv}}\frac{A_{\mathrm{sv}}}{s_{\mathrm{v}}}h_0 + \eta f_{\mathrm{s}}\frac{A_{\mathrm{s}}}{s}h_{\mathrm{s}} \tag{2-47}$$

式中，m 为考虑钢带约束作用的混凝土强度提高系数，η 为考虑钢带层数影响的加固梁受剪承载力提高系数。由试验数据进行拟合，可得 $m=4$。当钢带为一层时，η 取 1.0；当钢带为 2 层时，η 取 1.3。代入式（2-49）可得以下公式：

$$V = \begin{cases} \dfrac{7}{\lambda+1}f_{\mathrm{t}}bh_0 + f_{\mathrm{yv}}\dfrac{A_{\mathrm{sv}}}{s_{\mathrm{v}}}h_0 + 1.0f_{\mathrm{s}}\dfrac{A_{\mathrm{s}}}{s}h_{\mathrm{s}}, \quad \text{一层钢带} \\[3mm] \dfrac{7}{\lambda+1}f_{\mathrm{t}}bh_0 + f_{\mathrm{yv}}\dfrac{A_{\mathrm{sv}}}{s_{\mathrm{v}}}h_0 + 1.3f_{\mathrm{s}}\dfrac{A_{\mathrm{s}}}{s}h_{\mathrm{s}}, \quad \text{两层钢带} \end{cases} \tag{2-48}$$

式中，λ 为剪跨比；f_{t} 为混凝土抗拉强度，$f_{\mathrm{t}}=0.395f_{\mathrm{cu}}^{0.55}$，$f_{\mathrm{cu}}$ 为立方体抗压强

度；b 为矩形截面的宽度；h_0 为梁截面有效高度；f_{yv} 为箍筋抗拉强度；A_{sv} 为配置在同一截面内箍筋各肢的全部截面面积，$A_{sv}=nA_{sv1}$。此处，n 为在同一个截面内箍筋的肢数，A_{sv1} 为单肢箍筋的截面面积；s_v 为箍筋间距；f_s 为钢带的抗拉屈服强度。A_s 为同一截面上 RC 梁两侧钢带截面面积之和，即 $2b_st_s$，此处 b_s 和 t_s 分别为钢带宽度和钢带厚度；h_s 为钢带高度，即梁高；s 为钢带间距。

由实用计算公式计算的结果如表 2-7 所示。由表 2-7 可知钢带加固 RC 梁受剪承载力计算值与试验值比值均值为 0.974，变异系数为 0.043，两者吻合良好，实用计算公式可用于实际工程初步计算分析。

建议公式计算结果 表 2-7

试件编号	钢带间距(mm)	钢带层数	承载力 P_e(kN)	实用计算公式 P_c(kN)	P_c/P_e
GL-2	50	1	603	593.76	0.985
GL-3	100	1	540	484.04	0.896
GL-4	100	2	528	516.95	0.979
GL-5	150	1	460	447.46	0.973
GL-6	150	2	460	469.41	1.020
GL-7	150	1	452	447.46	0.990
平均值					0.974
变异系数					0.043

2.5 本章小结

采用高强钢带对 RC 梁进行受剪加固，可以有效地抑制斜裂缝开展，显著提高 RC 梁的受剪承载力，改善 RC 梁的变形能力[9-12]。与传统加固方法相比，该加固技术更加经济有效、施工简便，在混凝土结构受剪加固领域有着广阔的应用前景。

本书以 1 个普通 RC 梁试件和 6 个高强钢带加固的 RC 梁试件为研究对象，进行了受剪性能试验研究，并结合相关理论分析，得到以下结论：

（1）不同的高强钢带间距、钢带层数和倒角处理的高强钢带加固方式均可以大幅提高 RC 梁的受剪承载力，并改善梁的变形能力。其中以钢带的间距影响最为显著，钢带间距越小，试件的受剪承载力增幅越大，变形能力越强，但钢带过密会导致试件破坏形态由剪压破坏转变为斜压破坏。钢带层数的增加对钢带加固 RC 梁的受剪承载力提高不明显，但可有效改善梁的变形能力。倒角处理同样对钢带加固 RC 梁的受剪承载力无明显提高，但可增加加固梁的极限变形。

（2）试件剪跨段中部的钢带应变增长速度最快，钢带应变最大。实际设计时可据此优化钢带布置形式，对剪跨段中部钢带承受拉力最大的位置区域采用小间距或者多层钢带加固方式，降低此处钢带应变，减少钢带断裂对试件变形能力影响，同时充分利用钢带强度。

（3）在试验研究的基础上，考虑钢带作用同箍筋类似，在试件开裂后逐渐发挥作用，承担部分剪力的同时，有效抑制剪跨段斜裂缝的开展及延伸，提高了加固试件的受剪性能。因此利用拉压杆模型对加固试件的受剪机理进行分析研究，推导出高强钢带加固混凝土梁受剪承载力的理论计算公式，计算值与试验结果吻合较好，并提出了基于理论公式避免斜压破坏的建议钢带加固用量计算公式，以节省成本，并实现最优加固效果。最后进一步给出了便于实际工程应用的加固RC 梁受剪承载力的简化实用计算公式。

本章参考文献

[1] 梁兴文，王社良，李晓文 . 混凝土结构设计原理 [M]. 北京：科学出版社，2003：239.

[2] GB 50010-2010. 混凝土结构设计规范 [S]. 北京：中国建筑工业出版社，2010.

[3] GB/T 228.1-2010，金属材料 拉伸试验 第 1 部分：室温试验方法 [S]. 中国钢铁工业协会，2010.

[4] 贡金鑫，魏巍巍，赵尚传 . 现代混凝土结构基本理论及应用 [M]. 北京：中国建筑工业出版社，2009，166-168.

[5] 过镇海，时旭东 . 钢筋混凝土原理和分析 [M]. 北京：清华大学出版社 2003：288.

[6] Hwang S J，Lee H J. Strength prediction for discontinuity regions by softened strut-and-tie model [J]. Journal of Structural Engineering，2002，128（12）.

[7] Hwang S J，Lu W Y，and Lee H J. Shear strength prediction for deep beams [J]. ACI Structural Journal，2000，97（3）.

[8] Nielsen M P，Hoang L C . Limit analysis and concrete plasticity [M]. CRC Press：2016.

[9] 郭梁 . 预应力钢带加固混凝土梁抗剪性能试验研究与数值模拟 [D]. 陕西：西安建筑科技大学，2012.

[10] 刘义，郭梁，杨勇，田静，周铁钢 . 预应力钢带加固混凝土梁抗剪性能试验研究 [J]. 工业建筑，2015，45（3）：16-18，34.

[11] 杨勇，田静，刘如月，刘义，郭梁 . 预应力钢带加固混凝土梁斜截面开裂荷载及抗剪承载能力分析 [J]. 工业建筑，2015，45（3）：19-21，39.

[12] 刘义，高宗祺，陆建勇，杨勇，薛建阳，隋龑 . 预应力钢带加固钢筋混凝土梁柱受力性能试验研究 [J]. 建筑结构学报，2013，34（10）：120-127.

第3章 高强钢带加固混凝土柱轴压性能研究

3.1 引言

本章以2个普通混凝土圆柱对比试件和18个高强钢带加固混凝土圆柱试件、3个普通混凝土方柱对比试件和16个高强钢带加固混凝土方柱试件的轴压试验研究为基础，研究了不同钢带间距、钢带层数及截面尺寸的加固混凝土柱在轴向荷载作用下的破坏形态与轴压性能。进一步依据试验结果，研究了高强钢带加固混凝土柱的轴压受力机理与钢带约束机制。最后在此基础上分别建立了高强钢带加固混凝土圆柱和方柱的轴压承载力计算公式。

3.2 高强钢带加固混凝土圆柱轴压性能试验研究

3.2.1 试验概况

3.2.1.1 试件设计

共制作20个混凝土圆柱试件，分为7组，具体设计参数如表3-1所示，其中混凝土强度等级分别为C20和C30。试件尺寸分为两种：D（直径）$\times H$（高度）$=300\text{mm}\times750\text{mm}$与$400\text{mm}\times1000\text{mm}$。钢带层数考虑1层、2层和3层三种情况，钢带间距考虑50mm、100mm和150mm三种情况。

混凝土圆柱试件设计参数表 表3-1

序号	试件编号	混凝土等级	试件尺寸(mm)	钢带间距(mm)	层数	长细比
1	SC20/400	C20	400×1000	—	—	2.5
2	C20/400/150/1	C20	400×1000	150	1	2.5
3	C20/400/150/3	C20	400×1000	150	3	2.5
4	C20/400/100/1	C20	400×1000	100	1	2.5

序号	试件编号	混凝土等级	试件尺寸(mm)	钢带间距(mm)	层数	长细比
5	C20/400/100/2	C20	400×1000	100	2	2.5
6	C20/400/100/3	C20	400×1000	100	3	2.5
7	C20/400/50/1	C20	400×1000	50	1	2.5
8	C20/400/50/2	C20	400×1000	50	2	2.5
9	C20/400/50/3	C20	400×1000	50	3	2.5
10	SC30/400	C30	400×1000	—	—	2.5
11	C30/400/150/1	C30	400×1000	150	1	2.5
12	C30/400/150/2	C30	400×1000	150	2	2.5
13	C30/400/100/1	C30	400×1000	100	1	2.5
14	C30/400/100/2	C30	400×1000	100	2	2.5
15	C30/400/50/1	C30	400×1000	50	1	2.5
16	C30/400/50/2	C30	400×1000	50	2	2.5
17	C30/400/50/3	C30	400×1000	50	3	2.5
18	C20/300/100/1	C20	300×750	100	1	2.5
19	C20/300/100/2	C20	300×750	100	2	2.5
20	C20/300/100/3	C20	300×750	100	3	2.5

注：试件编号中 S 表示无钢带加固的试件，C20/400/150/1 表示混凝土强度等级为 C20，试件直径为400mm，钢带间距为 150mm，钢带层数为 1 层的加固试件。

为了防止试件两端在加载时发生局部受压破坏，直径 300mm 的试件在两端各设置 2 道间距为 50mm 的高强钢带，直径 400mm 试件在两端各设置 3 道间距为 50mm 的高强钢带，层数均为 3 层。加固方案示意图如图 3-1、图 3-2所示。

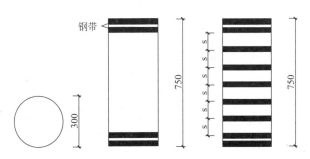

图 3-1　直径 300mm 试件钢带加固示意图（单位：mm）

3.2.1.2　材料性能

本试验分别进行了混凝土立方体试块抗压强度试验与钢带拉伸试验，以确定材料的力学性能。

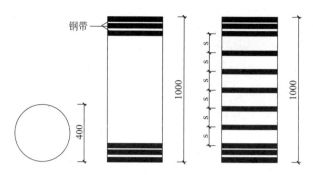

图 3-2　直径 400mm 试件钢带加固示意图（单位：mm）

（1）混凝土

混凝土设计强度等级为 C20 和 C30，预留两组 150mm×150mm×150mm 标准立方体试块，并与试件同条件养护，在 TYA-2000 型电液压力试验机上进行材性试验，实测数据见表 3-2。

混凝土力学性能　　　　　　　　　　　　　表 3-2

混凝土强度等级	立方体抗压强度 f_{cu}(MPa)	轴心抗压强度 f_c(MPa)	弹性模量 E_c(MPa)
C20	28.85	19.29	$3.05×10^4$
C30	43.10	30.25	$3.41×10^4$

注：$f_c = 0.88\alpha_{c1}\alpha_{c2}f_{cu}$，$\alpha_{c1} = 0.76$，$\alpha_{c2} = 1.00$；$E_c = 10^5/(2.2+34.74/f_{cu})$。

（2）高强钢带

加固所用钢带为宝钢生产的 ULT1000 型高强钢带。此钢带具有强度高，耐腐蚀等优点，其实测力学性能见表 3-3。

钢带力学性能　　　　　　　　　　　　　表 3-3

钢带宽度 w_s(mm)	钢带厚度 t_s(mm)	屈服强度 f_s(MPa)	抗拉强度 f_{us}(MPa)	弹性模量 E_{ss}(MPa)
31.8	0.9	770.7	862.3	$1.9×10^5$

3.2.1.3　试件制作及加固步骤

本次加固所采用的预应力张拉设备为上海信耐包装器材有限公司生产的高强度钢带捆扎机，型号为 KZLY-32G，包括气动捆扎拉紧机和气动锁扣器，如图 3-3 所示。加固过程中采用拉紧机张拉钢带，锁扣机用来锁紧钢扣。

图 3-4 为钢带加固的具体操作过程，加固施工步骤如下：

图 3-3　加固设备

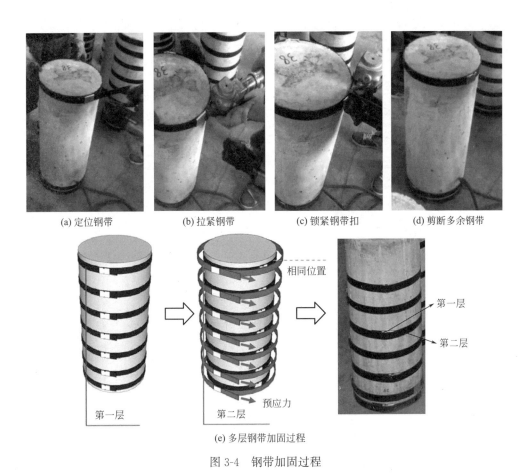

(a) 定位钢带　　　(b) 拉紧钢带　　　(c) 锁紧钢带扣　　　(d) 剪断多余钢带

(e) 多层钢带加固过程

图 3-4　钢带加固过程

（1）钢带下料

根据圆柱直径计算出周长，按比该周长长约 25～35cm 的长度裁剪钢带。之后将钢带一端弯折 180°，弯折长度约为 8～9cm，套上钢带扣，钢带制作完毕。

（2）钢带定位

根据钢带间距的不同，在试件上从一端依次标出定位点，每道钢带的定位点围绕圆柱四周标出四个相互对称的位置点，钢带定位完毕。

（3）钢带拉紧

将钢带另一端插入钢带扣，形成圆形钢带箍，套入圆柱，如图 3-4（a）所示；根据钢带定位初步拉紧钢带，而后用小锤微调至定位位置，启动拉紧机拉紧钢带，如图 3-4（b）所示；用小铁锤微微锤击钢带一周，去除可能留下的缝隙，使钢带紧贴圆柱。

（4）钢带扣咬合

再次拉紧钢带，使钢带达到设计预拉应变 960$\mu\varepsilon$，即钢带预应力约为 20% 的钢带拉伸屈服强度，之后用锁扣机锁紧钢带扣，如图3-4（c）所示。

（5）剪断多余钢带

剪除剩余钢带，钢带加固完毕，如图3-4（d）所示。

按以上施工过程加固所有试件。当钢带层数多于1层时，从里向外依次进行，如图3-4（e）所示，并注意钢带扣位置不宜集中，防止层间间隙过大。

3.2.1.4　加载方案

本次试验在西安建筑科技大学结构工程与抗震教育部重点实验室进行加载，采用20000kN的电液伺服试验机进行试验，加载采用位移控制模式。当荷载降至峰值荷载的85％或试件失去承载能力时终止试验。加载装置示意图和试件加载图分别见图3-5与图3-6。

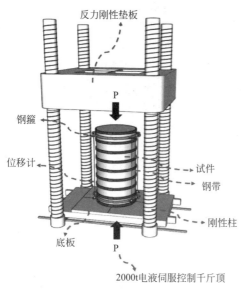

反力刚性垫板
P
钢箍
位移计
试件
钢带
刚性柱
底板
P
2000t电液伺服控制千斤顶

图3-5　加载装置示意图

图3-6　试件加载图

3.2.1.5　量测方案

（1）轴向变形

在试件周围对称布置四个拉线式位移计以测量试件轴向变形，位移计固定在套箍装置上，如图3-7（a）和图3-7（b）所示。轴向位移采用DHL-300型拉线式位移计（LVDT）测量，如图3-7（c）所示。

（2）钢带应变

由于内层钢带被外层钢带遮挡，本试验只测量最外层钢带应变，通过贴在圆柱中部位置的S1～S6六个应变片进行测量，以此来判断钢带在试件的极限承载力下是否达到屈服强度。所有试验数据均由TDS-530数据采集仪采集。

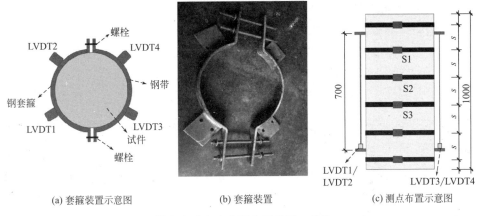

(a) 套箍装置示意图　　　　　(b) 套箍装置　　　　　(c) 测点布置示意图

图 3-7　轴向变形和应变测点示意图（单位：mm）

3.2.2　试验结果及分析

3.2.2.1　试验现象

试验结束时共观察到三种典型的破坏模式：混凝土劈裂破坏、混凝土压溃破坏和钢带断裂破坏。为便于描述加固试件的破坏模式，将加固试件的约束程度定义为弱约束和强约束两种，其中弱约束试件为钢带间距较大的或单层钢带加固的试件，强约束试件为钢带间距较小的或多层钢带加固的试件。

SC20/400 试件与 SC30/400 试件为未加固的对比试件。两者均发生混凝土劈裂破坏，破坏过程为：加载初期，轴压应力较低，试件处于弹性阶段，试件表面无明显现象；在峰值荷载 P_m 的 70% 左右，混凝土内部出现崩裂的声音，试件表面突然出现多处竖向裂缝，伴随有倾斜角度不大的斜裂缝，并且很快贯通；继续加载，混凝土表面开始起皮脱落；达到峰值荷载 P_m 时，构件表面崩裂出若干条斜裂缝，承载力急剧下降，无明显持荷阶段。SC20/400 试件最终的破坏形态如图 3-8 所示。

图 3-8　试件 SC20/400 破坏形态

　　高强钢带加固混凝土试件有 18 个。对于钢带层数和间距不同的试件，会出现不同的破坏形态，如图 3-9 所示。弱约束柱试件（钢带间距大或钢带层数少）的破坏形态与未加固混凝土柱对比试件较为类似，最终为劈裂破坏，而强约束柱试件（钢带间距小或钢带层数多）的破坏则主要为内部混凝土的压溃破坏，也有少数钢带撕裂破坏。下面分别按不同钢带间距对部分试件的破坏过程进行描述：

(a) 试件C30/400/150/2破坏形态

(b) 试件C30/400/100/1破坏形态

(c) 试件C20/400/50/3破坏形态

(d) 试件C30/300/50/3破坏形态

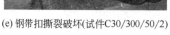
(e) 钢带扣撕裂破坏(试件C30/300/50/2)

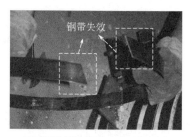
(f) 钢带断裂(试件C30/300/50/3)

图 3-9　试件典型破坏形态

（1）钢带间距 150mm 试件

试件 C30/400/150/2 的破坏形态为弱约束的劈裂破坏，如图 3-9（a）所示。C20/400/150/2 的破坏过程与之类似。在加载初期试件无明显变化；加载至 3170kN（69％P_m）左右时，混凝土内部传出开裂声音，试件表面出现多处竖向裂缝；加载至 3970kN（86％P_m）左右，试件表面混凝土起皮脱落，钢带应变值明显增加；加载至 4320kN（94％P_m），试件表面裂缝贯通；加载至峰值荷载过程中，试件表面混凝土有片状剥落现象，峰值荷载为 4606kN。

（2）钢带间距 100mm 试件

试件 C30/400/100/1 的破坏形态为弱约束的劈裂破坏，如图 3-9（b）所示。在加载初期，试件表面无明显变化；加载至 2500kN（57％P_m）左右时，混凝土内部传出开裂声音，试件表面出现多处竖向裂缝；继续加载至 3400kN（78％P_m）左右，试件表面混凝土起皮脱落，钢带应变值明显增加；加载至 4100kN（94％P_m），试件表面裂缝贯通；加载至峰值荷载过程中，试件表面混凝土有片状剥落现象，峰值荷载为 4356kN（P_m）。

（3）钢带间距 50mm 试件

试件 C20/400/50/3 的破坏形态为强约束的混凝土压溃破坏，如图 3-9（c）所示。加载初期，试件表面无明显变化；钢带的存在限制了试件裂缝的早期开展，直至加载至 3200kN（45％P_m）左右，混凝土内部才传出开裂的声音，试件表面出现多处竖向裂缝；继续加载至 4400kN（62％P_m）左右，试件表面混凝土起皮脱落，钢带应变值明显增加；加载至 6000kN（85％P_m），试件表面裂缝贯通；加载至峰值荷载 7067kN（P_m）过程中，试件表面混凝土有片状剥落现象。继续加载至荷载下降为峰值荷载的 85％左右停止加载。钢带间距相同的试件 C30/300/50/3 的最终破坏形态相似，如图 3-9（d）所示。

（4）钢带断裂破坏

试验中试件 C30/300/50/2 如图 3-9（e）所示出现钢带扣撕裂现象，试件 C30/300/50/3 出现钢带断裂。上述两个试件均为钢带间距为 50mm 的试件，在其他更大钢带间距 100mm 和 150mm 的加固试件中并未出现钢带失效的情况。表明在强约束试件中，试件横向膨胀明显，钢带受力较大。通过图 3-9（e）（f）所示的钢带断裂情况可得，由于钢带扣上有锚固挤压形成的缺口，使钢带扣内钢带面积减小，导致钢带的断裂出现在钢带扣内。另外个别钢带由于存在初始缺陷而在钢带中部断裂，与钢带材性试验的断裂形式相同。

图 3-10 给出了三种典型试件的破坏形态，从图 3-10 中可以看出，未加固的混凝土柱试件以剪切滑移破坏为主，加载过程中会形成一个明显的剪切滑移裂缝，并在表面形成若干竖向裂缝和斜裂缝。剪切面上的混凝土沿着粗骨料与胶凝体的接触面破坏，并且构件尺寸越大，未约束试件的脆性越明显，如图 3-10（a）所示。高强钢带加固混凝土柱试件在弱约束状态下的破坏类似于未约

束混凝土柱试件，此类柱试件一般是在表面形成斜向劈裂裂缝而发生剪切破坏，如图 3-10（b）所示。钢带加固混凝土柱试件在强约束状态下一般是由于混凝土压溃从而导致试件破坏，试件上裂缝数量较多，横向膨胀明显，如图 3-10（c）所示。由以上分析可得试件的破坏模式主要取决于钢带的约束程度以及混凝土的强度。

(a) 对比试件   (b) 弱约束试件   (c) 强约束试件

图 3-10　三种典型试件破坏形态

3.2.2.2　荷载-轴向位移曲线

本试验通过四个位移计的平均值得到的试件荷载-轴向位移曲线如图 3-11 所示。

结合试验现象，由图 3-11 的曲线可得如下结论：

（1）未加固对比试件的荷载-轴向位移曲线在峰值荷载附近有明显的突变点，而加固后的试件曲线在超过峰值荷载后均平缓下降，部分小间距、多层钢带加固的试件出现明显的持荷阶段。加固试件的峰值荷载和极限轴向位移均比未加固对比试件有显著提高，表明高强钢带加固可以显著改善试件的轴压性能。

（2）钢带间距相同的试件，轴压承载力和轴向位移均随着钢带层数的增加而增加。这表明钢带层数越多，对混凝土膨胀开裂的约束作用越强，试件的变形能力越强。同时高强钢带对混凝土的横向约束使混凝土处于三向受压状态，提高了核心混凝土的抗压强度，从而提高了试件的承载力。

3.2.2.3　承载力

试件的峰值荷载、峰值轴向位移、承载力增幅及约束程度等试验结果见表 3-4。由于加固混凝土柱试件的峰值荷载与钢带层数、钢带间距与试件截面尺寸有关，以下分别从这三个方面进行分析。

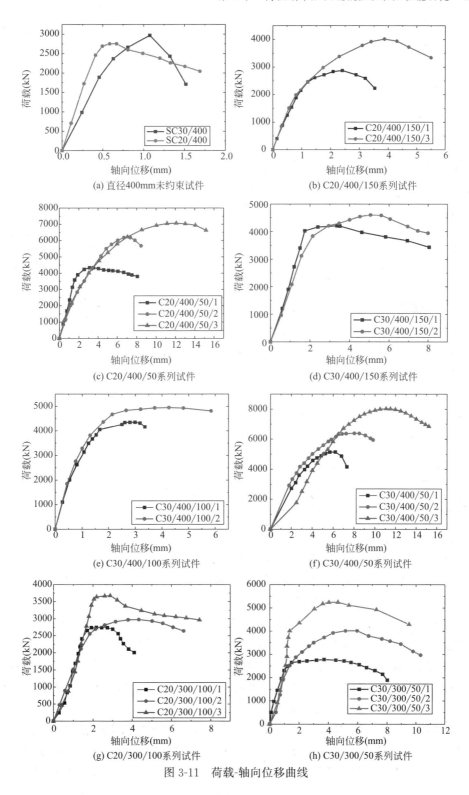

(a) 直径400mm未约束试件

(b) C20/400/150系列试件

(c) C20/400/50系列试件

(d) C30/400/150系列试件

(e) C30/400/100系列试件

(f) C30/400/50系列试件

(g) C20/300/100系列试件

(h) C30/300/50系列试件

图 3-11　荷载-轴向位移曲线

试验结果汇总表 表 3-4

试件编号	峰值荷载 P_m(kN)	承载力增幅	极限轴线变形 d_u(mm)	变形比 γ	约束程度	体积配钢率 P_{ss}(×10⁻³)
SC20/400	2756	0.0%	1.69	1.00	—	—
C20/400/150/1	3903	41.6%	3.51	2.08	弱约束	1.91
C20/400/150/3	4020	46.7%	5.50	3.25	弱约束	5.72
C20/400/100/1	4223	53.2%	—	—	弱约束	2.86
C20/400/100/2	4680	69.8%	—	—	弱约束	5.72
C20/400/100/3	5178	87.8%	—	—	强约束	8.57
C20/400/50/1	4344	57.6%	8.07	4.78	弱约束	5.72
C20/400/50/2	6221	126.0%	8.46	5.01	强约束	11.43
C20/400/50/3	7067	156.0%	15.17	8.98	强约束	17.15
SC30/400	2955	0.0%	1.52	1.00	—	—
C30/400/150/1	4204	42.3%	8.06	5.30	弱约束	1.90
C30/400/150/2	4606	55.9%	8.00	5.26	弱约束	3.81
C30/400/100/1	4356	47.4%	3.36	2.21	弱约束	2.86
C30/400/100/2	4958	67.8%	5.84	3.84	强约束	5.72
C30/400/50/1	5170	75.0%	7.32	4.72	弱约束	5.72
C30/400/50/2	6850	131.8%	9.82	6.46	强约束	11.43
C30/400/50/3	8040	172.1%	15.23	10.02	强约束	17.15
C30/300/50/1	3235	89.6%	8.02	—	强约束	8.53
C30/300/50/2	4017	135.5%	10.31	—	强约束	17.07
C30/300/50/3	5263	208.5%	9.52	—	强约束	25.60

（1）钢带层数

图 3-12 为钢带层数-承载力增幅关系曲线，由图 3-12 可以看出对于截面尺寸相同且钢带间距较小的试件，随着钢带层数的增多，其承载力增幅也随之增大。如 C30/400/50/1、C30/400/50/2 及 C30/400/50/3 试件的钢带间距均为 50mm，对应承载力分别为 5170kN、6850kN 和 8040kN，相较未加固试件承载力增幅分别为 75%、131.8% 和 172.1%。当钢带间距较大时，钢带层数的增加对承载力的增加幅度影响不大。如试件 C20/400/100/1、C20/400/100/2 和 C20/400/100/3 所对应峰值承载力分别为 4223kN、4680kN 和 5178kN，相较未加固试件的承载力增幅为 53.2%、69.8% 和 87.8%。

但随着钢带层数增加，曲线的斜率逐渐减小，即钢带层数的增加对承载力提高的影响逐渐降低。如试件 C20/400/50/1、试件 C20/400/50/2 和试件 C20/400/50/3，其承载力增幅分别为 57.6%，126% 和 156%，第一层钢带能提高承载力 57.6%，第二层钢带比第一层多提高 68.4%，第三层又比两层钢带多提高 30%。表明了加固钢带足够时，钢带层数的增加可能不能充分发挥作用。

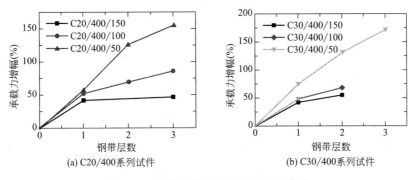

图 3-12　钢带层数-承载力增幅关系曲线

（2）钢带间距

图 3-13 为钢带间距-承载力增幅关系曲线，可以看出截面尺寸相同且钢带层数相同的试件其承载力随着钢带间距的减小而增加。而且曲线斜率也随着钢带间距的减小而增大，即钢带间距越小，对试件承载力增幅越大。如 C30/400/150/1、C30/400/100/1 和 C30/400/50/1 试件的钢带层数均为一层，对应承载力分别为 4204kN、4356kN 和 5170kN，相较未加固试件承载力增幅分别为 42.3%、47.4% 和 75%。随着钢带层数增多，相同间距的试件承载力显著提升，但是钢带间距过大时，其承载力增幅与钢带层数的关系将逐渐减弱。

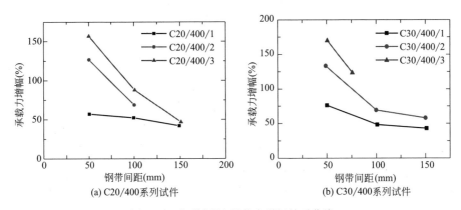

图 3-13　钢带间距-承载力增幅关系曲线

（3）试件截面尺寸

图 3-14 为试件截面直径-承载力增幅关系曲线。

由图 3-14 可以看出，在相同的钢带层数和间距的条件下，加固柱的承载力增幅随着截面尺寸的增大而减小。原因是随着截面尺寸的增加，钢带对混凝土的

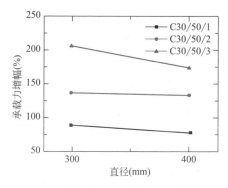

图 3-14 试件直径-承载力增幅关系曲线

约束逐渐降低。如试件 C30/300/50/1 和 C30/400/50/1，其承载力提高幅度分别为 89.6% 和 75.0%。说明随着试件截面尺寸的增加，高强钢带对核心混凝土的约束作用逐渐减弱。

3.2.2.4 变形能力

为分析钢带加固柱试件的变形能力，同 2.3.4 节采用变形比 γ 的计算方法，γ 取值为相同直径和混凝土强度的加固试件极限轴向位移与未加固对比试件极限轴向位移的比值，计算所得结果见表 3-4。由表 3-4 可知，随着钢带间距的增加，试件的变形比逐渐增加，如试件 C20/400/150/1 和 C30/400/50/1 的变形比分别为 2.08 和 4.78。随着钢带层数的增加，试件的变形比也逐渐增加，如试件 C20/400/50/1、C20/400/50/2 和 C30/400/50/3 的变形比分别为 4.78、5.01 和 8.98。随着试件直径从 300mm 增加至 400mm，试件的极限轴向位移从 C30/300/50/1 的 8.02mm 降低至 C30/400/50/1 的 7.32mm。以上数据结果表明，减小钢带间距、增加钢带层数以及减小试件直径都可有效提高混凝土圆柱试件的变形能力。原因在于上述三种方式都可以提高钢带对混凝土的约束能力，延缓试件上裂缝的开展，减少圆柱试件的横向膨胀，进而提高试件的变形性能。

3.2.2.5 钢带与混凝土应变

图 3-15 为实测荷载-钢带应变曲线，其中钢带应变值均为最外层钢带应变的平均值。由图 3-15 可知，钢带在加载过程中主要经历了以下阶段：

（1）初始小应变阶段。在初始加载过程中，由于试件无外鼓现象，最外层钢带的应变相对较小。

（2）应变增长阶段。随着轴压力的增大，试件表面出现裂缝，钢带受力增加，钢带的应变缓慢增长。在接近峰值荷载时，试件中间部位附近混凝土出现外鼓现象，混凝土的膨胀使钢带所受拉力增加，同时也加速了钢带应变的增长。

（3）应变持续增长阶段。峰值荷载过后，试件表面的裂缝进一步发展，试件发生横向膨胀并伴随着混凝土表皮的剥落，钢带应变持续增长直至试件破坏。对于部分钢带间距为 50mm 的试件，由于钢带应力过大，会导致外层钢带在钢带扣处发生错动甚至拉断的现象。

通过试验现象及荷载-钢带应变曲线分析可知，最外层钢带的应变并不均匀，其受力行为类似于传统箍筋，试件中部及混凝土外鼓明显的部位钢带应变较大，同时应变增速也快。相同层数的钢带，钢带间距越小，最外层钢带应变越大，这是因为钢带间距越小其所提供的横向约束力越大，柱试件峰值承载力越大，破坏时混凝土外鼓现象越明显，从而导致钢带应变越大。

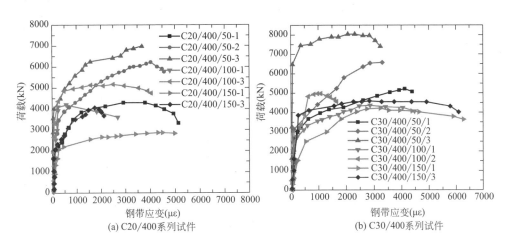

(a) C20/400系列试件　　　　　　　(b) C30/400系列试件

图 3-15　荷载-钢带应变曲线

图 3-16 为试件中混凝土和钢带的荷载-应变关系曲线。与未加固试件相比，由于钢带提供横向约束，加固试件中混凝土的峰值应变和极限应变均显著增加，如图 3-16（a）所示。在加固试件中，采用 C20 混凝土的试件大多数钢带拉伸应变尚未达到屈服应变，而采用 C30 混凝土的试件中钢带大都达到了屈服强度，并且有部分钢带断裂。因此高强钢带在较高等级的混凝土试件中更能充分发挥混凝土和钢带的材料强度。

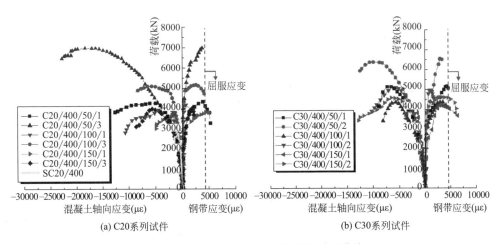

(a) C20系列试件　　　　　　　(b) C30系列试件

图 3-16　混凝土和钢带的荷载-应变关系曲线

3.2.2.6　钢带体积配钢率

对于高强钢带加固混凝土圆柱，钢带对试件约束程度的指标与螺旋箍筋的约束指标类似，参照《混凝土结构设计规范》GB 50010-2010 螺旋箍筋的体积配箍率，提出高强钢带加固混凝土的体积配钢率 ρ_{ss}，公式如下。

$$\rho_{ss} = \frac{n \times A_{ss} \times \pi \times d}{A_c \times s} \qquad (3\text{-}1)$$

化简可得：

$$\rho_{ss} = \frac{4n \times A_{ss}}{d \times s} \qquad (3\text{-}2)$$

式中：A_{ss} 为钢带的横截面面积，n 为钢带的层数；A_c 和 d 分别为圆柱的截面面积和直径；s 为钢带间距。

图 3-17 为钢带体积配钢率与峰值荷载增幅的关系曲线，由图 3-17 可以得出以下结论：

（1）钢带间距相同时体积配钢率越大，即钢带层数越多，其承载力越大，同时承载力增幅也越大。如试件 C20/400/50/1、C20/400/50/2 和 C20/400/50/3 三个试件的体积配钢率分别为 0.0057、0.0143 和 0.0172，对应承载力的增幅分别为 57.6%、126.0% 和 156.0%。

（2）钢带层数相同时体积配钢率越大，即钢带间距越密集，其承载力越大。如试件 C20/400/150/1、C20/400/100/1 和 C20/400/50/1，三个试件的体积配钢率分别为 0.002、0.003 和 0.006，对应承载力的增幅分别为 41.6%、53.2% 和 57.6%。

（3）相同配钢率下，减小钢带间距比增加钢带层数对试件承载力提高更明显，性价比更高。对于试件 C30/400/50/1 和 C30/400/100/2，两者体积配钢率均为 5.715×10^{-3}，而承载力提高幅度分别为 75.0% 和 67.8%，即钢带间距为 50mm 的单层加固试件的承载力提高比钢带间距为 100mm 的双层加固试件的承载力提高更大。体积配钢率同为 5.715×10^{-3} 的 C20 级混凝土试件 C20/400/50/1、C20/400/100/2 和 C20/400/150/3，承载力增幅分别为 57.6%，69.8% 和 46.7%，也证明了相同配钢率下减小钢带间距对试件承载力的提高更有效。

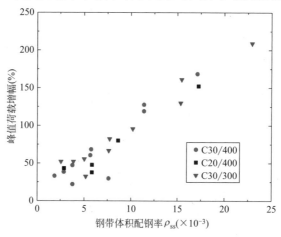

图 3-17　钢带体积配钢率-峰值荷载增幅关系曲线

3.2.3 高强钢带加固混凝土圆柱轴压承载力计算方法

3.2.3.1 基于 Mander 模型的高强钢带加固混凝土柱轴压承载力 计算方法

由于高强钢带加固混凝土圆柱的机理与螺旋箍筋约束混凝土圆柱相似，因此采用螺旋箍筋约束混凝土圆柱的理论方法计算高强钢带加固混凝土圆柱的轴压承载力。

20 世纪初已有学者开展了约束混凝土力学性能的研究，随后 Richart、Brandtzaeg、Brown（1928）分别提出了混凝土圆柱在三轴受压作用下的承载力计算公式。Richart 等[1,2] 提出的箍筋约束混凝土圆柱的轴压强度模型如式（3-3）所示：

$$f_{cc} = f_{co} + k_1 f_1 \tag{3-3}$$

式中，f_{cc} 为约束混凝土圆柱体强度；f_{co} 为无约束混凝土圆柱体强度；k_1 为有效约束系数，Richart 建议 $k_1 = 4.1$；f_1 为约束应力，如图 3-18 所示，可按式（3-4）计算。

$$f_1 = \frac{2 f_j d_j}{D} \tag{3-4}$$

式中，f_j 为约束箍筋强度；d_j 为约束箍筋直径；D 为圆柱体直径。

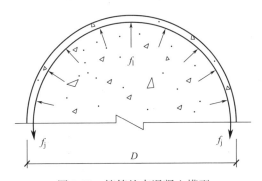

图 3-18 箍筋约束混凝土模型

Richart 模型是建立在约束混凝土强度与约束应力为线性关系基础上的，但后续研究发现约束应力与约束强度应为非线性关系，因此很多学者在 Richart 模型的基础上进行了修正。表 3-5 总结了现有模型中计算约束混凝土峰值应力的公式，式中 f_{co} 和 f_{cc} 分别表示未约束混凝土和约束混凝土的强度；f_1 表示对核心混凝土施加的横向约束力。

约束混凝土峰值应力的约束模型关系		表 3-5
约束模型	约束混凝土强度公式	本章参考文献
ACI 318(ACI,2011)	$f_{cc} = f_{co}\left(1.0 + 4.1\dfrac{f_1}{f_{co}}\right)$	[3]

约束模型	约束混凝土强度公式	本章参考文献
Eurocode 2(BSI,2004)	$\begin{cases} f_{cc} = f_{co}\left(1.0 + 5.0\dfrac{f_l}{f_{co}}\right), \dfrac{f_l}{f_{co}} < 0.05 \\ f_{cc} = f_{co}\left(1.125 + 2.5\dfrac{f_l}{f_{co}}\right), \dfrac{f_l}{f_{co}} \geqslant 0.05 \end{cases}$	[4]
GB 50010-2010	$f_{cc} = f_{co} + 4.0af_l$	[5]
Park et al. (1982)	$f_{cc} = f_{co}\left(1.0 + 2.0\dfrac{f_l}{f_{co}}\right)$	[6]
Ahmad and Shah(1982)	$\begin{cases} f_{cc} = f_{co}\left[1.0 + 4.2556\left(\dfrac{f_l}{f_{co}}\right)\right], \dfrac{f_l}{f_{co}} < 0.68 \\ f_{cc} = f_{co}\left[1.7757 + 3.1171\left(\dfrac{f_l}{f_{co}}\right)\right], \dfrac{f_l}{f_{co}} \geqslant 0.68 \end{cases}$	[7]
Saatcioglu and Razvi(1992)	$f_{cc} = f_{co} + 6.7(f_{le})^{0.83}$	[8]
Karabinis and Kiousis(1994)	$f_{cc} = f_{co} + 4.269(f_l)^{0.587}$	[9]
Mander et al. (1988a)	$f_{cc} = f_{co}\left(-1.254 + 2.254\sqrt{1 + \dfrac{7.94f_{le}}{f_{co}}} - 2\dfrac{f_{le}}{f_{co}}\right)$	[10]
Newman and Newman(1971)	$f_{cc} = f_{co}\left[1.0 + 3.7\left(\dfrac{f_{le}}{f_{co}}\right)^{0.86}\right]$	[11]

如表 3-5 所示，在一些约束模型中，采用了有效横向约束力 f_{le} 以考虑横向钢筋之间的起拱作用，如 Mander 模型和 Newman 模型。Mander 模型计算约束混凝土轴压强度 N_{cl} 的公式如下：

$$N_{cl} = f_{co}A_n + f_{cc}A_e \tag{3-5}$$

$$A_n = A_c - A_e \tag{3-6}$$

$$f_{cc} = f_{co}\left(-1.254 + 2.254\sqrt{1 + \frac{7.94f_{le}}{f_{co}}} - 2\frac{f_{le}}{f_{co}}\right) \tag{3-7}$$

$$A_e = \frac{\pi}{4}\left(D - \frac{s'}{2}\right)^2 \tag{3-8}$$

$$A_c = \frac{\pi}{4}D^2 \tag{3-9}$$

式中，f_{co} 是无约束的混凝土轴心抗压强度，可通过混凝土棱柱体抗压试验确定；f_{cc} 是约束混凝土的轴心抗压强度；A_e 和 A_n 分别是 Mander 等人（1988）提出的横截面有效约束面积和非有效约束区横截面面积；A_c 是试件的截面面积；f_{le} 是约束混凝土达到峰值应力时钢带的有效横向约束力；s' 为钢带净间距，如图 3-19 所示。由于高强钢带与箍筋作用相同，在高强钢带加固混凝土柱中，也假定钢带对混凝土的约束作用通过拱形式分布在核心混凝土上，在两条钢带间距的中心位置有效约束面积最小。

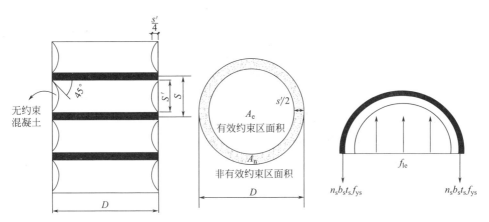

图 3-19　钢带约束混凝土示意图　　　　图 3-20　横向约束应力计算简图

取图 3-20 所示的隔离体，根据力的平衡，可得高强钢带对混凝土的有效横向约束力 f_{le} 计算公式：

$$f_{le} = k_g \frac{2 n_s A_s f_s}{Ds} \tag{3-10}$$

$$k_g = \frac{A_e}{A_c} \tag{3-11}$$

式中，k_g 为有效截面系数；n_s 为钢带层数；A_s 为钢带截面面积；f_s 为钢带屈服强度；D 为混凝土圆柱直径；s 为钢带中心间距。

由以上公式即可得到采用 Mander 模型计算的高强钢带加固混凝土圆柱轴压承载力 N_{c1}，具体计算结果如表 3-6 及表 3-7 所示。由轴压承载力与试验实测承载力的计算结果对比可知，基于 Mander 模型的计算值与试验值比值平均值为 0.799，变异系数为 0.056，可看出采用 Mander 模型的高强钢带加固混凝土圆柱轴压承载力计算方法偏于保守。

3.2.3.2　基于 Newman 模型的高强钢带加固混凝土柱轴压承载力计算方法

为了便于工程实际设计和应用，本节基于 Newman 模型进行进一步分析，并对相应参数进行修正，以得出更为准确的高强钢带加固混凝土圆柱轴压强度计算方法。

Newman 提出的约束混凝土轴向受压强度 N_{c2} 计算公式如下：

$$N_{c2} = f_{co} A_n + f_{cc} A_e \tag{3-12}$$

$$f_{cc} = f_{co} \left[1.0 + 3.7 \left(\frac{f_{le}}{f_{co}} \right)^{0.86} \right] \tag{3-13}$$

式中，f_{co} 是无约束的混凝土轴心抗压强度；f'_{cc} 是约束混凝土的轴心抗压强度；

A_e 和 A_n 分别是横截面有效约束面积和非有效约束区面积；f_{le} 是钢带的有效横向约束力。

由式（3-7）和式（3-13）的 f_{cc} 计算公式中可以看出，Mander 模型与上述 Newman 模型的主要区别在于约束混凝土强度的计算方法不同。相较于 Mander 模型，Newman 模型在计算约束混凝土强度 f_{cc} 时引入的系数更少，更便于使用。因此，本书采用基于 Newman 模型的式（3-13）来计算约束混凝土强度，同时考虑到钢带约束与箍筋约束的区别，引入系数 k_1、k_g、a。

同时由于高强钢带具有更高的屈服强度，比传统箍筋对混凝土的约束作用更强，对约束混凝土的受压强度提高幅度更大，因此可考虑高强钢带约束作用的 Newman 模型简化为式（3-14）。

$$f_{cc} = f_{co}\left(1.0 + k_1 k_g \left(\frac{f_{le}}{f_{co}}\right)^a\right) \tag{3-14}$$

$$k_g = \frac{A_e}{A_c} \tag{3-15}$$

式中，k_1 和 a 为考虑高强钢带作用的系数，通过非线性回归分析计算；k_g 为有效截面系数。

根据本章试验结果（表 3-6）及课题组前期试验研究结果（表 3-7）[12,13]，通过非线性回归分析得到系数 $k_1 = 3.35$ 和 $a = 0.48$。因此约束混凝土的有效抗压强度可以通过下式确定：

$$f_{cc} = f_{co}\left(1 + 3.35 k_g \left(\frac{f_{le}}{f_{co}}\right)^{0.48}\right) \tag{3-16}$$

因此，联立式（3-12）与式（3-16）可得：

$$N_{c2} = f_{co} A_n + f_{co}\left(1 + 3.35 k_g \left(\frac{f_{le}}{f_{co}}\right)^{0.48}\right) A_e \tag{3-17}$$

结合公式（3-17）即可计算出高强钢带加固混凝土圆柱的轴压承载力，具体计算结果 N_{c2} 见表 3-6 和表 3-7。表中 N_e 为试验结果，N_{c1}/N_e 为基于 Mander 模型的计算结果与试验结果的比值，N_{c2}/N_e 为基于 Newman 模型建议公式的计算结果与试验结果的比值。

高强钢带加固柱试件试验结果与计算结果　　　　表 3-6

序号	试件编号	混凝土强度	试件尺寸 $D \times H$(mm)	钢带间距 s(mm)	钢带层数 n	试验结果 N_e(kN)	基于 Mander 模型公式 N_{c1}(kN)	基于 Newman 模型建议公式 N_{c2}(kN)	N_{c1}/N_e	N_{c2}/N_e
1	SC20/400	C20	400×1000	—	—	2756	—	—	—	—
2	C20/400/150/1	C20	400×1000	150	1	3903	2732.1	3317.55	0.70	0.85
3	C20/400/150/2	C20	400×1000	150	2	3964	3012.64	3686.52	0.76	0.93

续表

序号	试件编号	混凝土强度	试件尺寸 $D \times H$(mm)	钢带间距 s(mm)	钢带层数 n	试验结果 N_e(kN)	基于 Mander 模型公式 N_{c1}(kN)	基于 Newman 模型建议公式 N_{c2}(kN)	N_{c1}/N_e	N_{c2}/N_e
4	C20/400/150/3	C20	400×1000	150	3	4020	3256.2	3939.6	0.81	0.98
5	C20/400/100/1	C20	400×1000	100	1	4223	3040.56	3885.16	0.72	0.92
6	C20/400/100/2	C20	400×1000	100	2	4680	3510	4446	0.75	0.95
7	C20/400/100/3	C20	400×1000	100	3	5178	3935.28	4867.32	0.76	0.94
8	C20/400/50/1	C20	400×1000	50	1	4344	3822.72	5039.04	0.88	1.16
9	C20/400/50/2	C20	400×1000	50	2	6221	4790.17	6096.58	0.77	0.98
10	C20/400/50/3	C20	400×1000	50	3	7067	5582.93	6854.99	0.79	0.97
11	SC30/400	C30	400×1000	—	—	2955	—	—	—	—
12	C30/400/150/1	C30	400×1000	150	1	4204	3363.2	4035.84	0.80	0.96
13	C30/400/150/2	C30	400×1000	150	2	4606	3638.74	4467.82	0.79	0.97
14	C30/400/100/1	C30	400×1000	100	1	4356	3659.04	4660.92	0.84	1.07
15	C30/400/100/2	C30	400×1000	100	2	4958	4164.72	5305.06	0.84	1.07
16	C30/400/50/1	C30	400×1000	50	1	5170	4497.9	5945.5	0.87	1.15
17	C30/400/50/2	C30	400×1000	50	2	6850	5548.5	7124	0.81	1.04
18	C30/400/50/3	C30	400×1000	50	3	8040	6432	8040	0.80	1.00
平均值									0.799	0.996
变异系数									0.056	0.083

18个小直径高强钢带加固柱试件试验结果与计算结果　　表3-7

序号	试件	混凝土强度	试件尺寸 $D \times H$(mm)	钢带间距 s(mm)	钢带层数 n	试验结果 N_e(kN)	基于 Mander 模型公式 N_{c1}(kN)	基于 Newman 模型建议公式 N_{c2}(kN)	N_{c1}/N_e	N_{c2}/N_e
1	C20/300/150/1	C20	300×750	150	1	2362	1559	1819	0.66	0.77
2	C20/300/150/3	C20	300×750	150	3	2460	1845	2140	0.75	0.87
3	C20/300/100/1	C20	300×750	100	1	2070	1760	2194	0.85	1.06
4	C20/300/100/2	C20	300×750	100	2	2802	2073	2522	0.74	0.90
5	C20/300/100/3	C20	300×750	100	3	3706	2335	2780	0.63	0.75
6	C20/300/50/1	C20	300×750	50	1	2753	2340	3001	0.85	1.09
7	C20/300/50/2	C20	300×750	50	2	4229	2960	3637	0.70	0.86
8	C20/300/50/3	C20	300×750	50	3	5251	3413	4148	0.65	0.79
9	C30/300/150/1	C30	300×750	150	1	2752	2339	2724	0.85	0.99
10	C30/300/150/2	C30	300×750	150	2	2846	2504	2960	0.88	1.04

续表

序号	试件	混凝土强度	试件尺寸 $D \times H$ (mm)	钢带间距 s(mm)	钢带层数 n	试验结果 N_e(kN)	基于 Mander 模型公式 N_{c1}(kN)	基于 Newman 模型建议公式 N_{c2}(kN)	N_{c1}/N_e	N_{c2}/N_e
11	C30/300/100/1	C30	300×750	100	1	2755	2535	3168	0.92	1.15
12	C30/300/100/2	C30	300×750	100	2	2983	2894	3580	0.97	1.20
13	C30/300/75/1	C30	300×750	75	1	2434	2775	3578	1.14	1.47
14	C30/300/75/2	C30	300×750	75	2	3447	3275	4136	0.95	1.20
15	C30/300/75/3	C30	300×750	75	3	4515	3702	4560	0.82	1.01
16	C30/300/50/1	C30	300×750	50	1	3235	3203	4206	0.99	1.30
17	C30/300/50/2	C30	300×750	50	2	4017	3977	5021	0.99	1.25
18	C30/300/50/3	C30	300×750	50	3	5263	4579	5631	0.87	1.07
平均值									0.845	1.043
变异系数									0.163	0.190

由表 3-6 可得，本章提出的基于 Newman 模型承载力计算值与试验结果比值的平均值为 0.996，变异系数为 0.083，表明该方法能够较准确地计算钢带加固混凝土圆柱的轴向承载力。如图 3-21 所示，基于 Mander 模型的计算结果相对保守，本章提出的基于 Newman 模型的计算方法计算结果较为接近。

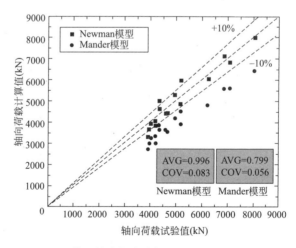

图 3-21 基于 Newman 模型的建议公式与基于 Mander 模型公式计算结果对比

图 3-22 为直径为 300mm 和 400mm 的混凝土圆柱试件采用基于 Newman 模型建议公式的计算结果与试验值结果的对比，由图可以看出基于 Newman 模型的计算方法能够合理计算高强钢带加固混凝土圆柱的轴压承载力，计算值与试验值偏差较小，可以满足工程设计需要。

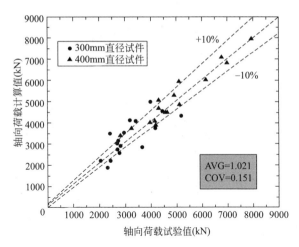

图 3-22　基于 Newman 模型的建议公式计算结果与试验值结果对比

3.3　高强钢带加固混凝土方柱轴压性能研究

3.3.1　试验概况

3.3.1.1　试件设计

本节试验试件共 19 个，其中小截面尺寸共 8 个试件，包括 1 个未约束混凝土方柱和 7 个高强钢带加固混凝土方柱，试件尺寸为 150mm×150mm×550mm，混凝土强度等级为 C35，钢带间距分别为 50mm、75mm、100mm，钢带层数分别为 1、2 和 3 层。试件截面尺寸与试件加固方案如图 3-23 所示。大截面尺寸共 11 个试件，包括 2 个未约束混凝土方柱和 9 个高强钢带加固混凝土方柱，试件尺寸为 200mm×200mm×500mm，混凝土强度等级为 C40，钢带间距分别为 50mm、100mm、150mm，钢带层数为 1、2 和 3 层。试件截面尺寸与试件加固方案见图 3-24。

由于混凝土柱轴心受压时会发生横向膨胀，使钢带产生拉伸变形，从而对混凝土产生横向约束力，此时混凝土的约束效应很大程度上取决于高强钢带的数量，而高强钢带的数量又取决于钢带加固时所选取的间距和层数。因此本节试验中的钢带间距选取 50mm、75mm、100mm 和 150mm，采用 1、2 和 3 层钢带对混凝土柱进行加固，以分析不同钢带间距和层数对混凝土柱轴压承载力和变形能力的影响，具体试验参数设置见表 3-8。

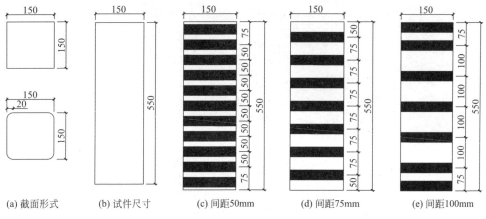

图 3-23 小截面尺寸试件示意图

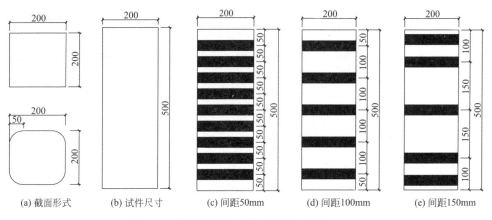

图 3-24 大截面尺寸试件示意图（单位：mm）

各试件参数汇总表 表 3-8

试件编号	截面尺寸 （mm）	试件高度 （mm）	混凝土强度等级	钢带间距 （mm）	钢带层数	倒角半径 （mm）	截面类型
PZ-1-0	150×150	550	C35	—	—	—	小截面
GZ-1-100-1	150×150	550	C35	100	1	20	小截面
GZ-1-100-2	150×150	550	C35	100	2	20	小截面
GZ-1-75-1	150×150	550	C35	75	1	20	小截面
GZ-1-75-2	150×150	550	C35	75	2	20	小截面
GZ-1-50-1	150×150	550	C35	50	1	20	小截面
GZ-1-50-2	150×150	550	C35	50	2	20	小截面
GZ-1-50-3	150×150	550	C35	50	3	20	小截面

续表

试件编号	截面尺寸（mm）	试件高度（mm）	混凝土强度等级	钢带间距（mm）	钢带层数	倒角半径（mm）	截面类型
PZ-2-0	200×200	500	C40	—	—	50	大截面
PZ-2-1	200×200	500	C40	150	—	50	大截面
GZ-2-150-1	200×200	500	C40	150	1	50	大截面
GZ-2-150-2	200×200	500	C40	150	2	50	大截面
GZ-2-150-3	200×200	500	C40	150	3	50	大截面
GZ-2-100-1	200×200	500	C40	100	1	50	大截面
GZ-2-100-2	200×200	500	C40	100	2	50	大截面
GZ-2-100-3	200×200	500	C40	100	3	50	大截面
GZ-2-50-1	200×200	500	C40	100	1	50	大截面
GZ-2-50-2	200×200	500	C40	100	2	50	大截面
GZ-2-50-3	200×200	500	C40	100	3	50	大截面

注：试件 PZ-1-0、PZ-2-0 以及 PZ-2-1 为对比试件，试件编号中 PZ 表示普通混凝土方柱，1 表示小截面尺寸，0 表示未进行钢带加固；试件编号 GZ-2-100-2 中 GZ 表示钢带加固混凝土方柱，2 表示大截面尺寸，100 表示钢带间距，2 表示钢带层数。

3.3.1.2　材料性能

本节试验中使用的混凝土和钢带材料性能如下：

（1）混凝土

小截面和大截面尺寸试件混凝土强度等级分别为 C35 和 C40。试验实测混凝土的材料性能如表 3-9 所示。

混凝土的材料性能　　　　　　　　表 3-9

试件类型	混凝土强度等级	立方体抗压强度 f_{cu}(MPa)	轴心抗压强度 f_c(MPa)	弹性模量 E_c(MPa)
小截面尺寸试件	C35	37.4	28.2	$3.2×10^4$
大截面尺寸试件	C40	44.0	33.4	$3.3×10^4$

（2）钢带

本章试验中所用钢带的尺寸和力学性能如表 3-10 所示。

钢带几何参数及力学性能　　　　　　表 3-10

钢带宽度 w_s(mm)	钢带厚度 t_s(mm)	屈服强度 f_s(MPa)	抗拉强度 f_{us}(MPa)	弹性模量 E_{ss}(MPa)
32	1	778	871	$1.86×10^5$

注：f_s 为钢带的规定非比例延伸强度，即屈服强度；f_{us} 为钢带极限抗拉强度；E_{ss} 为钢带的弹性模量。

3.3.1.3 试件制作

（1）倒角

为增强钢带对混凝土柱的约束作用，减少应力集中，对加固方柱均进行倒角处理，由于试件截面尺寸存在差异，因此倒角半径和处理方法均不相同。

小截面尺寸试件截面尺寸为 150mm×150mm，倒角半径为 20mm。由于采用木模板卧式浇筑，所以倒角处理在试件养护成型之后进行，用打磨机进行角部打磨。

大截面尺寸试件截面尺寸为 200mm×200mm，倒角半径为 50mm，使用 PVC 管预先支设在模板内部完成倒角，最后立式浇筑。具体试件模板及倒角效果如图 3-25 所示。

（2）加固

本节试验试件加固流程与 3.2.1.3 节相同，在此不再赘述。

(a)试件模板　　　　　　　(b)拆模效果　　　　　　　(c)加固和倒角效果

图 3-25　大尺寸截面试件模板及倒角加固

3.3.1.4 加载方案

（1）加载装置

试验于西安建筑科技大学结构工程与抗震教育部重点实验室进行，小截面尺寸试件与大截面尺寸试件分别采用 2000kN 和 5000kN 液压试验机进行单调加载，加载装置如图 3-26 所示。大截面尺寸试件中，为防止试件两端被压碎而导致试件发生局部破坏，在柱两端设置了加密钢带。

（2）加载制度

试验正式加载前，先对试件进行对中调整以保证轴心受压，然后进行预加载以检查应变和位移计的工作性。预加载后进入正式加载阶段，试验采用位移控制加载，加载速度为 0.05mm/min，当试件的荷载下降到峰值荷载的 80% 或者失去承载能力时停止加载。

(a) 2000kN试验机

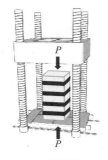
(b) 加载装置

(c) 5000kN试验机

图 3-26　加载装置示意图

3.3.1.5　量测方案

（1）预应变测量

试验加载前需要对钢带预应变进行测量，然后根据弹性模量进行换算以得到高强钢带的初始预应力值。测量方法为取 3 条钢带，并分别在钢带表面粘贴应变片，在加固过程中用应变采集仪进行数据采集，实测钢带预应变平均值为 $1000\mu\varepsilon$。

（2）测量设备

本节试验中竖向荷载由液压试验机的荷载传感器测量，竖向位移由位移计测量，应变由电阻式应变片测量。所有试验数据均使用 TDS-602 数据采集仪采集。

（3）测点布置

加载过程中的测量内容有混凝土应变、钢带应变和试件轴向位移。为了监测混凝土的应变，在柱中部位置沿柱高方向布置电阻应变片。此外，为了测量高强钢带的应变，在柱中部相邻的三道钢带沿柱宽方向水平粘贴应变片。试件轴向位移由布置在柱头与柱脚加载板间的位移计进行测量，如图 3-27 所示。

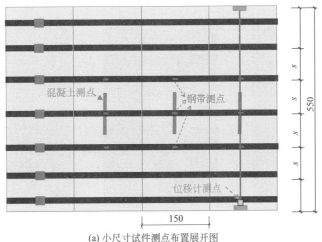

(a) 小尺寸试件测点布置展开图

图 3-27　位移计及应变片布置展开图（单位：mm）（一）

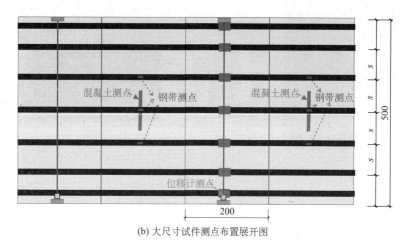

(b) 大尺寸试件测点布置展开图

图 3-27　位移计及应变片布置展开图（单位：mm）（二）

3.3.2　试验结果及分析

3.3.2.1　试验现象

（1）小截面尺寸试件（截面尺寸为 150mm×150mm×550mm）

未进行钢带加固的对比试件 PZ-1-0 在加载初期并无明显现象，如图 3-28（a）所示；当荷载达到 310kN（$73\%P_{\mathrm{m}}$，P_{m} 为峰值荷载）时，试件中部开始出现微小的竖向裂缝，如图 3-28（b）所示；随着荷载的继续增加，试件三面均出现不同程度的竖向裂缝并且不断延伸；随后试件荷载达到峰值荷载 423kN（P_{m}），竖向裂缝几乎贯穿试件，之后荷载迅速下降，试件表现出明显的脆性破坏特征，最终破坏如图 3-28（c）所示。

(a) 加载初期　　　　　　　(b) 纵向裂缝　　　　　　　(c) 最终破坏

图 3-28　试件 PZ-1-0 破坏过程图

采用钢带加固的 7 个试件破坏过程见图 3-29～图 3-35。在加载初期,试件并无明显现象,钢带应变增加缓慢;随着荷载继续增加,当荷载到达 $55\%P_m$ 左右时钢带应变增速加快,并伴随着钢带被拉紧的声音;当荷载达到 $60\%P_m$ 时,试件中部开始出现纵向裂缝;之后荷载继续增加,初始纵向裂缝并无贯穿趋势,不规则的斜向裂缝逐渐出现,呈龟裂状分布;荷载增加至峰值荷载 P_m 后,裂缝不断加宽,钢带间混凝土产生不规则裂缝,混凝土逐渐压碎外鼓,伴随有混凝土表皮脱落现象。其中,GZ-1-50-1 达到极限荷载 630kN 时上部两道钢带拉断,随之荷载迅速下降,最后钢带拉断区混凝土外鼓压溃,具体破坏形态如图 3-33 所示。

(a) 加载初期　　　(b) 纵向裂缝　　　(c) 不规则裂缝增加　　　(d) 最终破坏

图 3-29　试件 GZ-1-100-1 破坏过程图

   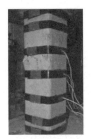

(a) 加载初期　　　(b) 细密不规则裂缝　　　(c) 中部裂缝　　　(d) 最终破坏

图 3-30　试件 GZ-1-100-2 破坏过程图

(a) 加载初期　　　(b) 上部裂缝　　　(c) 裂缝不断加宽　　　(d) 最终破坏

图 3-31　试件 GZ-1-75-1 破坏过程图

(a) 加载初期　　　(b) 纵向裂缝　　　(c) 贯穿斜裂缝　　　(d) 最终破坏

图 3-32　试件 GZ-1-75-2 破坏过程图

(a) 加载初期　　　(b) 片状裂缝　　　(c) 钢带拉断　　　(d) 最终破坏

图 3-33　试件 GZ-1-50-1 破坏过程图

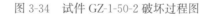

(a) 初始加载　　　(b) 片状裂缝　　　(c) 钢带边缘混凝土　　　(d) 最终破坏

图 3-34　试件 GZ-1-50-2 破坏过程图

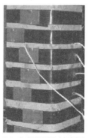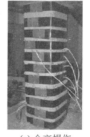

(a) 加载初期　　　(b) 中部混凝土破坏　　　(c) 全高损伤　　　(d) 最终破坏

图 3-35　试件 GZ-1-50-3 破坏过程图

（2）大截面尺寸试件（截面尺寸为 200mm×200mm×500mm）

未进行钢带加固的对比试件 PZ-2-0 和 PZ-2-1 的破坏过程分别见图 3-36 和图 3-37。在加载初期，试件并无明显现象，如图 3-36（a）所示；当荷载继续增加到 80%P_m 左右时，试件柱头处出现竖向裂缝，如图 3-36（b）所示；随着荷载的继续增加，竖向裂缝不断延伸加宽，不断有不规则裂缝出现，并伴有片状混凝土剥落，如图 3-36（c）所示；试件达到峰值荷载 P_m 之后荷载迅速下降，最终破坏如图 3-36（d）所示。

(a) 加载初期　　　　(b) 纵向裂缝　　　　(c) 不规则裂缝　　　　(d) 最终破坏

图 3-36　试件 PZ-2-0 破坏过程图

(a) 加载初期　　　　　　(b) 出现裂缝　　　　　　(c) 最终破坏

图 3-37　试件 PZ-2-1 破坏过程图

九个钢带加固试件 GZ-2-150-1 至 GZ-2-50-3 的破坏过程见图 3-38～图 3-46。在加载初期，试件并无明显现象，钢带应变增加缓慢；随着荷载继续增加，钢带应变增速加快，并伴随着钢带拉紧的声音；当荷载达到 85%P_m 左右时，试件上部混凝土表面出现竖向裂缝；随着荷载继续增加，混凝土表面出现细密的不规则裂缝，试件表面有贯穿裂缝出现，随后到达峰值荷载 P_m；峰值荷载过后，不规则的细密裂缝不断在柱身出现，由于钢带的约束作用使混凝土表面的片状裂缝不断增多，同时试件表面不断有混凝土脱落；试件最终破坏区域遍布试件全高。

(a) 加载初期　　　　　(b) 纵向裂缝　　　　　(c) 不规则裂缝　　　　　(d) 最终破坏

图 3-38　试件 GZ-2-150-1 破坏过程图

 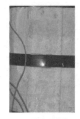  

(a) 加载初期　　　　　(b) 贯穿裂缝　　　　　(c) 片状裂缝　　　　　(d) 最终破坏

图 3-39　试件 GZ-1-150-2 破坏过程图

(a) 加载初期　　　　　(b) 贯穿裂缝　　　　　(c) 片状翘曲　　　　　(d) 最终破坏

图 3-40　试件 GZ-1-150-3 破坏过程图

(a) 加载初期　　　　　(b) 纵向裂缝　　　　　(c) 主裂缝　　　　　(d) 最终破坏

图 3-41　试件 GZ-2-100-1 破坏过程图

(a) 加载初期　　　　(b) 纵向裂缝　　　　(c) 片状裂缝　　　　(d) 最终破坏

图 3-42　试件 GZ-2-100-2 破坏过程图

(a) 加载初期　　　　(b) 贯穿裂缝　　　　(c) 片状裂缝翘起　　　(d) 最终破坏

图 3-43　试件 GZ-2-100-3 破坏过程图

(a) 加载初期　　　　(b) 片状裂缝　　　　(c) 裂缝加宽　　　　(d) 最终破坏

图 3-44　试件 GZ-2-50-1 破坏过程图

(a) 加载初期　　　　(b) 片状裂缝　　　　(c) 偏上破坏　　　　(d) 偏下破坏

图 3-45　试件 GZ-2-50-2 破坏过程图

(a) 加载初期　　　　(b) 钢带边缘混凝土起皮　　　　(c) 混凝土膨胀　　　　(d) 最终破坏

图 3-46　试件 GZ-2-50-3 破坏过程图

　　仔细对比各个试件的裂缝开展过程以及破坏形态，可以得出高强钢带加固混凝土方柱的破坏有以下特点：

　　（1）相对于未加固的试件，混凝土由于受到钢带横向约束，其变形能力和强度均有所提高，初始裂缝出现有所延迟，破坏时混凝土表面可观察到片状裂缝群并伴随着混凝土脱落。

　　（2）钢带间距越小，钢带层数越多，钢带的约束作用越强。对于钢带间距为 150mm、100mm、75mm 的试件，钢带加固部位混凝土横向膨胀不明显，钢带间混凝土膨胀和表皮脱落现象较明显，最终试件破坏为钢带间混凝土压碎破坏。并且钢带间距越大、层数越多的试件该现象越明显。但对于钢带间距为 50mm 的试件，钢带处和钢带间的混凝土共同膨胀，虽然裂缝出现较多，但很少出现混凝土表皮脱落现象，钢带的横向约束作用明显，最终破坏形态为强约束作用下的混凝土整体压碎，如图 3-47 所示。

(a) 钢带间距150mm　　　　　　　　　　　　　　(b) 钢带间距50mm

图 3-47　不同钢带间距的试件破坏形态对比

3.3.2.2　荷载-轴向位移曲线

图 3-48 为大截面尺寸试件的荷载-轴向位移曲线。

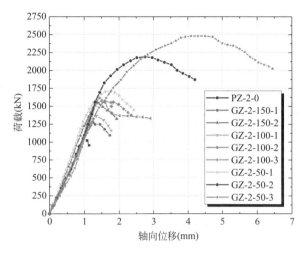

图 3-48　大截面尺寸试件荷载-轴向位移曲线

由图 3-48 可知，加载初期加固试件和未加固对比试件的曲线基本重合，说明高强钢带对试件的初始刚度影响较小；当荷载逐渐增加，曲线的曲率逐渐减小，加固试件开始产生初始裂缝和微膨胀；当接近极限荷载时，加固试件与未加固对比试件相比峰值荷载对应的轴向位移均增大，且达到峰值荷载后承载力没有显著下降。钢带层数越多、钢带间距越小的试件荷载-轴向位移曲线下降段越缓，说明高强钢带有效地限制了混凝土的开裂与剥落现象，使试件表现出良好的变形能力。图 3-48 中峰值荷载最大的三条曲线均为钢带间距为 50mm 的试件，说明钢带间距越小承载力提高越明显，同时轴向位移和变形能力也显著提高。

3.3.2.3　承载力

试件的承载力和位移主要结果如表 3-11 和表 3-12 所示。由表 3-11 和表 3-12 可知，钢带加固的试件承载力均高于未加固试件的轴压承载力，对于小截面尺寸试件，轴压承载力最大增幅 130%，最小增幅 48.2%；对于大截面尺寸试件，轴压承载力最大增幅 119.4%，最小增幅 10.6%，表明高强钢带能够有效提高混凝土柱的轴压承载力。

						表 3-11
小截面尺寸试件承载力和位移试验结果汇总表						
试件编号	峰值荷载（kN）	峰值轴向位移（mm）	极限轴向位移（mm）	位移比	承载力增幅（%）	变形比增幅（%）
PZ-1-0	423	2.46	2.71	1.10	0	0
GZ-1-100-1	627	2.97	3.85	1.30	48.2	18

续表

试件编号	峰值荷载（kN）	峰值轴向位移(mm)	极限轴向位移(mm)	位移比	承载力增幅(%)	变形比增幅(%)
GZ-1-100-2	665	3.14	4.47	1.42	57.2	29
GZ-1-75-1	679	3.64	5.29	1.45	60.5	32
GZ-1-75-2	708	6.49	10.96	1.69	67.4	54
GZ-1-50-1	695	4.86	9.05	1.86	64.3	69
GZ-1-50-2	811	11.16	19.56	1.75	91.7	59
GZ-1-50-3	971	23.76	38.35	1.61	130.0	46

注：承载力增幅＝（加固试件峰值荷载—对比试件峰值荷载）/对比试件峰值荷载；位移比＝极限轴向位移/峰值轴向位移。

大截面尺寸试件承载力和位移试验结果汇总表　　表 3-12

试件编号	峰值荷载（kN）	屈服轴向位移(mm)	极限轴向位移(mm)	延性系数	承载力增幅(%)	延性系数增幅(%)
PZ-2-0	1077	1.00	3.49	1.14	0	0
PZ-2-1	1191	—	3.8	—	10.6	—
GZ-2-150-1	1280	1.21	5.26	1.43	13.0	26
GZ-2-150-2	1557	1.29	5.79	1.49	37.3	31
GZ-2-150-3	1436	—	—	—	26.6	—
GZ-2-100-1	1362	1.33	5.31	1.33	20.1	17
GZ-2-100-2	1612	1.45	7.03	1.61	42.2	42
GZ-2-100-3	1572	1.54	8.75	1.89	38.6	66
GZ-2-50-1	1715	1.33	7.30	1.82	51.2	60
GZ-2-50-2	2198	2.02	12.61	2.08	93.8	83
GZ-2-50-3	2488	2.75	19.37	2.34	119.4	105

注：承载力增幅＝（加固试件峰值荷载—对比试件峰值荷载）/对比试件峰值荷载；延性系数＝极限轴向位移/屈服轴向位移。

钢带间距以及钢带层数与试件轴向荷载的关系曲线如图 3-49 所示。由表 3-11、表 3-12 和图 3-49 可知，随着钢带间距减小和钢带层数的增加，钢带的约束效果逐渐增强，加固后试件的承载力都显著增大。同样减少 50mm 的钢带间距，从 100mm 间距降到 50mm 间距时轴压承载力的提高幅度要大于 150mm 间距降至 100mm 间距，说明钢带间距越小试件承载力的提高程度越大。

同时对于钢带间距为 50mm 的试件，承载力随着钢带层数的增加而增加。而对于钢带间距为 100mm、150mm 的试件，采用 3 层钢带加固与采用 2 层钢带加固的试件承载力相当甚至降低，原因在于当钢带间距小时，增加钢带层数能增加混凝土的横向约束力，从而有效地提高轴压承载力。而当钢带间距较大时，改变钢带层数并没有明显地改变有效约束面积，钢带间的混凝土剥落严重最后发生破坏，此时增加钢带层数对试件轴压承载力的提高幅度较小。

　　由于钢带的间距和层数的对试件轴压承载力的综合影响可以用钢带体积配钢率来体现，因此绘制出钢带体积配钢率与轴向荷载的关系曲线如图 3-50 所示。由图 3-50 可知试件的承载力随着钢带体积配钢率的增大而增大，并且增大程度近似线性。同时由表 3-11 可知，由于间距为 50mm 一层钢带、间距为 100mm 两层钢带和间距为 150mm 三层钢带的钢带体积配钢率相同，而承载力提高幅度不同。例如 GZ-2-50-1、GZ-2-100-2 和 GZ-2-150-3 的承载力提高幅度分别为 51.2%、42.2%和 26.6%，可以得出相同配钢率下减小钢带间距比增加钢带层数对试件承载力的提高更有效。

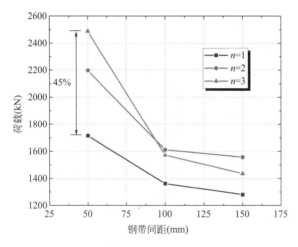

图 3-49　钢带间距-轴向荷载关系图

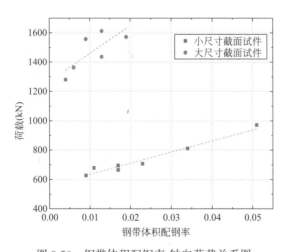

图 3-50　钢带体积配钢率-轴向荷载关系图

3.3.2.4 变形能力

试验采用两种试件变形性能计算方法，分别为位移比和延性系数。表 3-11 中将试件极限荷载对应的轴向位移与峰值荷载对应的轴向位移之比定义为位移比，该值可有效反映试件的变形能力，由表 3-11 可以看出在小截面尺寸试件中变形比随着钢带间距的减少或层数的增多而增大，说明试件变形性能随着钢带用量的增加而增加。

表 3-12 中采用延性系数评估大截面尺寸试件加固前后的变形能力，位移延性是衡量结构构件弹塑性变形能力的重要指标，是指结构构件在承载能力没有显著降低的情况下承受变形的能力，也可定义为结构构件在最终破坏前承受弹塑性变形的能力[14]。通常结构构件的位移延性可用位移延性系数进行量化表示。位移延性系数越大，说明结构构件的变形能力越强，反之则越差。结构构件的位移延性系数 μ 可按下式计算：

$$\mu = \frac{\Delta_\mathrm{u}}{\Delta_\mathrm{y}} \tag{3-18}$$

式中，Δ_y 为构件的屈服位移；Δ_u 为构件的极限位移。

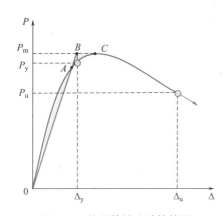

图 3-51　能量等效法计算简图

理想弹塑性构件的荷载-位移曲线的骨架曲线有明显屈服点，因而从其骨架曲线可以较容易地确定构件的屈服位移与屈服荷载。从图 3-48 荷载-轴向位移曲线可以看出，本次试验中加固和未加固柱试件曲线均无明显屈服点，均为非理想弹塑性构件。为确定非理想弹塑性构件屈服点 Δ_y，此处采用如图 3-51 所示的能量等效法。结构构件的极限位移 Δ_u 采用梁荷载-位移曲线上荷载下降至 80% 峰值荷载所对应的位移，当没有下降段时取试件破坏时的位移。由表 3-12 可知，加固后试件的延性系数最小增幅 17%，最大增幅 105%，试件变形能力和位移延性得到显著提升。

3.3.2.5 钢带应变分布

钢带加固混凝土柱轴压承载力的提高幅度主要取决于横向约束力的强弱，横向约束力的强弱能通过钢带应变发展直接反映，根据试验测量结果，得到各试件荷载-钢带应变曲线如图 3-52（a）～图 3-52（f）所示。

由图 3-52 可以看出，在加载初期，各试件钢带应变较小且发展缓慢，这是因为试件还未发生横向膨胀，钢带还未发挥作用，因此钢带应力变化很小；当荷载达到峰值荷载的 80% 左右时，试件横向膨胀明显，混凝土内部裂缝逐渐发展，

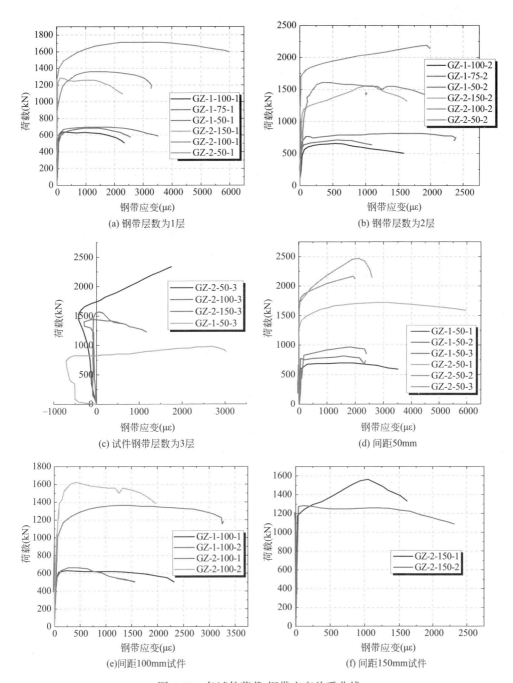

图 3-52　各试件荷载-钢带应变关系曲线

钢带应变开始快速增加，荷载-钢带应变曲线呈现非线性增长趋势；达到峰值荷载后，由于钢带间混凝土部分退出工作，此时主要依靠高强钢带约束内部混凝土以抵抗轴向荷载，大部分钢带最终应变在 $1000\mu\varepsilon$ 到 $3500\mu\varepsilon$ 之间，由于钢带初始

预应变为 $1000\mu\varepsilon$ 左右，故钢带总应变均接近屈服状态。

从图 3-52（a）～图 3-52（c）钢带间距与钢带应变关系中可以看出，钢带应变随着钢带间距的减小而增大，说明钢带对混凝土的约束作用随着钢带间距的减小而增强。从图中还可以发现，大截面尺寸试件和小截面尺寸试件的钢带应变值基本相同。当钢带层数为三层时，在加载初始阶段，试件第三层钢带应变均为负值，随后由于混凝土的横向膨胀，内层钢带扣被逐渐压紧，使得加固施工过程中形成的钢带间微缝隙逐渐缩小，最外层钢带受拉，应变开始增加。在达到峰值荷载时，试件 GZ-2-100-3、GZ-2-150-3 外层钢带应变均在零值左右，当试件破坏时，钢带应变仍然较小。因此基于安全和实际应用的考虑，建议对于钢带间距在 50mm 以上的加固方案，不考虑第三层及以上钢带对混凝土轴压承载力的提高作用，但可考虑多层钢带对试件变形能力的影响。

从图 3-52（d）～图 3-52（f）钢带层数与钢带应变关系中可以看出，钢带间距不变时，钢带应变随着钢带层数的增加而减小，说明外层钢带的约束作用弱于内层钢带，同时外层钢带也可以分担一部分因混凝土膨胀在钢带内所产生的拉力。

图 3-53 为钢带和混凝土的荷载-应变关系，相较于对比试件 PZ-2-0，由于钢带提供了横向约束，加固试件中混凝土的峰值应变和极限应变均显著增加。

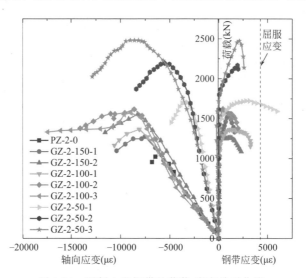

图 3-53　混凝土和钢带的荷载-应变关系曲线

3.3.3　高强钢带加固混凝土方柱轴压承载力计算方法

3.3.3.1　机理分析

由于高强钢带加固混凝土方柱的受力行为与箍筋约束混凝土方柱相似，因此

可用箍筋约束混凝土方柱的理论方法计算高强钢带加固混凝土方柱的轴压承载
力，目前国内外已有大量学者提出了各种形式
约束下混凝土的受压机理和应力-应变本构关
系。如 3.2.3 节所述，在分析高强钢带加固混
凝土圆柱的轴压承载力时，钢带可以有效约束
整个圆柱截面，而在高强钢带加固混凝土方柱
中，柱截面角部的局部应力集中将降低钢带对
边缘混凝土的约束作用。Mander 等[10] 在研
究箍筋约束钢筋混凝土方柱时，把混凝土柱的

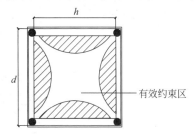

图 3-54 箍筋约束机理模型

横截面分为有效约束区和非约束区两部分，在模型中考虑了箍筋、纵筋净间距的
影响，并定义有效约束区和非有效约束区的边界为二次抛物线，起始角为 45°，
如图 3-54 所示。

高强钢带加固混凝土方柱在轴向荷载的作用下，混凝土的开裂、膨胀会造成
与之接触的钢带弯曲，导致钢带对边缘混凝土的约束效果较差。而柱角部混凝土
变形受到两侧面钢带的限制形成强约束，因此可近似认为高强钢带与箍筋对混凝
土方柱的约束影响区域基本相同。

3.3.3.2 有效约束面积

图 3-55 为钢带加固混凝土方柱的有效面积模型示意图。如图 3-55 所示，高
强钢带产生的约束作用通过拱的形式作用在混凝土方柱的核心区，在钢带间隔的
中心位置，有效约束面积 A_e 最小。因此柱截面可以分为有效约束区和非有效约
束区两个部分。在有效约束区中，由于钢带产生的强约束作用使得这部分混凝土
处于三轴受压状态，从而提高了混凝土方柱的轴压承载力与变形能力。在非有效
约束区中，沿着荷载作用方向的应力和钢带的弱约束使得这部分混凝土对试件的
轴压承载力提高的贡献较小。

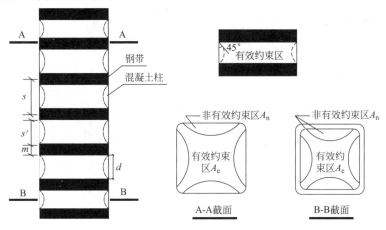

图 3-55 有效约束面积模型示意图

上图约束模型中 A_e 为有效约束面积、A_n 为非有效约束面积、A_c 为截面面积，三者关系为：

$$A_n = A_c - A_e \tag{3-19}$$

$$A_c = b^2 - (4-\pi)r^2 \tag{3-20}$$

高强钢带加固混凝土方柱中最薄弱截面为相邻钢带间距的中点位置 B-B 截面（图 3-55），截面 B-B 处的有效约束面积 A_e 为：

$$A_e = \frac{1}{3}\left(b - \frac{s'}{2}\right)^2 \tag{3-21}$$

$$s' = s - m \tag{3-22}$$

式中，A_e 为混凝土截面有效约束区面积；A_n 为混凝土截面非有效约束区面积；A_c 为混凝土截面面积；b 为混凝土方柱边长；r 为倒角半径；m 为钢带宽度；s 为钢带中心间距；s' 为钢带净间距。

与 3.3.2 节相同，引入考虑钢带间距影响的有效截面系数 k_g，其计算公式为：

$$k_g = \frac{A_e}{A_c} = \frac{\dfrac{1}{3}\left(b - \dfrac{s'}{2}\right)^2}{b^2 - (4-\pi)r^2} \tag{3-23}$$

式中，b 为混凝土方柱边长；r 为倒角半径；s' 为钢带净间距。

3.3.3.3 等效横向约束力

图 3-56 为钢带对混凝土横向约束应力的计算简图。由图 3-56 可以看出，方形截面上的横向约束应力非均匀分布，在截面角部最大，在四条边的中部最小。为了方便分析和计算，假定高强钢带横向约束应力在截面边长上均匀分布，定义为名义约束应力 f_{le}[11]。由平衡条件可得：

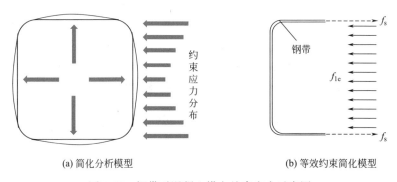

(a) 简化分析模型　　　　　　　　　　　(b) 等效约束简化模型

图 3-56　钢带对混凝土横向约束应力示意图

$$f_{le} = \frac{2k_g n_s m t_s f_s}{bs} = \frac{1}{2}k_g \rho_{ss} f_s \tag{3-24}$$

$$\rho_{ss} = \frac{4n_s b m t_s}{b^2 s} = \frac{4n_s m t_s}{bs} \tag{3-25}$$

式中，f_{le} 为钢带等效横向约束力；k_g 为有效截面系数；ρ_{ss} 为钢带体积配钢率；t_s 为钢带厚度；n_s 为钢带层数；f_s 为钢带屈服强度。

3.3.3.4　约束混凝土强度模型

由上述分析可知，高强度钢带加固混凝土方柱与圆柱在受力行为上的差异主要体现在有效约束区的确定方法。结合 3.2.3 节提出的约束混凝土强度模型与 3.3.3 节提出的有效约束区域确定方法，可得高强钢带加固混凝土方柱轴心抗压强度 N_c 计算公式，如下式所示：

$$f_{cc} = f_{co}\left(1 + 3.35 k_g \left(\frac{f_{le}}{f_{co}}\right)^{0.48}\right) \tag{3-26}$$

$$N_c = f_{co}A_n + f_{cc}A_e \tag{3-27}$$

式中，f_{cc} 为约束后混凝土轴心抗压强度；f_{co} 为未约束混凝土轴心抗压强度；k_g 为考虑了截面形式和间距影响的有效截面系数；f_{le} 为等效横向约束力；N_u 为高强钢带加固方柱轴心受压承载力；A_n 为非有效约束混凝土面积；A_e 为有效约束混凝土面积。

3.3.3.5　轴压承载力计算值与试验值对比

联立式（3-19）、式（3-21）、式（3-24）、式（3-26）和式（3-27）即可计算出高强钢带加固混凝土方柱的轴心受压承载力，计算结果与试验结果如表 3-13 所示。由表 3-13 可见，高强钢带加固混凝土方柱轴压承载力计算值与试验值比值均值为 0.938，变异系数为 0.108，表明所提出的理论计算公式有较高的精确度。

加固混凝土柱试件理论计算值与试验值对比　　　　表 3-13

试件编号	轴压承载力 N_e(kN)	计算值 N_c(kN)	计算值 N_c/试验值 N_e
PZ-1-0	423	635	1.01
GZ-1-100-1	627	639	1.02
GZ-1-100-2	665	645	0.97
GZ-1-75-1	679	652	0.96
GZ-1-75-2	708	663	0.94
GZ-1-50-1	695	677	0.97
GZ-1-50-2	811	698	0.86
GZ-1-50-3	971	714	0.73
PZ-2-0	1077	1264	1.17
PZ-2-1	1191	1264	1.06
GZ-2-150-1	1280	1278	1.00
GZ-2-150-2	1557	1283	0.82

试件编号	轴压承载力 N_e(kN)	计算值 N_c(kN)	计算值 N_c/试验值 N_e
GZ-2-150-3	1436	1287	0.90
GZ-2-100-1	1362	1301	0.95
GZ-2-100-2	1612	1315	0.82
GZ-2-100-3	1572	1326	0.84
GZ-2-50-1	1715	1366	1.00
GZ-2-50-2	2198	1406	0.87
GZ-2-50-3	2488	1436	0.91
平均值			0.938
变异系数			0.108

3.4　本章小结

本章进行了高强钢带加固混凝土圆柱和方柱的轴压性能试验研究及理论分析[15,16]，得出以下结论：

(1) 高强钢带可有效提高混凝土圆柱和方柱的轴压承载力和变形能力。钢带的约束使核心区混凝土处于三轴受压状态，可有效增强核心混凝土的受压强度，同时钢带的存在可以减缓混凝土柱的横向膨胀，限制了裂缝的发展，从而提高了混凝土柱承载力和变形能力。

(2) 高强钢带加固混凝土柱试件的破坏模式分为三种。当是钢带约束作用较弱时，试件呈脆性破坏，试件表面出现劈裂裂缝，与未加固混凝土柱对比试件相类似；当钢带约束作用较强时，试件破坏则主要表现为混凝土的压溃破坏；当钢带达到极限抗拉强度时，钢带发生撕裂破坏。

(3) 高强钢带加固混凝土圆柱和方柱试件中，钢带间距的变化对试件承载力的提高程度大于钢带层数的变化，在钢带体积配钢率相同时，减小钢带间距比增加钢带层数对试件承载力提高更有利。当钢带间距较大时，钢带层数的增加能够提高试件的变形能力但对试件承载力影响不大。

(4) 通过分析钢带约束机理，分别建立了高强钢带加固混凝土圆柱与方柱的轴压承载力计算方法，该计算方法考虑了钢带间距、层数、钢带体积配钢率对试件轴心受压承载力的影响。计算承载力与试验实测承载力的对比分析结果表明，本书提出的基于 Newman 模型的建议计算公式相较于传统 Mander 模型的计算方法简便，准确度更高，可为实际加固设计计算提供依据。

本章参考文献

［1］ Richart F E，Brandtzæg A，Brown R L. Failure of plain and spirally reinforced concrete in compression ［R］. University of Illinois at Urbana Champaign，College of Engineering. Engineering Experiment Station. ，1929.

［2］ Richart F E，Brandtzæg A，Brown R L. A study of the failure of concrete under combined compressive stresses ［R］. University of Illinois at Urbana Champaign，College of Engineering. Engineering Experiment Station. ，1928.

［3］ ACI 318-11. Building code requirements for structural concrete. Farmington Hills，MI，USA，2011.

［4］ BS EN 1992-1-1 Eurocode 2. Design of concrete structures. General rules and rules for buildings. BSI，London，UK，2004.

［5］ GB 50010-2010. 混凝土结构设计规范 ［S］. 北京：中国建筑工业出版社，2015.

［6］ Park R，Priestley M J N，Gill W D. Ductility of square-confined concrete columns ［J］. Journal of the structural division，1982，108（4）：929-950.

［7］ Ahmad S H，Shah S P. Complete triaxial stress-strain curves for concrete ［J］. Journal of the Structural Division，1982，108（4）：728-742.

［8］ Saatcioglu M，Razvi S R. Strength and ductility of confined concrete ［J］. Journal of Structural engineering，1992，118（6）：1590-1607.

［9］ Karabinis A I，Kiousis P D. Effects of confinement on concrete columns：plasticity approach ［J］. Journal of structural engineering，1994，120（9）：2747-2767.

［10］ Mander J B，Priestley M J N，Park R. Theoretical stress-strain model for confined concrete ［J］. Journal of structural engineering，1988，114（8）：1804-1826.

［11］ Newman K and Newman J B. Failure theories and design criteria for plain concrete. In Proceedings of the international civil engineering materials conference on structures，solid mechanics and engineering design. New York：Wiley Interscience，936-995，1971.

［12］ 夏泽宇. 预应力钢带约束素混凝土柱轴压强度试验与计算理论研究 ［D］. 西安建筑科技大学，2017.

［13］ 张雪昭. 横向预应力钢带加固混凝土圆柱轴心受压性能试验研究及工程应用 ［D］. 西安建筑科技大学，2014.

［14］ 冯鹏，强翰霖，叶列平. 材料，构件，结构的"屈服点"定义与讨论 ［J］. 工程力学，2017（3）：36-46.

［15］ 张波，杨勇，夏泽宇. 预应力钢带加固混凝土圆柱轴压性能试验 ［J］. 硅酸盐通报，2021，40（7）：2200-2208.

［16］ 杨勇，张涛，张雪昭，周铁钢. 预应力钢带加固混凝土圆柱轴压试验研究及工程应用 ［J］. 工业建筑，2015，45（3）：29-34.

G 第 4 章 高强钢带加固钢筋混凝土柱受压性能研究

4.1 引言

本章完成了 10 个高强钢带加固钢筋混凝土（RC）方柱试件的轴心受压性能试验和 9 个高强钢带加固钢筋混凝土方柱试件的偏心受压性能试验，其中轴心受压试件采用高强钢带加固，偏心受压试件采用高强钢带与钢板组合加固方法。在此钢带钢板组合加固方式中，钢板沿试件长度方向双侧布置并与混凝土表面粘结，外围采用高强钢带加固。本章研究了不同钢带间距、钢带层数对高强钢带加固 RC 柱轴心受压性能的影响，并研究了偏心距和钢带层数对高强钢带加固 RC 柱偏心受压性能的影响。进一步结合试验结果分别研究了钢带加固混凝土轴压柱和偏压柱的受力机理，并分别建立了高强钢带加固 RC 柱轴心受压与偏心受压的承载力计算方法。

4.2 高强钢带加固钢筋混凝土柱轴心受压性能试验

4.2.1 试验概况

4.2.1.1 试件设计

本次试验共设计了 10 个试件，包括 9 个高强钢带加固 RC 柱与 1 个未加固 RC 柱对比试件。试件截面均为正方形，截面尺寸为 200mm×200mm，柱身高度为 600mm。考虑到试验主要研究钢带间距和层数对轴压承载力的影响，所以 10 个 RC 柱试件的配筋完全相同。柱中箍筋均采用间距 100mm 直径为 8mm 的 HPB235 级钢筋，体积配箍率为 0.52%；纵向受力钢筋为 4 根直径 16mm 的 HRB335 级钢筋，总配筋率为 2.01%。各试件的参数设置见表 4-1，其中 Z-1 为未加固的试件，其余 9 个为钢带加固试件。

钢带加固 RC 柱试件参数汇总表　　　　　　　　　　表 4-1

试件编号	钢带间距(mm)	钢带层数	倒角半径(mm)	混凝土强度等级
Z-1	—	—	—	C30
Z-2	50	1	15	C30
Z-3	75	1	15	C30
Z-4	100	1	15	C30
Z-5	50	2	15	C30
Z-6	75	2	15	C30
Z-7	100	2	15	C30
Z-8	50	3	15	C30
Z-9	75	3	15	C30
Z-10	100	3	15	C30

　　试件的几何尺寸及配筋情况如图 4-1（a）所示。由第 3 章的试验结果发现，混凝土柱在轴心受压时会发生较大的横向变形，使外包的高强钢带产生拉伸变形，从而形成作用于混凝土的横向约束力，而钢带的约束效果很大程度上取决于高强钢带的间距与层数，因此采用高强钢带对 RC 柱进行轴压加固时，选择钢带间距和钢带层数为主要的试验参数。本次试验中将钢带的间距设置为 50mm、75mm 和 100mm 三种，层数设置为 1 层、2 层和 3 层三种，以此来分析钢带间距与钢带层数对 RC 柱轴压承载力和变形能力的影响，试件钢带布置图分别如图 4-1（b）～图 4-1（d）所示。

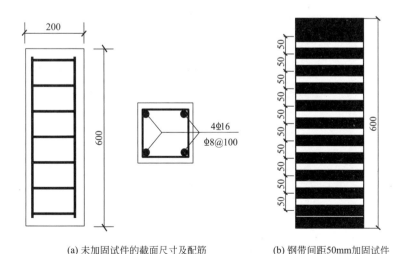

(a) 未加固试件的截面尺寸及配筋　　　(b) 钢带间距50mm加固试件

图 4-1　试件截面和加固示意图（单位：mm）（一）

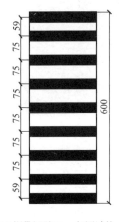 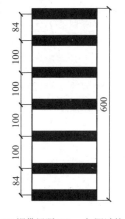

(c) 钢带间距75mm加固试件　　　　　　(d) 钢带间距100mm加固试件

图 4-1　试件截面和加固示意图（单位：mm）（二）

4.2.1.2　材料性能

试验采用 C30 级混凝土，浇筑时预留了 3 组共 9 个 150mm×150mm×150mm 标准立方体试块，与试件同条件养护，实测强度如表 4-2 所示，其中表 4-2 中混凝土轴心抗压强度及弹性模量由《混凝土结构设计规范》GB 50010-2010[1] 进行换算求得。

混凝土力学指标　　　　　　　　　　　　　　　　表 4-2

立方体抗压强度 f_{cu}(MPa)	轴心抗压强度 f_c(MPa)	弹性模量 E_c(MPa)
44.3	28.4	$3×10^4$

本试验中高强钢带、箍筋与纵筋均依据《金属材料拉伸试验方法》GB/T 228-2002[2] 进行材料性能试验，具体试验结果详见表 4-3 与表 4-4。

钢筋材料性能　　　　　　　　　　　　　　　　表 4-3

材料类型	钢筋直径 d(mm)	屈服强度 f_y(MPa)	抗拉强度 f_u(MPa)	弹性模量 E_s(MPa)
HPB335	16	477	669	$2.15×10^5$
HPB235	8	370	537	$1.96×10^5$

钢带几何参数及力学性能　　　　　　　　　　　　表 4-4

钢带宽度 w_s(mm)	钢带厚度 t_s(mm)	屈服强度 f_s(MPa)	抗拉强度 f_{us}(MPa)	弹性模量 E_{ss}(MPa)
32	1.0	778	871	$1.86×10^5$

4.2.1.3　加固步骤

本试验试件加固方法与第 3 章相同，在此不再赘述。

4.2.1.4　加载方案

本试验在西安建筑科技大学结构工程与抗震教育部重点试验室进行，采用 2000kN 液压试验机进行静力加载，加载装置如图 4-2（a）所示。试验先对试件进行预加载检查对中情况和仪器工作情况。正式加载时采用力控制，加载初期每级按计算承载力的 20％进行加载，当荷载达到计算承载力的 50％以后，每级变为按计算承载力的 10％进行加载，达到峰值荷载后继续加载，直至荷载下降到峰值荷载的 85％以下或试件失去承载能力即停止试验。

4.2.1.5　量测方案

为准确描述钢带在试件加载过程中的受力状态，在 RC 柱试件中部的三条钢带上粘贴应变片 C1、C2 和 C3。钢带加固层数为 2 层和 3 层时，只在最外侧的钢带上设置应变片。为了精确地测量试件的轴向位移，在试件的侧面布置两个 YHD-100 型位移计，测点布置如图 4-2（b）所示。试验中所有的应变和位移数据均采用 TDS-602 数据采集仪进行采集。

(a) 加载装置

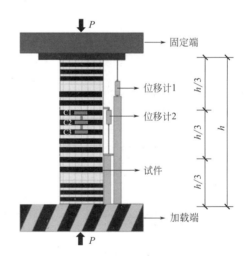

(b) 测点布置示意图

图 4-2　加载装置及测点布置图

4.2.2　试验结果及分析

4.2.2.1　试验现象

未加固对比试件 Z-1 的破坏过程如图 4-3 所示。在加载初期试件无明显变化，随着荷载的不断增加，试件中部开始出现多条细微裂缝；荷载继续增加，原有的纵向细微裂缝逐渐向试件上下两端扩展，同时试件中部的裂缝数量逐渐增加，裂缝的方向均基本平行；当荷载达到 80％峰值荷载左右时，试件中部混凝土开始剥落；当达到峰值荷载时，试件保护层区域的混凝土出现大片的脱落；随着轴向位移的增加，荷载出现突然下降，试件发生脆性破坏。

 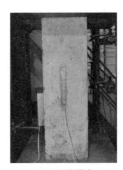 

(a) 加载初期   (b) 出现裂缝   (c) 试件破坏

图 4-3　试件 Z-1 破坏过程及破坏形态图

9 个加固试件 Z-2～Z-10 的破坏形态相似，如图 4-4 所示。

(a) 试件Z-2   (b) 试件Z-3   (c) 试件Z-4

(d) 试件Z-5   (e) 试件Z-6   (f) 试件Z-7

图 4-4　试件 Z-1 至 Z-9 破坏形态图（一）

(g) 试件Z-8　　　　　　　(h) 试件Z-9　　　　　　　(i) 试件Z-10

图 4-4　试件 Z-1 至 Z-9 破坏形态图（二）

　　加载初期试件基本处于弹性阶段，试件无明显变化；随荷载不断增大，试件顶部有细微的裂缝产生，开裂荷载略大于未加固的 RC 柱试件，同时钢带的变形增大，并伴随着"啪啪"的响声；随着荷载继续增大，试件柱身明显开裂，裂缝增多，可发现裂缝的纵向延伸，此时钢带和混凝土之间贴合紧密，钢带开始发挥明显的约束作用；当荷载达到峰值荷载时，试件柱身混凝土出现脱落现象；随后试件承载力缓慢下降，部分钢带扣处钢带被拉断，试件随之破坏。其中试件 Z-8 由于轴压承载力超过了试验机的量程，试件未加载至破坏而停止。

　　本试验中，所有试件在加载初期都无明显变化。由图 4-3 和图 4-4 可以看出采用二层或三层钢带加固时，在钢带间距较大时混凝土的剥落现象比较严重，而钢带间距较小时混凝土则没有出现明显的剥落情况，由此可知当钢带间距减小时钢带对混凝土的约束作用更加明显。与第 3 章高强钢带加固混凝土柱的破坏形态类似，高强钢带可有效约束内部钢筋骨架，能够显著避免因纵筋屈曲而导致的承载力降低，同时可有效防止混凝土的压溃剥落。

　　试验中钢带的破坏一般发生在钢带的锚固处，这是由于通过钢带扣对钢带进行锚固时，钢带的局部横截面积变小，钢带应力集中较为明显，从而形成薄弱部位，当混凝土横向膨胀导致钢带拉力过大时，钢带易在此处拉断。

4.2.2.2　荷载-轴向位移曲线

　　图 4-5 为试验中所有试件的荷载-轴向位移曲线。由图 4-5 及表 4-5 可知：

　　荷载施加的初始阶段，试件处于弹性受力阶段，曲线近似为直线。试件达到峰值荷载后，相比未加固 RC 柱对比试件，钢带加固的试件峰值荷载对应的轴向位移均增大，峰值后荷载-轴向位移曲线有稳定的平台段，随着轴向位移的增加承载力没有显著下降，表明高强钢带有效地限制了混凝土裂缝的开展。同时，随着钢带层数的增加和钢带间距的减小，达到峰值荷载后加固试件荷载降低逐渐缓慢，构件表现出良好的变形能力。

总体来看，除试件 Z-2 外，高强钢带加固试件荷载-轴向位移曲线的斜率比对比试件稍大，表明使用钢带加固后的 RC 柱初始刚度均有所提高。

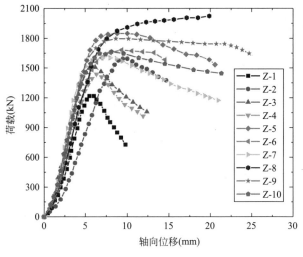

图 4-5　试件荷载-轴向位移曲线

4.2.2.3　承载力和变形

各试件的主要试验结果如表 4-5 所示。由表 4-5 可知，高强钢带加固试件的轴压承载力均高于未加固的对比试件，承载力最大提高 64.8%，最小提高 17.3%，表明高强钢带加固能够有效提高 RC 柱的轴压承载力。同时加固试件的位移比最低为 1.24，最高为 3.82，即加固试件破坏时的轴向位移均大于未加固试件，因此加固 RC 方柱试件的变形能力有所提高。

试件承载力和轴向位移试验结果汇总表　　　　　　　　　表 4-5

试件	钢带间距 (mm)	钢带层数	峰值点		荷载增幅 (%)	破坏点		位移比 γ
			P_m(kN)	Δ_m(mm)		P_u(kN)	Δ_u(mm)	
Z-1	——	——	1224	5.60	0	1040	7.20	1.00
Z-2	50	1	1594	9.96	30.2	1355	14.68	2.04
Z-3	75	1	1514	6.17	23.7	1287	8.96	1.24
Z-4	100	1	1436	6.32	17.3	1221	9.06	1.26
Z-5	50	2	1850	8.68	51.1	1572	19.76	2.74
Z-6	75	2	1674	9.29	36.7	1423	18.81	2.61
Z-7	100	2	1603	7.99	30.9	1363	14.69	2.04
Z-8	50	3	2018(未破坏)	——	>64.8	——	——	——

试件	钢带间距 (mm)	钢带层数	峰值点		荷载增幅 (%)	破坏点		位移比 γ
			P_m(kN)	Δ_m(mm)		P_u(kN)	Δ_u(mm)	
Z-9	75	3	1795	10.04	46.6	1526	27.47	3.82
Z-10	100	3	1663	8.17	35.8	1414	23.22	3.23

注：P_m 和 P_u 分别为极限荷载和破坏荷载；Δ_m 和 Δ_u 分别为其对应的轴向位移；荷载增幅＝（加固试件承载力-对比试件荷载承载力）/对比试件荷载；位移比＝加固试件破坏点轴向位移/未加固试件破坏点轴向位移。

对不同钢带间距及钢带层数的试验数据进行处理分析，分别得到图 4-6 和图 4-7。由图 4-6 和图 4-7 可以看出：

（1）当钢带层数相同时，随着钢带间距的减小，加固试件的承载力有着较大幅度的增加，且钢带间距越小，承载力的提高幅度越大。

（2）当钢带间距相同时，随着钢带层数的增加，加固试件的承载力有所提高；对于钢带间距为 50mm 和 75mm 的试件，随着钢带层数的增加，试件轴压承载力基本上呈线性增长；对于钢带间距为 100mm 的试件，随着钢带层数的增加，试件轴压承载力提高的幅度减小。

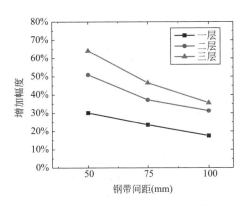

图 4-6　钢带间距-轴压承载力增幅曲线

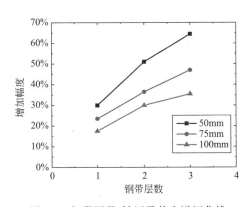

图 4-7　钢带层数-轴压承载力增幅曲线

通过分析可知，当钢带间距较小时，钢带对混凝土形成的整体约束有效地限制了钢带间混凝土的剥落，在保证试件截面面积不减小的前提下，能充分发挥钢带的约束效应，此时增加钢带层数能有效地提高加固试件的轴压承载力。而当钢带间距较大时，钢带间混凝土的剥落现象严重，钢带层数增加对混凝土强度的提升无法抵消试件截面减小对承载力的降低，此时增加钢带层数对加固 RC 柱轴压承载力的提高幅度不显著。

图 4-8 为相同钢带间距下不同钢带层数试件的荷载-轴向位移曲线。由图 4-8 可以看出大部分试件在相同的钢带间距下，钢带层数越多，试件的初始刚度越

大，同时轴压承载力越高，极限变形也越大。图 4-9 为相同钢带层数下不同钢带
间距试件的荷载-轴向位移曲线，由图 4-9 可以看出，加固试件的承载力和变形能
力随钢带间距的减小而增大，同时，钢带层数越多则荷载-轴向位移曲线的下降
段越平缓，说明加固试件的变形能力随钢带层数的增加而增强。

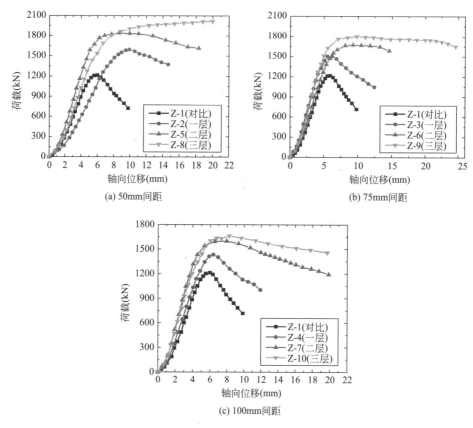

图 4-8　不同钢带层数对承载力的影响

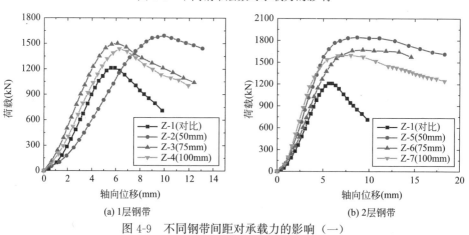

图 4-9　不同钢带间距对承载力的影响（一）

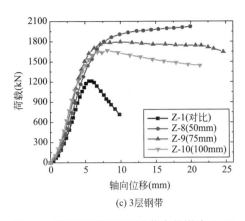

(c) 3层钢带

图 4-9　不同钢带间距对承载力的影响（二）

4.2.2.4　钢带应变分析

图 4-10 为加固试件破坏区域内与裂缝相交处的荷载-钢带应变曲线。

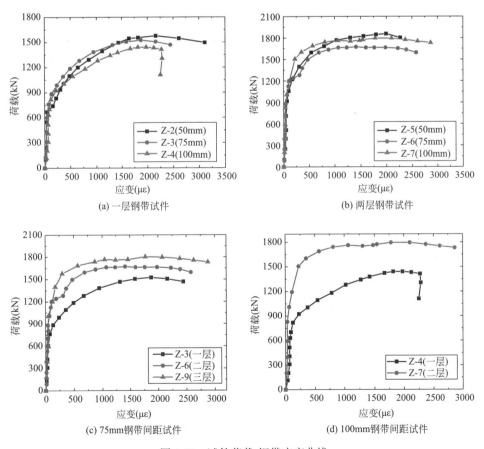

图 4-10　试件荷载-钢带应变曲线

93

由图 4-10 可以看出，钢带的应变发展主要分为三个阶段。第一阶段为加载初期，从开始加载到接近峰值荷载的 80% 时，钢带的应变较小，且荷载-钢带应变曲线呈直线增长；第二阶段为应变缓慢增大期，此时钢带应变有所增长但增长缓慢。荷载增长至峰值荷载时混凝土表面出现裂缝，但裂缝开展比较缓慢，应变-荷载曲线开始呈现非线性增长；第三阶段为应变快速增大期，峰值荷载后由于混凝土的横向变形增加，钢带承担的拉应力增大，应变幅度大幅增加，此时主要依靠内部约束混凝土提供承载力，最终钢带拉断，试件破坏。

由于钢带屈服强度为 778MPa，弹性模量为 1.86×10^5MPa，可以计算出钢带的屈服应变为 $4182\mu\varepsilon$。考虑到钢带预拉过程中产生的应变为 $1000\mu\varepsilon$，钢带在加载过程中应变的增量和初始预应变的总和接近屈服应变，钢带的材料强度可以得到较大程度利用。由图 4-10（a）～图 4-10（b）可以得出，当钢带层数均为一层时，钢带应变随着钢带间距的减小而增大，即钢带间距的减小能使混凝土试件充分发生横向变形，更充分利用钢带材料强度。由图 4-10（c）～图 4-10（d）可以得出，当钢带间距相同时，增加钢带层数能够增加钢带的应变，这是因为钢带层数增加后对混凝土的约束作用增强，试件的峰值承载力提高，对应的混凝土极限应变也增加，间接提高了钢带的应变。

4.2.3 理论分析

4.2.3.1 承载力计算公式

由于高强钢带加固 RC 柱和第 3 章的高强钢带加固混凝土柱受力机理类似，均在三向约束状态下通过高强钢带有效提高了混凝土的强度与变形能力，进而提高了试件的轴向承载力。因此本章计算高强钢带加固 RC 方柱轴向承载力方法与第 3 章基本相同，不同之处在于 RC 柱中存在纵向钢筋和箍筋，需要在计算中考虑。本书提出钢带加固 RC 方柱轴心受压承载力 N_c 的建议计算公式如下：

$$N_c = f_c A_n + f_{cc1} A_{e1} + f_{cc2} A_{e2} + f_s A_s \tag{4-1}$$

式中，N_c 为高强钢带加固 RC 柱轴压承载力；f_c 为混凝土轴心抗压强度；f_{cc1} 为高强钢带约束混凝土受压强度；f_{cc2} 为箍筋约束混凝土受压强度；f_y 为纵筋的抗压强度屈服值；A_n 为试件截面无约束区域面积；A_{e1} 为钢带有效约束区域面积；A_{e2} 为箍筋有效约束区域面积。

4.2.3.2 有效约束面积

本章仍然使用 Mander 提出的约束机理模型[3]。假定高强钢带产生的约束作用也通过拱的形式作用在 RC 柱的核心混凝土上，拱作用产生在相邻钢带之间的混凝土上，在钢带间距的中心位置，有效约束面积 A_e 最小，如图 4-11 所示。图中 A_{n1} 和 A_{n2} 分别为钢带和箍筋的非有效约束面积，s 和 s' 分别为钢带中心间距和净间距。高强钢带加固后 RC 柱截面核心区域可以分为有效约束区和非有效约束区两个部分，在有效约束区中，由于钢带产生的横向约束使这部分混凝土处于三向受力的状态，从而显著提高该区域混凝土的受压强度与变形能力。在非有效约束区中钢带的横向约束有限，对混凝土受压强度的提升有限，因此在计算中不考虑弱约束区钢带与混凝土的约束作用。

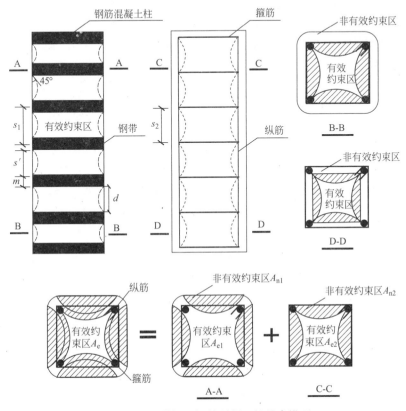

图 4-11　钢带加固钢筋混凝土柱约束模型

在图 4-11 所示的约束模型中，高强钢带与箍筋会分别对混凝土产生约束，两者约束区域和面积大小各不相同，故采用叠加法计算约束作用对加固后 RC 柱轴压承载力的影响，计算方法如下。

柱截面总面积 A_c 为：

$$A_c = b^2 - (4-\pi)r^2 \tag{4-2}$$

高强钢带加固 RC 方柱的最薄弱截面为相邻钢带间的中点位置，即 B-B 截面和 D-D 截面的叠加（图 4-11）。约束最强的截面为钢带所在位置，即 A-A 和 C-C 截面的叠加，此处的有效约束面积 A_e 为：

$$A_{e1} = \frac{1}{3}\left(b_1 - \frac{s'_1}{2}\right)^2 \tag{4-3}$$

$$A_{e2} = \frac{1}{3}\left(b_2 - \frac{s_2}{2}\right)^2 \tag{4-4}$$

式中，A_{e1} 为钢带的有效约束面积；A_{e2} 为箍筋的有效约束面积；A_c 为柱截面面积；b_1 和 b_2 分别为混凝土方柱边长和箍筋边长；r 为柱倒角半径；s_1 和 s_2 分别为钢带中心间距和箍筋中心间距。

由于钢带约束形成的无约束区域与箍筋约束形成的无约束区域大部分重叠，柱截面的无约束区域面积近似忽略箍筋的影响，仅考虑钢带所形成的无约束区域面积，故钢带加固 RC 柱截面无约束区域面积计算公式如下：

$$A_n = A_c - A_{e1} \tag{4-5}$$

指定箍筋间距为 s_2，钢带间中心间距为 s_1，钢带宽度为 m，则钢带净间距 s_1' 的确定方法如下：

$$s_1' = s_1 - m \tag{4-6}$$

与第 3 章类似，同样引入考虑截面形式和钢带间距影响的有效截面系数 k_g，钢带约束有效截面系数 k_{g1} 和箍筋约束有效截面系数 k_{g2} 计算分别如下：

$$k_{g1} = \frac{A_{e1}}{A_c} \tag{4-7}$$

$$k_{g2} = \frac{A_{e2}}{A_c} \tag{4-8}$$

对于方形截面柱，钢带体积配钢率 ρ_{ss1} 和箍筋体积配箍率 ρ_{sv2} 计算如下：

$$\rho_{ss1} = \frac{4n_s bmt_s}{b^2 s_1} = \frac{4n_s mt_s}{bs_1} \tag{4-9}$$

$$\rho_{sv2} = \frac{4A_{sv}l}{b^2 s_2} \tag{4-10}$$

式中，t_s 和 n_s 分别为钢带厚度和层数；A_{sv} 为箍筋双肢截面面积，$A_{sv} = n \times A_{sv1}$，$A_{sv1}$ 为单肢箍筋截面面积；n 为箍筋肢数；l 为箍筋长度；b 为截面宽度；s_1 和 s_2 分别为钢带和箍筋中心间距。

4.2.3.3 等效横向约束力

高强钢带加固 RC 方柱中等效横向力计算方法与第 3 章计算方法相同，图 4-12 为钢带对 RC 柱试件横向约束应力的计算简图，公式如下：

$$f_{le1} = \frac{2k_{g1}n_s mt_s f_s}{bs} = \frac{1}{2}k_{g1}\rho_{ss1}f_s \tag{4-11}$$

$$f_{le2} = \frac{1}{2}k_{g2}\rho_{ss2}f_{yv} \tag{4-12}$$

式中，f_{le1} 和 f_{le2} 分别为钢带和箍筋等效横向约束力；f_s 和 f_{yv} 分别为钢带和箍筋的抗拉屈服强度。

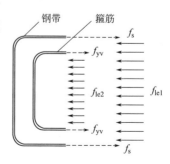

图 4-12 等效横向力计算模型

结合第 3 章提出的方混凝土柱约束混凝土强度模型与 4.2.3.3 节提出的有效约束区域确定方法，可得高强钢带加固 RC 柱轴心抗压强度模型，如下式所示：

$$f_{cc1} = f_{co}\left(1 + 3.35k_{g1}\left(\frac{f_{le1}}{f_{co}}\right)^{0.48}\right) \qquad (4-13)$$

$$f_{cc2} = f_{co}\left(1 + 3.35k_{g2}\left(\frac{f_{le2}}{f_{co}}\right)^{0.48}\right) \qquad (4-14)$$

式中，f_{cc1} 和 f_{cc2} 分别为钢带和箍筋约束混凝土抗压强度；f_{co} 为未约束混凝土抗压强度；k_{g1} 和 k_{g2} 分别为钢带和箍筋考虑了截面形式和间距影响的有效截面系数；f_{le1} 和 f_{le2} 分别为钢带和箍筋的等效横向约束力。

4.2.3.4　轴压承载力计算值与试验值比较

使用本章提出的承载力计算公式对高强钢带加固 RC 柱试件的轴心受压承载力进行计算并与试验结果进行对比，结果如表 4-6 所示。其中 N_c 为理论公式计算结果，N_e 为试验结果。

加固钢筋混凝土柱理论计算值与试验值对比　　　　表 4-6

试件编号	轴压承载力 N_e(kN)	计算值 N_c(kN)	计算值 N_c/试验值 N_e
Z-1	1224	1436	1.17
Z-2	1594	1611	1.01
Z-3	1514	1576	1.04
Z-4	1436	1556	1.08
Z-5	1850	1646	0.89
Z-6	1674	1596	0.95
Z-7	1603	1568	0.98
Z-8	2018	1672	0.83
Z-9	1795	1611	0.90
Z-10	1663	1577	0.95
平均值			0.980
变异系数			0.103

由表 4-6 可见，高强钢带加固 RC 柱轴心受压承能力计算值与试验值比值均值为 0.980，变异系数为 0.103，表明本文提出的理论计算公式有较高的准确度。

97

4.3 高强钢带加固钢筋混凝土柱偏心受压试验研究

4.3.1 试验概况

4.3.1.1 试件设计

本试验共制作9个试件，其中3个为未加固对比试件，6个试件为钢板钢带组合加固试件。为承受偏心荷载加载，试件柱头设计成牛腿状，由弯起钢筋承受牛腿内的拉力和斜向压力，并在柱头处进行箍筋加密。试件总高 $L=1200$ mm，两端牛腿截面尺寸均为 $b×h=300$ mm×200mm，柱中部截面尺寸均为 $b×h=200$ mm×200mm，中部柱长600mm，采用C25混凝土。纵筋采用为直径14mm的HRB335级钢筋，箍筋采用直径8mm的HPB235级钢筋，试件配筋情况如图4-13所示。

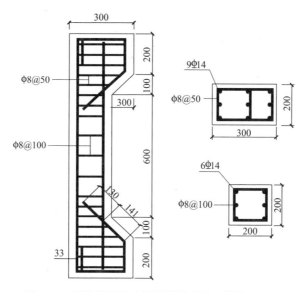

图 4-13 试件截面尺寸及配筋示意图（单位：mm）

试验主要考虑偏心距及钢带层数对组合加固效果的影响。偏心距分为120mm、60mm和20mm三种，以考虑大偏压和小偏压两种情况，柱倒角半径20mm，试件参数如表4-7所示。表4-7中的试件编号中，PZ表示偏压柱，2、6、12分别为该构件偏心距数值20mm、60mm和120mm。钢带间距均相同，钢带层数设置为1层和2层。

试件参数汇总表　　　　　　　　　表 4-7

构件编号	截面配筋		配筋率		偏心距（mm）	钢带		粘钢情况
	纵筋	箍筋	纵筋	箍筋		间距	层数	
PZ2-0	6Φ14	Φ8@100/50	2.3%	0.28%	20(0.1h)	—	—	—
PZ2-1						60	1层	粘钢
PZ2-2						60	2层	粘钢
PZ6-0	6Φ14	Φ8@100/50	2.3%	0.28%	60(0.3h)	—	—	—
PZ6-1						60	1层	粘钢
PZ6-2						60	2层	粘钢
PZ12-0	6Φ14	Φ8@100/50	2.3%	0.28%	120(0.6h)	—	—	—
PZ12-1						60	1层	粘钢
PZ12-2						60	2层	粘钢

4.3.1.2　材料性能

（1）钢筋与混凝土

混凝土设计强度等级为 C25，钢筋与混凝土的实测力学性能如表 4-8 所示。

混凝土和钢筋实测力学性能　　　　　　　　　表 4-8

混凝土(C25)			纵筋(Φ14)		
立方体抗压强度 f_{cu}(MPa)	轴心抗压强度 f_c(MPa)	弹性模量 E_c(MPa)	屈服强度 f_y(MPa)	极限强度 f_u(MPa)	弹性模量 E_s(MPa)
35.6	27.0	3.2×10^4	461	637	1.92×10^5

（2）钢带与钢板

钢带与加固钢板的实测力学性能如表 4-9 所示。

钢带与钢板实测力学性能　　　　　　　　　表 4-9

钢带(31.75mm×0.9mm)			钢板(100mm×4.2mm)		
屈服强度 f_s(MPa)	极限强度 f_{us}(MPa)	弹性模量 E_{ss}(MPa)	屈服强度 f_{ys}(MPa)	极限强度 f_{uss}(MPa)	弹性模量 E_{sss}(MPa)
778	871	1.86×10^5	288	407	1.88×10^5

注：f_y 为钢筋的屈服强度，f_u 为钢筋的极限抗拉强度，E_s 为钢筋的弹性模量，f_s 为钢带的抗拉屈服强度，f_{us} 为钢带的极限抗拉强度，E_{ss} 为钢带的弹性模量，f_{ys} 为钢板的屈服强度，f_{uss} 为钢板的极限抗拉强度，E_{sss} 为钢板的弹性模量。

4.3.1.3 试件制作与加固

试件的制作与加固分为以下 3 个步骤：

（1）表面处理

首先用打磨机在试件的粘合位置打磨处理，去除表层脏物及不平整处，直至完全露出新面，并用空气压缩机吹除粉粒，然后进行清洗，待冲净晾干后用丙酮涂抹表面。

（2）钢板粘贴

钢板粘贴前首先进行除锈和粗糙处理，然后用脱脂棉蘸丙酮擦拭干净。对未生锈或轻微锈蚀的钢板，采用砂轮打磨，直至出现金属光泽；对锈蚀严重的钢板，使用适度盐酸浸泡 20min，使锈层脱落，再用石灰水冲洗，最后用平砂轮打磨。钢板粘结剂采用中国科学院大连化学物理研究所研制的 JGN 型结构胶，此结构胶为双组分，使用时将甲、乙两组分按规定的比例进行配比混合，搅拌至色泽均匀为止。粘贴时用抹刀将结构胶粘结剂涂抹在混凝土和钢板表面，厚度为 1~3mm，然后将钢板粘贴在涂刷后的混凝土面层上，如图 4-14 所示。

（3）高强钢带加固

高强钢带加固流程和方法与轴压柱加固方法相似，在此不再赘述，加固示意图如图 4-15 所示。

图 4-14 粘钢板示意图

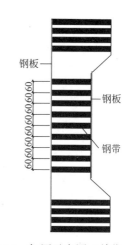

图 4-15 加固示意图（单位：mm）

4.3.1.4 加载方案

试验在西安建筑科技大学结构工程与抗震教育部重点实验室的 2000kN 压力机上进行，加载装置如图 4-16 所示。为了保证试件的偏心距准确并保证柱头可以自由转动，在试件的上下端均设置了单向刀口铰支座。

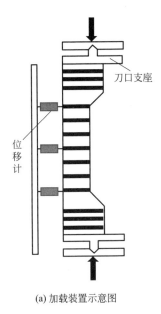

(a) 加载装置示意图　　　　　　　(b) 加载装置实物图

图 4-16　加载装置

　　在正式加载前首先对试件进行预加载，以检查试件安装和对位良好。正式加载采用力控制加载，加载初期每级按计算承载力的 20% 进行加载；当荷载达到计算承载力的 50% 以后，每级按计算承载力的 10% 进行加载；当荷载达到计算承载力的 80% 后，每级按计算承载力的 5% 进行加载，直至荷载下降到峰值荷载的 85% 以下或试件失去承载能力即停止试验。

4.3.1.5　量测方案

　　（1）应变量测

　　为测量箍筋的应变，在柱中部相邻的三道箍筋上布置电阻应变片，每道箍筋布置 2 个应变片；为测量纵筋的应变变化，在试件拉压侧每侧两根纵筋的中部各设 1 个应变片，纵筋与箍筋的测点布置如图 4-17（a）所示。此外，在试件侧面布置 3 个混凝土应变片，以测量混凝土应变情况；在加固试件拉压侧钢板上各布置 2 个应变片，以测量钢板应变情况，测点布置如图 4-17（b）所示。为测量钢带的受拉情况，在柱中部相邻的五条钢带的三个表面各设 1 个横向应变片，如图 4-17（c）所示。

　　（2）位移量测

　　位移计布置如图 4-17（d）所示，试验过程中，竖向荷载由荷载传感器量测，柱的侧向挠度由位移计量测，数据通过应变采集系统自动采集，以此来绘制试件的荷载-侧向挠度曲线。

101

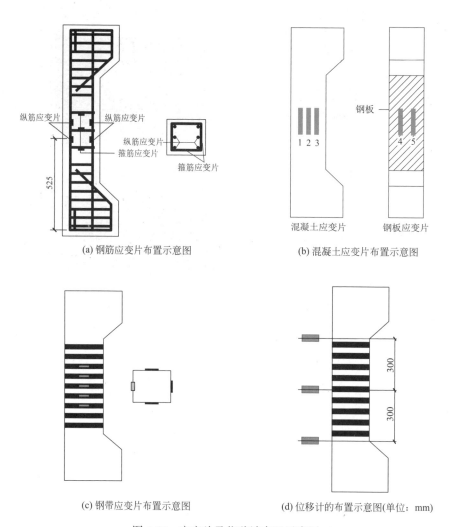

(a) 钢筋应变片布置示意图   (b) 混凝土应变片布置示意图

(c) 钢带应变片布置示意图   (d) 位移计的布置示意图(单位: mm)

图 4-17   应变片及位移计布置示意图

4.3.2   试验结果及分析

4.3.2.1   破坏形态

图 4-18 为 PZ2-0～PZ12-2 中 9 个试件的破坏形态,下面分别描述不同偏心距下各试件裂缝开展情况与破坏形态。

(1) 偏心距 20mm 的试件

未加固柱试件 PZ2-0 的破坏形态为明显的小偏压脆性破坏。当荷载达到峰值荷载的 80%时,在柱中部受压侧出现竖向裂缝;随着加载继续增加,受压区混凝土压碎剥落,当试验终止时,受拉侧仅产生一条横向裂缝。

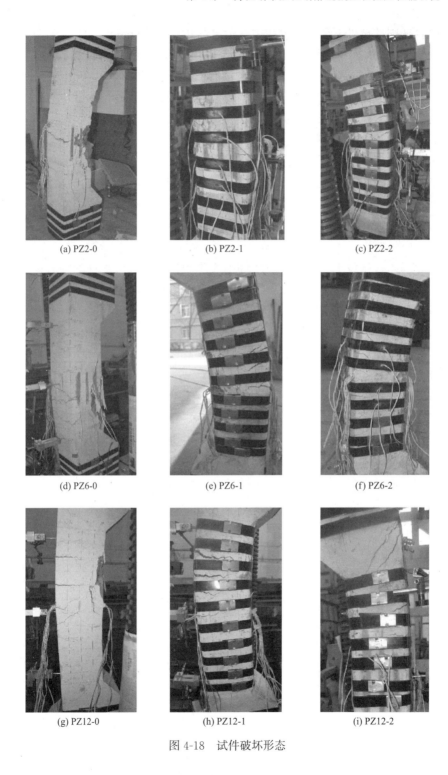

(a) PZ2-0　　　　　(b) PZ2-1　　　　　(c) PZ2-2

(d) PZ6-0　　　　　(e) PZ6-1　　　　　(f) PZ6-2

(g) PZ12-0　　　　(h) PZ12-1　　　　(i) PZ12-2

图 4-18　试件破坏形态

组合加固柱试件 PZ2-1 与 PZ2-2 在荷载约达到峰值荷载的 30％时，受压侧钢板与柱身发生剥离，钢带开始发挥约束作用；荷载达到峰值荷载的 80％时，柱受压侧中部钢带间隔处混凝土被压碎并剥落；随荷载继续增大，试件水平挠度快速增加，柱受拉侧产生横向受拉裂缝；荷载达到峰值荷载后，钢带能有效抑制压溃区混凝土的剥落，保证柱截面的完整性。

（2）偏心距 60mm 试件

未加固柱试件 PZ6-0 发生小偏压破坏。与偏心距为 20mm 的试件不同，在荷载达到峰值荷载的约 30％时，试件 PZ6-0 的受拉侧首先出现横向裂缝；随荷载继续增加，在受拉侧陆续出现数条横向裂缝，并随着荷载的增大而缓慢发展；在荷载接近峰值荷载时，柱受压侧混凝土剥落严重，试件在峰值荷载过后立即破坏。

组合加固柱试件 PZ6-1 与试件 PZ6-2 发生小偏压破坏。试件的开裂荷载约为峰值荷载的 40％，裂缝首先在未粘钢板的侧面出现，并随着荷载加大而加宽；当荷载达到峰值荷载的 50％左右时，受压侧钢板与柱身开始发生剥离；荷载继续增加，受压侧混凝土出现压碎脱落，但钢带能有效抑制压溃区混凝土的剥落，试件在峰值荷载后荷载下降缓慢，变形能力较好。

（3）偏心距 120mm 试件

未加固柱试件 PZ12-0 发生大偏压破坏。裂缝从柱受拉侧角部开始出现，试件开裂荷载约为峰值荷载的 30％时，并随荷载增加在受拉侧逐渐形成横向贯通裂缝；在荷载接近峰值荷载时，可听到钢带拉紧声音，受拉侧裂缝加宽，当受拉侧纵筋达到屈服强度后，受压侧混凝土被压碎。

组合加固柱 PZ12-1 的开裂荷载约为峰值荷载的 50％，与未加固试件相比，组合加固试件在同等荷载水平下的纵筋、箍筋和钢带在峰值荷载前呈现线性发展，说明钢板、钢带与试件有较好的共同工作能力；在荷载达到峰值荷载的约 90％时，受压侧钢板与柱身发生剥离，受拉侧钢带间隙处裂缝宽度较大；试件最终破坏形态与对比试件相似，表现为拉侧纵筋达到屈服强度后的受压侧混凝土压碎。

总体而言，本试验中由于钢板和混凝土界面粘结未完全达到强度，部分加固试件中发生了钢板剥离现象，导致钢板未完全发挥作用，但从试验现象中可以看出，组合加固柱对 RC 柱承载能力和变形能力显著改善。与未加固试件相比，加固试件在破坏前有明显的裂缝发展过程，破坏具有预兆性。

4.3.2.2 荷载-侧向挠度曲线

从图 4-19 荷载-侧向挠度曲线可以看出，不论大偏心受压或是小偏心受压，经组合加固后，曲线斜率增加，峰值更高而且下降段更加平缓。即试件初始刚度、峰值荷载以及破坏时的侧向挠度均有所提高。

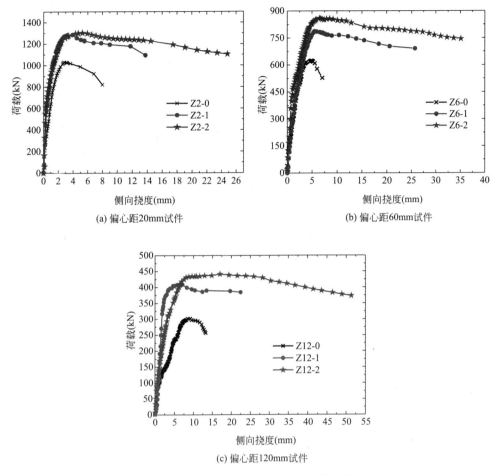

(a) 偏心距20mm试件

(b) 偏心距60mm试件

(c) 偏心距120mm试件

图 4-19　各试件荷载-侧向挠度位移曲线

4.3.2.3　承载力和变形

　　加固后 RC 柱试件的偏心受压承载力试验结果如表 4-10 所示。由表 4-10 可以看出，随着偏心距的增加，加固后 RC 柱的偏心受压承载力均有所降低，由此可知偏心距是影响 RC 柱偏心受压承载力的重要因素。当偏心距相同时，粘钢加固的层数越多，试件的峰值荷载越大，与未加固柱相比荷载增幅越明显。

　　同时试件的极限挠度明显得到大幅提高，从位移比和挠度比可以看出，加固后的试件塑性变形能力得到显著提高。尽管试验中部分加固试件的钢板在试件到达峰值荷载前发生剥离，但由于钢带约束作用存在，混凝土剥落现象得到了很好的改善，组合加固仍能有效提高 RC 柱的偏心受压承载力与变形能力。

主要试验结果汇总表 表 4-10

试件编号	偏心距（mm）	加固方式	峰值荷载（kN）	荷载增幅（%）	峰值挠度（mm）	极限挠度（mm）	位移比 γ	挠度比 δ
PZ2-0		对比柱	1031	0	2.81	7.81	1.00	2.78
PZ2-1	20	粘钢/单层	1284	24.5	3.91	13.78	1.76	3.52
PZ2-2		粘钢/双层	1303	26.4	5.27	24.82	3.18	4.71
PZ6-0		对比柱	623	0	4.88	7.07	1.00	1.45
PZ6-1	60	粘钢/单层	787	26.3	5.5	25.7	3.64	4.67
PZ6-2		粘钢/双层	860	38.4	6.49	40.41	5.72	6.23
PZ12-0		对比柱	302	0	9.14	13.23	1.00	1.45
PZ12-1	120	粘钢/单层	410	35.8	6.48	22.46	1.70	3.46
PZ12-2		粘钢/双层	442	46.4	13.5	51.33	3.88	3.80

注：荷载增幅为加固柱相对于未加固柱的峰值荷载提高百分率，位移比为加固试件与未加固试件的极限挠度之比，挠度比为下降到极限荷载对应的极限挠度与峰值荷载对应的峰值挠度之比。

4.3.2.4 混凝土应变

各试件受压侧的荷载-混凝土应变曲线如图 4-20 所示。从图 4-20 可以看出，在同一偏心距下，经组合加固后，混凝土的峰值压应变和极限压应变都有所增加，但偏心距越大，混凝土峰值和极限压应变提高渐少。发生小偏心受压破坏的加固柱试件 PZ2-1 的混凝土极限压应变从 $3500\mu\varepsilon$ 提高到 $5000\mu\varepsilon$，增幅 42.9%；偏心距为 60mm 的组合加固柱试件 PZ6-2 的混凝土极限压应变从 $2700\mu\varepsilon$ 提高到 $3800\mu\varepsilon$，增幅 40.7%；而发生大偏心受压破坏的加固柱试件 PZ12-1 的极限压应变从 $1990\mu\varepsilon$ 提高到 $2200\mu\varepsilon$，增幅 10.6%。主要原因在于小偏压破坏的试件中，混凝土主要处于受压状态，而钢带对于混凝土的约束效应和效果更加直接。因此，小偏压构件中混凝土极限压应变增幅更大。

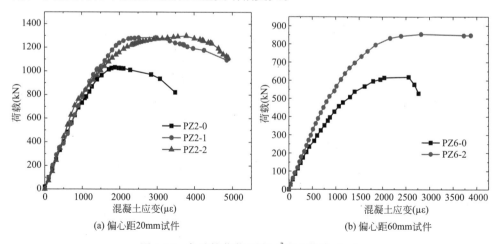

(a) 偏心距20mm试件　　(b) 偏心距60mm试件

图 4-20　各试件荷载-混凝土应变曲线（一）

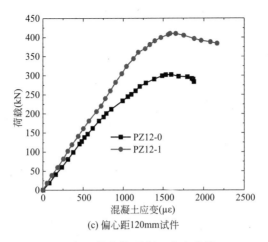

(c) 偏心距120mm试件

图 4-20　各试件荷载-混凝土应变曲线（二）

4.3.2.5　纵筋应变

从图 4-21 的荷载-纵筋应变曲线可以看出，偏心距为 20mm、60mm 的试件，其受压纵筋在峰值荷载前均已屈服，而受拉纵筋均未屈服，偏心距为 20mm 的组合加固柱试件在荷载进入下降段时受拉钢筋才进入受拉阶段，表明偏心距为 20mm 与 60mm 的试件确实发生了小偏心受压破坏。偏心距 120mm 的 RC 柱试件当荷载达到峰值荷载时，受压钢筋应变为 $1800\mu\varepsilon$，受拉纵筋应变为 $2240\mu\varepsilon$，由钢筋材性试验知钢筋的屈服应变为 $2400\mu\varepsilon$，即受拉纵筋均基本达到屈服，即偏心距为 120mm 的试件发生了大偏心受压破坏。

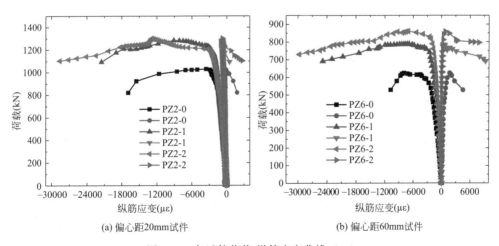

(a) 偏心距20mm试件　　　　　　　　　　(b) 偏心距60mm试件

图 4-21　各试件荷载-纵筋应变曲线（一）

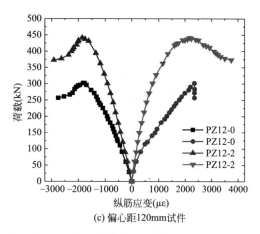

(c) 偏心距120mm试件

图 4-21 各试件荷载-纵筋应变曲线（二）

4.3.2.6 平截面假定验证

为验证截面变形是否符合平截面假定，取部分试件中部截面处钢板、钢筋及柱侧面混凝土应变得到截面应变分布图，如图 4-22 所示。由图 4-22 可以看出，在荷载较小时，试件沿截面高度的应变基本上满足平截面假定。随着荷载增大，压侧钢板因与柱身发生剥离而导致应变发展滞后。

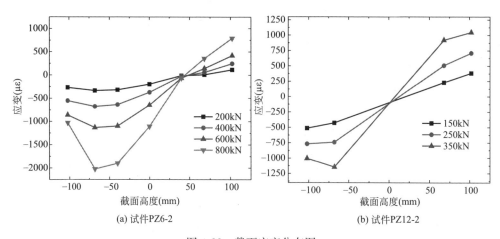

(a) 试件PZ6-2　　　　　　　(b) 试件PZ12-2

图 4-22 截面应变分布图

4.3.3 高强钢带加固钢筋混凝土柱偏心受压承载力计算方法

4.3.3.1 基本假定

根据试验结果，为简化计算高强钢带加固钢筋混凝土柱偏心受压承载力的计算，近似采用下述基本假定：

（1）近似认为钢板与混凝土表面粘结良好，在峰值荷载前拉侧钢板和压侧钢板均能与 RC 柱共同协调变形，柱截面上混凝土、钢筋和钢板的应变分布符合平截面假定。

（2）忽略混凝土的抗拉强度，钢筋和钢板承受全部拉力。

（3）受压区混凝土抗压强度按第 3 章中的高强钢带加固混凝土强度模型考虑，并按偏心距进行一定的折减。

由于偏心受压时截面压应力并非均匀分布，存在明显的应力梯度，导致各部位钢带约束应力不同[4]。为简化分析，假设横向约束应力沿侧边为线性分布，并对远离荷载作用点一侧的钢带约束应力进行折减，如图 4-23 所示。

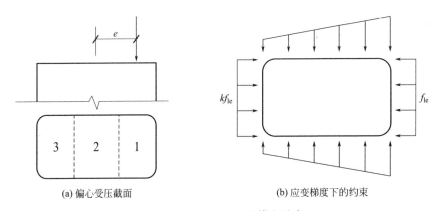

(a) 偏心受压截面　　　　　　　(b) 应变梯度下的约束

图 4-23　偏心受压柱的横向约束

由于大偏心受压柱的破坏始于受拉边，钢带约束对大偏心受压柱混凝土抗压强度的提高作用很小；对于组合加固小偏心受压柱，考虑偏心距的影响[5]，引入应变梯度修正系数 γ 对混凝土抗压强度进行修正，该系数为小于等于 1.0 的正数。考虑偏心距 ηe_i 为 0 和 e_{ib} 时，混凝土抗压强度分别为 f_{cc} 和 f_{co}，两者之间可进行线性插值。当偏心距 ηe_i 大于等于 e_{ib} 时 $\gamma = 1$，即认为钢带加固对受压区混凝土强度不再有提高作用，如式（4-15）所示。

$$\gamma = \frac{f_{cc}}{f_{co}} - \frac{\eta e_i}{e_{ib}}\left(\frac{f_{cc}}{f_{co}} - 1\right) \leqslant 1.0 \qquad (4\text{-}15)$$

式中，γ 为应变梯度修正系数；f_{co} 为未约束混凝土轴心抗压强度；f_{cc} 为约束混凝土轴心抗压强度；e_i 为柱初始偏心距；η 为初始偏心距增大系数；e_{ib} 为界限偏心距，即钢筋屈服同时受压区混凝土压碎时的偏心距。

（4）钢筋采用理想弹塑性的应力应变关系。

$$当 \varepsilon_s < \varepsilon_y 时，\sigma_s = \varepsilon_s E_s \qquad (4\text{-}16)$$

$$当 \varepsilon_s \geqslant \varepsilon_y 时，\sigma_s = f_y \qquad (4\text{-}17)$$

式中，ε_y 为钢筋的屈服应变；f_y 为钢筋的屈服应力；ε_s 为钢筋应变；σ_s 为钢筋应力；E_s 为钢筋的弹性模量。

（5）钢板采用理想弹塑性的应力应变关系。

$$当 \varepsilon_p < \varepsilon_{py} 时，\sigma_p = E_p \varepsilon_p \tag{4-18}$$

$$当 \varepsilon_p \geqslant \varepsilon_{py} 时，\sigma_p = f_{py} \tag{4-19}$$

式中，ε_p 为钢板应变；σ_p 为钢板应力；ε_{py} 钢板屈服应变；f_{py} 钢板屈服应力；E_p 为钢板弹性模量。

（6）钢带采用理想弹塑性的应力应变关系。

$$\varepsilon_{ss} < \varepsilon_{us} 时，\sigma_{ss} = E_{ss} \varepsilon_{ss} \tag{4-20}$$

式中，ε_{us} 为钢带的容许拉应变；ε_{ss} 为钢带应变；σ_{ss} 为钢带应力；E_{ss} 为钢带的弹性模量。

4.3.3.2 组合加固柱钢带约束混凝土抗压强度

组合加固偏心受压柱钢带约束混凝土抗压强度采用式（4-21）计算，式中变量含义和取值同第 3 章，计算结果如表 4-11 所示：

$$f_{cc} = f_{co} \left[1 + 3.35 k_g \left(\frac{f_{le}}{f_{co}} \right)^{0.48} \right] \tag{4-21}$$

钢带约束混凝土抗压强度计算结果　　　　　表 4-11

钢带配钢率 ρ_{ss}	有效截面系数 k_g	未约束混凝土轴心抗压强度 f_{co}(MPa)	钢带等效横向约束力 f_{le}(MPa)	约束混凝土轴心抗压强度 f_{cc}(MPa)
0.0107	0.243	27.09	1.00	32.49

4.3.3.3 偏心距增大系数

轴力 N 对截面的偏心距（$e_0 = M/N$）自开始加载直至试件破坏保持常值，这种情况只适合很短的柱构件。试验发现，试件长度和截面的高度比值 $l_0/h \leqslant 8$ 时，加载曲线接近直线。但实际工程中的柱试件比较高，在弯矩和轴力共同作用下会产生随荷载增加而逐渐增大的侧向挠度。当柱试件达到极限承载力 N_u 时，临界截面的横向挠度 f 为附加偏心距，此截面上的实际弯矩值为 $N_u(e_0 + f)$，其中 $N_u f$ 为轴力引起的附加弯矩，或称为二次弯矩。

我国《混凝土结构设计规范》GB 50010-2010[1] 规定当 $l_0/i > 17.5$（当为矩形截面时 $l_0/h > 5$）的偏心受压构件，采用偏心距增大系数 η 来考虑构件二阶弯矩。由于约束混凝土的极限压应变较普通混凝土明显增大，故加固柱因二阶效应引起的侧向挠度更大，采用本章参考文献[6] 钢带加固混凝土偏心受压柱的偏心距增大系数 η，计算公式为：

$$\eta = 1 + \frac{1}{e_i} \left[\frac{1.25 \varepsilon_{cc} + 0.0017}{h_0} \right] \frac{l_0^2}{10} \zeta_1 \zeta_2 \tag{4-22}$$

$$\zeta_1 = 0.5 f_c \frac{bh}{N} \leqslant 1.0 \tag{4-23}$$

$$\zeta_2 = 1.15 - 0.01 \frac{l_0}{h} \leqslant 1.0 \qquad (4\text{-}24)$$

式中，初始偏心距 $e_i = e_0 + e_a$；e_0 为加载时的偏心距；e_a 取 20mm 和偏心方向截面最大尺寸的 1/30 两者中的较大值；l_0 为试件计算长度，由于偏压柱两端均设置了刀口铰支座，故取实际高度；h_0 为截面有效高度；ε_{cc} 为约束混凝土的极限压应变，此处取 $\varepsilon_{cc} = 0.0036$；$\zeta_1$ 为曲率调整系数，当 N 未知时，近似取 $\zeta_1 = 0.2 + 2.7e_i/h_0$；$\zeta_2$ 为试件长细比对截面曲率的影响系数。

4.3.3.4 相对界限受压区高度

组合加固后，加固柱破坏时可能发生三种情况：受压区混凝土压碎、受拉侧钢筋屈服、受拉侧钢板与钢筋均屈服。界限破坏时混凝土、钢筋及钢板的应变关系如图 4-24 所示。

由图可知，组合加固柱的两个界限破坏状态分别为：

（1）破坏时受压区边缘的混凝土被压碎 $\varepsilon_c = \varepsilon_{cc}$，同时受拉侧钢板达到屈服应变 $\varepsilon_p = \varepsilon_{py}$；

（2）破坏时受压区边缘的混凝土被压碎 $\varepsilon_c = \varepsilon_{cc}$，同时受拉侧钢筋和钢板均达到屈服应变，$\varepsilon_s = \varepsilon_y$ 与 $\varepsilon_p = \varepsilon_{py}$。相应的界限受压区高度分别为：

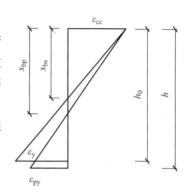

图 4-24 界限破坏时的
正截面应变分布

$$\xi_b = \frac{x_{bs}}{h_0} = \frac{\beta_1 \varepsilon_{cc}}{\varepsilon_{cc} + \varepsilon_y} \qquad (4\text{-}25)$$

$$\xi_{bp} = \frac{x_{bp}}{h} = \frac{\beta_1 \varepsilon_{cc}}{\varepsilon_{cc} + \varepsilon_{py}} \qquad (4\text{-}26)$$

式中，ξ_b 为钢筋受拉屈服与混凝土受压破坏同时发生时的相对界限受压区高度；ξ_{bp} 分别为钢板受拉屈服与混凝土受压破坏同时发生时的相对界限受压区高度；x_{bs} 和 x_{bp} 分别为钢筋或钢板受拉屈服与混凝土受压破坏同时发生时的等效矩形应力图的受压区高度；β_1 为混凝土等效矩形受压区高度与中和轴高度的比值，取值与《混凝土结构设计规范》GB 50010-2010 相同，当混凝土强度等级不超过 C50，β_1 取为 0.8，当混凝土强度等级大于 C50 时，β_1 随着强度等级的提高而减小，取值见本章参考文献[7]。

4.3.4 组合加固偏心受压柱承载力计算公式

4.3.4.1 组合加固大偏心受压柱

由于钢板较薄，在计算中忽略钢板厚度，取钢板形心位于混凝土表面处。下面依据中和轴位置分情况讨论。

（1）当混凝土受压区高度 x 大于 $\xi_b h_0$，且小于 $\xi_{bp} h_0$ 时，试件破坏时受压区混凝土压溃，同时受拉侧钢板应力达到屈服，而受拉侧钢筋应力未达到屈服。截面受力示意图如 4-25 所示，偏心受压承载力 N 计算公式为：

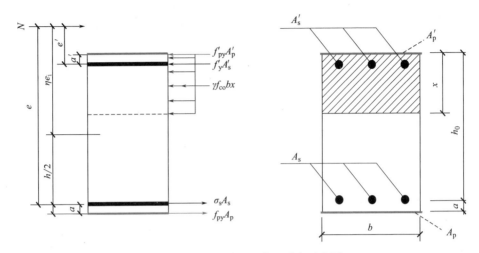

图 4-25 大偏心受压柱截面受力示意图

$$N = \alpha_1 \gamma f_{co} bx + f'_y A_s - \sigma_s A_s \tag{4-27}$$

$$Ne = \alpha_1 \gamma f_{co} bx(h_0 - 0.5x) + f'_y A'_s(h_0 - a') + f'_{py} A'_p h_0 + f_{py} A_p a \tag{4-28}$$

$$e = \eta e_i + \frac{h}{2} - a \tag{4-29}$$

式中，α_1 为等效矩形应力图的应力值系数；γ 为应变梯度修正系数；f_{co} 为未约束混凝土轴心抗压强度；b 为试件截面宽度；x 为试件受压区高度；f'_y 为钢筋的屈服压应力；A_s 为钢筋截面面积；σ_s 为钢筋应力；A_p 为钢板截面面积；f_{py} 钢板屈服应力；η 为钢带加固混凝土偏心受压柱的偏心距增大系数；e 为偏心距；e_i 为初始偏心距；h 为试件截面高度；h_0 为试件截面有效高度；a 为受拉钢筋合力点至截面受拉边缘的距离。

为简化计算，避免公式中出现 x 的三次方程，考虑到 $\xi = \xi_b$ 及 $\xi = \beta_1$ 的边界条件，σ_s 与 ξ 可近似采用线性关系：

$$\sigma_s = \frac{\xi - \beta_1}{\xi_b - \beta_1} f_y \tag{4-30}$$

式中，相对界限受压区高度 ξ_b 按式（4-25）计算所得，等效矩形应力图的应力值系数 α_1 取 1.0。

（2）当混凝土受压高度 x 小于 $\xi_b h_0$ 时，破坏时受压区混凝土压溃，同时受拉侧钢板和钢筋应力均达到屈服。计算公式如式（4-27）～式（4-29）所示，并将式中 σ_s 改为 f_y。

4.3.4.2　小偏心受压柱

当混凝土受压高度 x 大于等于 $\xi_{bp}h_0$ 时，试件破坏时受压区混凝土压溃，同时受拉侧钢板和钢筋应力均未达到屈服。截面受力示意图如 4-26 所示，计算公式如下：

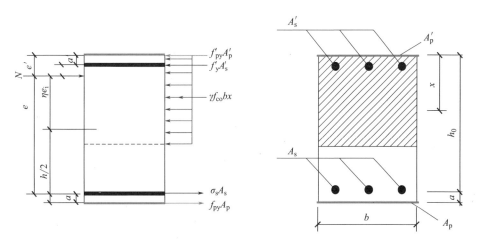

图 4-26　小偏心受压柱截面受力示意图

$$N = \alpha_1 \gamma f_{co} bx + f'_y A'_s - \sigma_s A_s + f'_{py} A'_p - \sigma_p A_p \tag{4-31}$$

$$Ne = \alpha_1 \gamma f_{co} bx(h_0 - 0.5x) + f'_y A'_s(h_0 - a') + f'_{py} A'_p h_0 + \sigma_p A_p a \tag{4-32}$$

$$e = \eta e_i + \frac{h}{2} - a \tag{4-33}$$

钢筋应力：
$$\sigma_s = \frac{\xi - \beta_1}{\xi_b - \beta_1} f_y \tag{4-34}$$

钢板应力：
$$\sigma_p = \frac{\xi - \beta_1}{\xi_{bp} - \beta_1} f_{py} \tag{4-35}$$

4.3.4.3　界限偏心距计算公式

（1）钢筋屈服时的界限偏心距

组合加固偏心受压柱界限状况下混凝土受压区高度 $x = \xi_b h_0$，考虑纵筋为对称配筋 $A_s = A'_s$，则钢筋屈服时界限状况下轴力 N_b 的表达式为：

$$N_b = \alpha_1 \gamma f_{cc} \xi_b b h_0 \tag{4-36}$$

设 $a = a'$，对截面形心取矩，得界限状况下弯矩 M_b 的表达式为：

$$M_b = \frac{1}{2} \left[\alpha_1 \gamma f_{cc} \xi_b b h_0(h_0 - \xi_b h_0) + (f'_y A'_s + f_y A_s)(h_0 - a') + (f'_{py} A'_p + f_{py} A_p)h \right] \tag{4-37}$$

由 $M_b = N_b e_{ib}$，可求得钢筋屈服时的界限偏心距 e_{ib} 为：

$$e_{ib} = \frac{M_b}{N_b} \tag{4-38}$$

（2）钢板屈服时的界限偏心距

受拉钢板屈服时界限状况下的轴力 N_{bp} 表达式为：

$$N_{bp} = \alpha_1 \gamma f_{cc} \xi_{bp} b h_0 + f'_y A_s - \sigma_s A_s \tag{4-39}$$

$$M_{bp} = \frac{1}{2} \left[\alpha_1 \gamma f_{cc} \xi_{bp} b h_0 (h_0 - \xi_{bp} h_0) + (f'_y A'_s + \sigma_s A_s)(h_0 - a') + (f'_{py} A'_p + f_{py} A_p) h \right] \tag{4-40}$$

$$\sigma_s = \frac{h_0 - x_{bp}}{h - x_{bp}} E_s \varepsilon_{py} \tag{4-41}$$

则钢板屈服时的界限偏心距：

$$e_{ibp} = \frac{M_{bp}}{N_{bp}} \tag{4-42}$$

4.3.4.4　组合加固柱偏心类型判别条件

（1）当 $e_{ibp} < \eta e_i \leqslant e_{ib}$ 时，为破坏时仅受拉侧钢板达到屈服的大偏压破坏，按大偏压第一种情况求解；

（2）当 $\eta e_i \geqslant e_{ib}$ 时，为破坏时受拉侧钢筋和钢板均达到屈服的大偏压破坏，按大偏压第二种情况进行求解；

（3）当 $\eta e_i < e_{ibp}$ 时，为破坏时受拉侧钢板和钢筋均未达到屈服的小偏压破坏，按小偏压进行求解。

4.3.4.5　理论计算与试验值比较

采用上述组合加固 RC 柱偏心受压承载力计算公式对试件的偏心受压承载力进行计算，计算结果与试验结果的对比见表 4-12。由表 4-12 可以看出，计算值均略高于试验值，其原因在于试验中出现了钢板与混凝土间的粘结失效，而在计算中未考虑。实际工程中可以采用加设锚栓等方式加强钢板与混凝土的粘结，确保钢板不发生粘结失效，因此本章提出的组合加固 RC 柱偏心受压承载力计算方法可以使用。

偏心受压承载力试验值与计算值对比　　　　　　　表 4-12

试验编号	偏心距（mm）	加固方式	试验值 N_e（kN）	计算值 N_c（kN）	N_c/N_e
PZ2-0	20	对比柱	1031	1158	1.12
PZ2-2	20	组合加固	1303	1500	1.15
PZ6-0	60	对比柱	623	725	1.16
PZ6-2	60	组合加固	860	997	1.16
PZ12-0	120	对比柱	302	380	1.26
PZ12-2	120	组合加固	442	578	1.31
平均值					1.193
变异系数					0.062

4.4 本章小结

本章进行了高强钢带加固 RC 方柱的轴压试验研究以及高强钢带与钢板组合加固 RC 柱的偏心受压试验研究[8-12]，并开展了轴压和偏压承载力的理论分析，得出以下结论：

（1）在轴压作用下，高强钢带均可显著提高 RC 柱的承载能力和变形能力。随着钢带间距的减小，加固柱的承载力呈线性增加。随着钢带层数的增加，加固柱的承载力也显著增加，且变形能力有较大改善。

（2）在偏心受压作用下，由于钢带约束作用，试件峰值荷载过后的混凝土剥落现象得到了很好的改善，组合加固方式能有效提高 RC 柱的偏心受压承载力与变形能力。

（3）通过分析钢带约束混凝土的机理，建立了高强钢带加固 RC 柱的抗压强度模型，并推导得出了高强钢带加固 RC 柱的轴心受压强度计算公式，和试验结果吻合良好。同时根据柱偏心受压时截面应力分布，推导得出了组合加固偏心受压柱在大、小偏心受压下的承载力计算公式，实际工程中采用加设锚栓等方式保证钢板与混凝土的粘结时可采用建议公式。

本章参考文献

［1］GB 50010-2010. 混凝土结构设计规范［S］. 北京：中国建筑工业出版社，2010.

［2］GB/T 228.1-2010. 金属材料 拉伸试验 第 1 部分：室温试验方法［S］. 全国钢标准化技术委员会，2010.

［3］Mander J B，Priestley M J N，Park R. Theoretical stress-strain model for confined concrete［J］. Journal of structural engineering，1988，114（8）：1804-1826.

［4］Parvin A，Wang W. Behavior of FRP jacketed concrete columns under eccentric loading［J］. Journal of Composites for construction，2001，5（3）：146-152.

［5］曹双寅，敬登虎. 碳纤维布约束加固混凝土偏压柱的试验研究与分析［J］. 土木工程学报，2006，39（8）：26-32.

［6］过镇海，时旭东. 钢筋混凝土原理和分析［M］. 北京：清华大学出版社，2003：14-16.

［7］梁兴文，史庆轩. 混凝土结构设计原理［M］. 北京：中国建筑工业出版社，2005：79.

［8］郝良金. 预应力钢带加固混凝土柱压性能试验研究［D］. 西安建筑科技大学，2014.

［9］李少语. 预应力钢带加固混凝土柱受压性能试验研究［D］. 西安建筑科技大学，2013.

［10］张波，杨勇，刘义，郝良金，李少语，张科强. 预应力钢带加固钢筋混凝土柱轴压性能试验研究［J］. 工程力学，2016，33（3）：104-111.

[11] 张磊，宁国荣，李俊华，杨勇．预应力钢带加固钢筋混凝土柱试验研究 [J]．工业建筑，2016，46 (3)：155-159.

[12] 刘义，高宗祺，陆建勇，杨勇，薛建阳．预应力钢带加固混凝土柱轴压性能试验研究 [J]．建筑技术，2015，46 (S2)：48-54.

第5章 高强钢带加固钢筋混凝土长柱抗震性能研究

5.1 引言

本章以 1 个未加固的 RC 柱对比试件和 3 个高强钢带加固 RC 柱的抗震性能试验为基础，研究了不同轴压比和钢带间距对 RC 柱破坏形态、滞回性能、承载能力、强度与刚度退化、位移延性和耗能能力等抗震性能的影响。结合试验结果及分析，建立了高强钢带加固 RC 柱的恢复力模型。

5.2 试验概况

5.2.1 试验设计

本章试验研究主要考虑下列关键参数：

（1）轴压比

轴压比是影响 RC 柱抗震性能的重要因素之一，其对柱构件变形与耗能能力影响较大，同时对柱构件的破坏形态和承载能力也有不同程度的影响。本章试验中试件的试验轴压比取 0.52 和 0.62 两种，以考察不同轴压比对高强钢带加固 RC 柱抗震性能的影响。

（2）钢带间距

对于普通 RC 柱，体积配箍率是影响其抗震性能的重要影响因素之一，提升体积配箍率可增强箍筋约束混凝土的受力性能，进而改善 RC 柱在地震作用下的变形与耗能能力。采用高强钢带对 RC 柱进行加固与增设箍筋的作用机理相同，因此高强钢带的体积配钢率是影响 RC 柱抗震性能的重要因素。本章试验中加固试件的高强钢带间距取 50mm 和 100mm 两种，以考察钢带间距对高强钢带加固 RC 柱抗震性能的影响。

本试验共设计制作了 4 个试件，包括 3 个采用高强钢带加固试件（JRC1-

JRC3）和 1 个未加固对比试件（RC）。试件由 250mm×250mm×750mm 的柱身和 300mm×400mm×1220mm 的底梁及 300mm×400mm×750mm 的柱头浇筑而成。混凝土强度等级为 C40。纵筋采用 2 根直径 20mm 和 4 根直径 18mm 的 HRB335 级钢筋，并对称布置；箍筋采用直径 6mm 的 HPB300 级钢筋，间距为 125mm。试件几何尺寸及配筋构造如图 5-1 所示。各试件的主要参数见表 5-1。

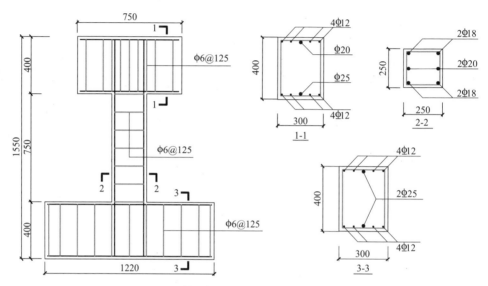

图 5-1　试件几何尺寸及配筋图（单位：mm）

试验参数汇总表　　　　　　　　　　　　　表 5-1

试件编号	剪跨比 λ	轴压力 N(kN)	钢带间距 s(mm)	试验轴压比 n_e
RC	3.8	1000	0	0.52
JRC1	3.8	1000	100	0.52
JRC2	3.8	1200	100	0.62
JRC3	3.8	1000	50	0.52

5.2.2　材料性能

各试件为同批浇筑，同条件自然养护，试验前依照《普通混凝土力学性能试验方法》GB/T 50081-2002 对预留的标准立方体试块进行强度测试[1]，实测立方体抗压强度平均值为 40.8MPa。依照《金属材料 拉伸试验 第 1 部分：室温试验方法》GB/T 228.1-2010 对本试验采用的钢筋及 UT-1000 高强钢带的力学性能指标进行测试[2]，测试结果见表 5-2 和表 5-3。

钢筋力学性能　　　　　　　　　　　　表 5-2

类别	直径 d (mm)	屈服强度 f_y (MPa)	弹性模量 E_s (MPa)
HPB300	6	325	2.1×10^5
HRB335	20	372	2.0×10^5
	18	335	

高强钢带力学性能　　　　　　　　　　表 5-3

宽度 w_s (mm)	厚度 t_s (mm)	弹性模量 E_{ss} (MPa)	屈服强度 f_s (MPa)	屈服应变 ε_{ty} ($\mu\varepsilon$)	极限强度 f_{us} (MPa)	极限应变 ε_{tu} ($\mu\varepsilon$)
32.0	0.9	2.2×10^5	674.0	3100	676.8	3200

5.2.3　试件加固

本章试件加固方法与第 3 章相同，在此不再赘述。试件加固方案示意图如图 5-2 所示，加固试件实物图如图 5-3 所示。

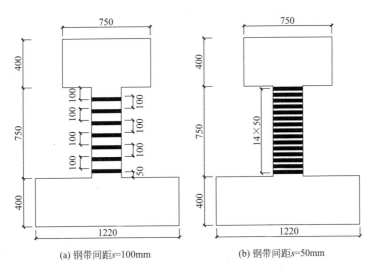

(a) 钢带间距 s=100mm　　　　　　(b) 钢带间距 s=50mm

图 5-2　试件加固方案示意图（单位：mm）

5.2.4　加载方案

试验在西安建筑科技大学结构工程与抗震教育部重点实验室进行，试验加载方式为悬臂式加载。加载时首先由液压千斤顶在柱顶施加恒定竖向荷载，然后由 1000kN 电液伺服作动器施加水平低周往复荷载。加载装置示意图如图 5-4 所示。

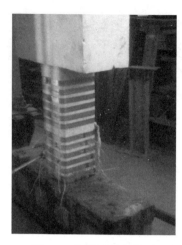

图 5-3　加固试件实物图

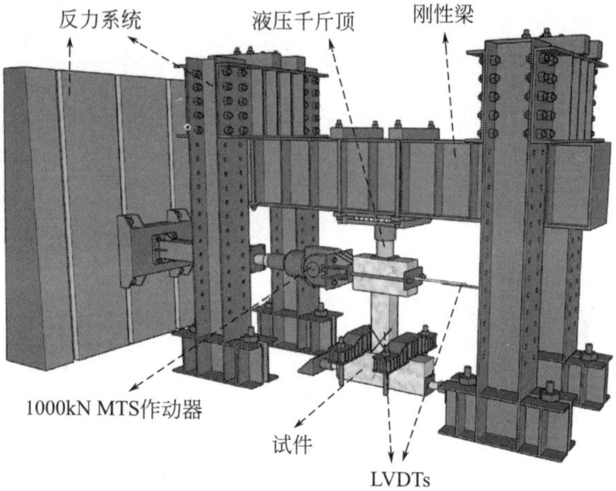

反力系统
液压千斤顶
刚性梁
1000kN MTS作动器
试件
LVDTs

图 5-4　加载装置示意图

试验中水平荷载通过位移控制加载。试件屈服前，每级位移循环 1 次；以试件荷载-位移曲线出现明显拐点作为试件屈服的判定条件，当试件屈服后，每级位移增量为 2mm，每级位移循环 3 次；当试件水平荷载下降至峰值荷载的 85%以下时停止加载。具体加载制度如图 5-5 所示。

加载位移(mm)
加载步
30
25
20
15
10
5
0
−5
−10
−15
−20
−25
−30
0
5
10
15
20
25
30

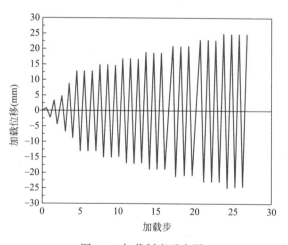

图 5-5　加载制度示意图

5.2.5　量测方案

试件的应变测点分为外部测点与内部测点两部分，外部测点主要测量试件的水平荷载、水平位移；内部测点测量纵筋、箍筋及钢带的应变情况。试件应变测点和位移计布置图如图 5-6～图 5-8 所示。

如图 5-6 所示，在 φ20 钢筋表面布置纵筋应变测点，以测量纵筋的应变情况；在柱中部 3 根箍筋表面布置应变测点，以测量箍筋的应变情况。如图 5-7 所示，在沿柱脚往上的 6 条钢带表面布置应变测点，以测量高强钢带的应变情况。

试验中通过布置在柱头水平加载点处的位移计（LVDT1）测量加载点水平位移，通过加载系统内置的传感器测量加载点水平荷载，在试件距柱脚 300mm 区域内交叉布置 2 个位移计（LVDT2 和 LVDT3）以测量试件的剪切变形，位移计布置图如图 5-8 所示。所有数据均通过 TDS-602 数据采集仪自动采集。

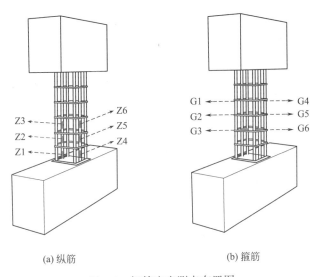

(a) 纵筋　　　　　　　　　　(b) 箍筋

图 5-6　钢筋应变测点布置图

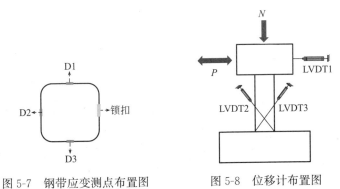

图 5-7　钢带应变测点布置图　　　图 5-8　位移计布置图

5.3　试验结果及分析

5.3.1　破坏形态

各试件的破坏形态如图 5-9 所示，主要试验结果见表 5-4。各试件最终破坏形态均为弯剪破坏，即加载初期柱两侧出现弯曲裂缝并在水平向发展，试件屈服后，部分水平弯曲裂缝随着加载位移的增加而斜向发展，最终破坏时表现为受压区混凝土压溃及纵筋屈服，即试件最终的弯剪破坏形态仍由弯曲破坏控制。

主要试验现象为：

（1）如图 5-9（a）、图 5-9（b）、图 5-9（d）所示，在轴压比相同时，未加固对比试件的最终破坏更为严重，柱脚塑性铰区域的混凝土保护层均已剥落，而加固试件 JC1 和 JC3 仅高强钢带间未加固区的少部分混凝土出现压溃剥落。此外，未加固对比试件的斜向裂缝在位移角达到 1/200 时出现，而加固试件 JRC1 和 JRC3 的斜向裂缝均在位移角达到 1/120 时出现；加固试件的斜向裂缝明显发展较慢，且柱脚混凝土压溃时对应的位移角更大，表明高强钢带约束可有效控制 RC 柱的斜向裂缝发展与混凝土损伤。

（2）如图 5-9（b）～图 5-9（d）所示，相较于试件 JC1，轴压比较大试件 JRC2 的裂缝发展较快，且柱脚至柱中部高强钢带间未加固区域的混凝土压溃、剥落较为严重，破坏时柱脚第二根高强钢带断裂，表明轴压比的增加会加重 RC 柱的损伤；高强钢带间距较小试件 JRC3 的裂缝发展较缓慢，柱脚至柱中部高强钢带间未加固区的混凝土仅轻微压溃，并未出现大面积剥落现象，表明钢带间距越小，RC 柱受到的横向约束越强，从而减轻了混凝土的损伤破坏，也显著提高了柱的变形能力。值得注意的是，试件 JRC2 和 JRC3 的斜向裂缝均在位移角达

(a) 试件RC　　　(b) 试件JRC1　　　(c) 试件JRC2　　　(d) 试件JRC3

图 5-9　各试件破坏形态

到 1/120 时出现，表明高强钢带在加载初期对 RC 柱的约束作用有限，其约束作用与抗剪能力主要在试件的塑性阶段体现。

试验主要结果 表 5-4

试件编号	加载方向	P_y (kN)	Δ_y (mm)	P_m (kN)	Δ_m (mm)	P_u (kN)	Δ_u (mm)	μ	$\overline{\mu}$
RC	正向	101.2	4.2	127.9	9.2	108.7	11.5	2.70	2.37
	反向	102.0	4.9	117.5	7.1	100.0	10.0	2.04	
JRC1	正向	111.7	4.0	138.5	9.7	117.7	19.5	4.88	5.18
	反向	97.7	4.3	112.0	12.2	95.3	23.3	5.48	
JRC2	正向	97.0	3.6	117.3	6.7	99.7	13.2	3.67	3.13
	反向	111.5	5.5	125.1	9.3	106.3	14.1	2.58	
JRC3	正向	109.7	4.8	131.2	9.8	111.7	23.8	4.98	5.24
	反向	111.5	5.1	127.5	9.8	108.4	28.0	5.49	

注：P_y 为屈服荷载；P_m 为峰值荷载，P_u 为极限荷载（取峰值荷载下降到 85% 时对应的荷载值）；
Δ_y、Δ_m、Δ_u 分别为 P_y、P_m、P_u 对应的位移值；μ 为位移延性系数；$\overline{\mu}$ 为位移延性系数平均值。

5.3.2 滞回曲线

各试件荷载-位移滞回曲线如图 5-10 所示。由图 5-10 可以看出：

（1）试件屈服前，荷载-位移近似呈线性关系，滞回曲线包围的面积较小，试件残余变形较小。试件屈服后，随着加载位移的增加，试件表面的斜向裂缝逐渐产生并发展，滞回曲线面积不断增大，试件进入弹塑性工作状态。在加载后期，受压区混凝土压溃，荷载下降，滞回环面积逐渐减小。

（2）高强钢带加固试件的首条斜向裂缝出现时位移角均为 1/120，大于未加固对比试件 RC 的 1/200，并且加固试件的滞回曲线所围面积更大，滞回曲线饱满且呈稳定的梭形，表明高强钢带的存在有效抑制了斜向裂缝的发展，提高了试件的耗能能力。

（3）在其余参数相同时，试件 JRC1 的滞回曲线比试件 JRC2 的更为饱满，表明即使在高强钢带的约束作用下，轴压比的变化对 RC 柱滞回性能的影响也较大；试件 JRC3 的滞回曲线比试件 JRC1 的更为饱满，表明钢带间距的减小能有效提高 RC 柱的耗能与变形能力。

5.3.3 骨架曲线

试件的骨架曲线是指水平荷载-位移滞回曲线中每一级加载时第一次循环的峰值点所连成的外包络曲线。各试件的骨架曲线如图 5-11 所示。由图 5-11 可以看出：

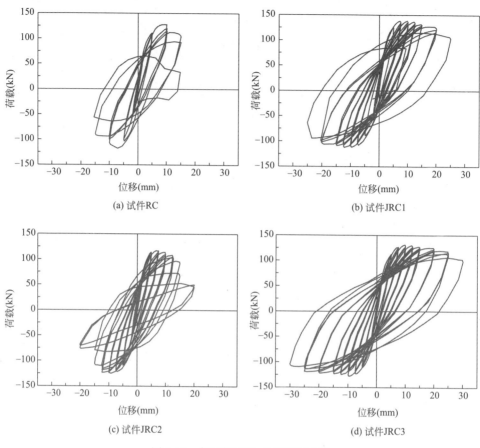

(a) 试件RC

(b) 试件JRC1

(c) 试件JRC2

(d) 试件JRC3

图 5-10　各试件荷载-位移滞回曲线

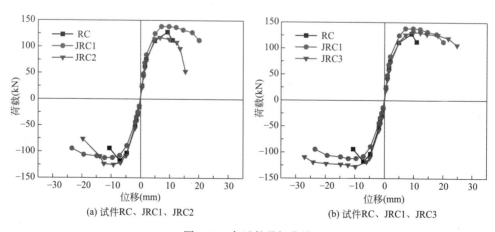

(a) 试件RC、JRC1、JRC2

(b) 试件RC、JRC1、JRC3

图 5-11　各试件骨架曲线

（1）各试件的骨架曲线均可分为上升段、强化段及下降段。加固试件与未加固对比试件在屈服前的骨架曲线基本重合，表明高强钢带加固对 RC 柱的初始刚度没有显著影响；同时，未加固对比试件的峰值荷载比加固试件的低，且骨架曲线的下降段更剧烈，这是因为高强钢带可抑制斜裂缝的发展，延缓受压区混凝土的压溃脱落，表明采用高强钢带加固能有效提高 RC 柱的变形能力。

（2）相比试件 JRC1，试件 JRC2 峰值荷载较小且骨架曲线的下降段剧烈，表明轴压比的增加，对高强钢带加固 RC 柱的滞回性能和承载力均有不利影响。

（3）试件 JRC3 的骨架曲线下降段比试件 JRC1 的更加平缓，而二者的峰值荷载接近，表明减小钢带间距，钢带的约束作用增强，更有利于提高轴压比 RC 柱的滞回性能。

5.3.4 应变分析

（1）纵筋应变

纵筋的应变发展可以直观地反映试件的破坏形态。图 5-12 所示为各试件纵筋应变发展情况。

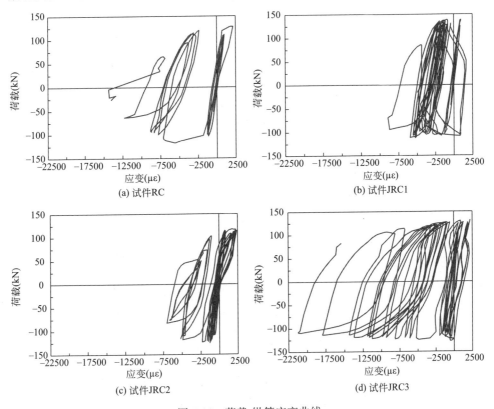

(a) 试件RC

(b) 试件JRC1

(c) 试件JRC2

(d) 试件JRC3

图 5-12 荷载-纵筋应变曲线

由图 5-12 可以看出，在达到峰值荷载时，各试件受压区和受拉区的纵筋均已屈服，表明未加固对比试件与高强钢带加固试件中纵筋的强度均得到了充分发挥。未加固对比试件在达到其峰值荷载时纵筋的应变出现了明显的平台段，在此荷载水平下裂缝宽度发展较快；而加固试件的纵筋应变均未出现明显的平台段，表明高强钢带提供的横向约束有效延缓了裂缝的发展，减小了 RC 柱的横向变形，使得塑性铰区域纵筋的塑性得以充分发挥。

（2）箍筋应变

箍筋的应变发展可以直观地反映裂缝的发展趋势。图 5-13 所示为各试件箍筋应变发展情况。

由图 5-13（a）、图 5-13（b）、图 5-13（d）可以看出，在达到峰值荷载时，各试件的箍筋均未屈服，结合试件在达到峰值荷载时纵筋均已屈服的情况可知各试件均发生弯剪破坏，并且由弯曲破坏控制，这与前述的试件破坏形态相吻合。未加固对比试件在达到其峰值荷载时箍筋的应变出现了明显的平台段，表明在此荷载水平下斜裂缝的宽度发展较快，而加固试件均未出现明显的平台段，表明高强钢带有效分担了试件的部分剪力，进而抑制了混凝土斜裂缝的发展，且其作用

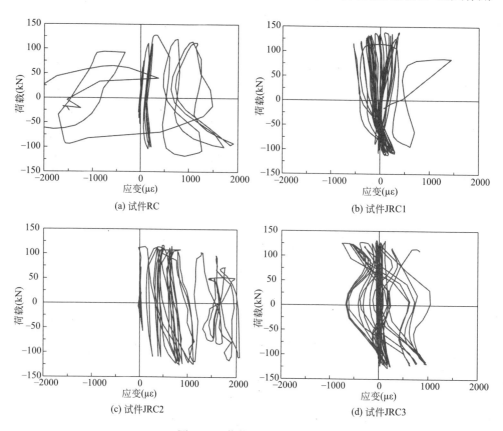

图 5-13　荷载-箍筋应变曲线

效果随钢带间距的减小而提升，同时箍筋应变发展程度随钢带间距的减小而降低。

由图 5-13（b）、图 5-13（c）可以看出，试件屈服后，随着荷载的增加，试件 JRC2 的箍筋应变发展程度较试件 JRC1 的高，这是因为轴压比较大时混凝土更容易横向膨胀，使得箍筋受力增大。

（3）钢带应变

图 5-14 所示为各加固试件不同高度处的高强钢带应变发展曲线，图中应变均采用每个位移加载循环结束时每条钢带 3 个测点的应变平均值。图 5-15 所示为各加固试件柱脚处钢带的荷载-应变曲线，图中应变均采用每条钢带 3 个测点的应变平均值。

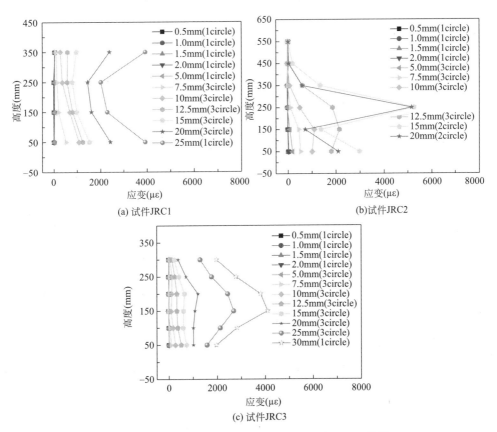

(a) 试件JRC1

(b)试件JRC2

(c) 试件JRC3

图 5-14　各加固试件不同高度处高强钢带应变发展曲线

由图 5-14 和图 5-15 可以看出，在试件屈服前，钢带应变几乎无明显发展，表明在加载初期钢带作用较小；在达到峰值荷载时，各试件的钢带应变均有不同程度的增长，越靠近柱脚的钢带应变增长值越大，这是因为混凝土裂缝主要集中在靠近柱脚的塑性铰区，该区域混凝土发生更大的横向变形，钢带应变迅速增

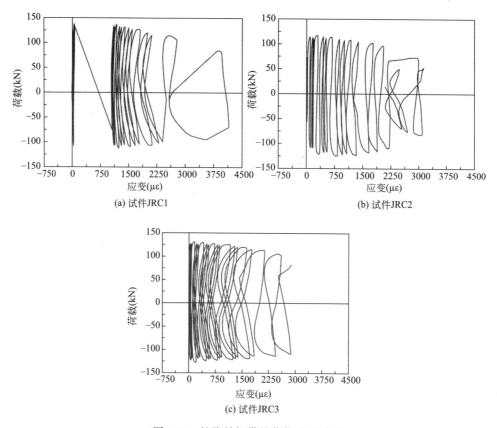

图 5-15　柱脚处钢带的荷载-应变曲线

大。最终，加固试件靠近柱脚的钢带应变达到约 $2000\mu\varepsilon$，考虑到钢带在加固安装时的初始预应变，钢带应变基本上达到屈服应变。在达到极限荷载时，试件 JRC1 靠近柱脚的第二、三条钢带应变值较第一、四条钢带的略低，这是因为此时塑性铰区混凝土横向变形严重，第二、三条钢带所约束的混凝土部分剥落；相比试件 JRC1，轴压比较大试件 JRC2 的钢带应变发展程度较高，在位移 15mm 第二次循环加载中柱脚第二条钢带被拉断，其应变迅速下降导致局部应力释放，从而转移到相邻钢带，使高度 250mm 处的第三条钢带应变突增；相比试件 JRC1，钢带间距较小试件 JRC3 的钢带应变发展程度较低，仅靠近柱中部的钢带应变值较大，这是因为柱脚混凝土受到底梁的约束，而未加固区的混凝土横向膨胀加剧，致使该区域在加载后期的破坏较为严重，最终靠近柱脚的第四条钢带被拉断。

通过分析可以认为，随轴压比的增加，试件中钢带的应变发展程度越高；减小钢带间距，钢带对 RC 柱的约束效果增强，每条钢带分担的约束力减小，应变发展程度降低。

5.3.5　强度退化

在某一级加载位移下，试件承载力随着加载循环而逐渐减小，这种荷载逐步衰减的现象被称为强度退化。结构的强度退化较大程度地影响其抗震性能，强度退化较剧烈的结构其抗震性能劣化较快。通常用强度降低系数来表示各试件强度退化规律，强度降低系数采用式（5-1）计算。

$$\lambda_j = P_{j,3}/P_{j,1} \qquad\qquad (5\text{-}1)$$

式中：$P_{j,1}$、$P_{j,3}$ 分别为第 j 级位移加载时第 3 次循环和第 1 次循环的水平荷载。为了消除正、反向荷载不对称的影响，这里的系数采用正、反向荷载的平均值。

图 5-16 所示为各试件强度降低系数与加载位移关系曲线。由图 5-16 可以看出，在加载后期，未加固对比试件的强度退化较快，而加固试件 JRC1 和 JRC3 的强度退化较为平缓，表明采用高强钢带加固可有效延缓 RC 柱的强度退化；相比试件 JRC1，轴压比较大试件 JRC2 的强度退化较快，表明轴压比的增加会加重 RC 柱的破坏。

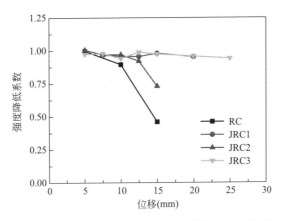

图 5-16　各试件强度降低系数与加载位移关系曲线

5.3.6　刚度退化

试验过程中，由于试件的累积损伤，导致试件的割线刚度随位移加载循环的增加而逐渐减小，这种现象被称为刚度退化。试件的割线刚度 K_i 通过式（5-2）计算。

$$K_i = \frac{|+F_i| + |-F_i|}{|+\Delta_i| + |-\Delta_i|} \qquad\qquad (5\text{-}2)$$

式中：$+F_i$ 和 $-F_i$ 分别为第 i 级加载第 1 次循环的正、反向水平峰值荷载值，$+\Delta_i$ 和 $-\Delta_i$ 分别为第 i 级加载下正、反向水平峰值荷载对应的位移。割线刚度计算简图如图 5-17 所示。将相关参数进行无量纲化处理，并以无量纲系数 $\beta=K/K_y$（K_y 为试件屈服时的刚度）作为纵坐标，以位移比 $\mu=\Delta/\Delta_y$（Δ_y 为试件屈服时的位移）作为横坐标，绘制各试件的相对刚度退化曲线，如图 5-18 所示。由图 5-18 可看出：

（1）试件刚度退化曲线可分为两个阶段，从开始加载到试件屈服的阶段，由于混凝土裂缝的开展，刚度快速退化；试件屈服后，刚度退化趋势变缓。

（2）相同轴压比下，加固试件的刚度退化曲线总体趋势更为平缓，主要是由于高强钢带对 RC 柱横向变形的约束作用，并且减小钢带间距后试件 JRC3 呈现出更稳定的刚度退化趋势；相同钢带间距下，随轴压比的增加，试件 JRC2 的初始刚度有所提高，但刚度退化曲线的总体趋势与试件 JRC1 的接近，表明轴压比对高强钢带加固 RC 柱的刚度退化影响较小。

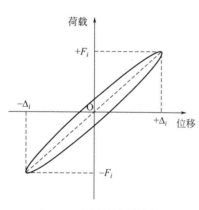

图 5-17　割线刚度计算简图

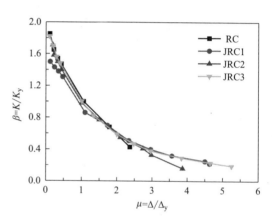

图 5-18　各试件相对刚度退化曲线

5.3.7　位移延性

试验中各试件实测的承载力、位移及位移延性系数如表 5-4 所示。其中，各试件的屈服荷载 P_y，及屈服位移 Δ_y 采用几何作图法确定，定义试件水平荷载下降至峰值荷载的 85％ 时对应的加载点位移为极限位移 Δ_μ，位移延性系数为：$\mu=\Delta_y/\Delta_\mu$。试件屈服点的具体定义方法如图 5-19 所示，过坐标轴原点做曲线的切线，与峰值荷载点的水平线交于 A 点，然后，通过 A 点做垂线与曲线交于 B 点，连接 OB，交过

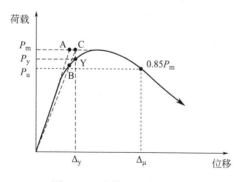

图 5-19　试件屈服点的定义

峰值荷载点的水平线于 C 点，通过 C 点做垂线交曲线于 Y 点，即为试件的屈服点。

由表 5-4 可知，高强钢带加固试件 JRC1、JRC2 及 JRC3 的位移延性系数分别是未加固对比试件的 2.19 倍、1.32 倍及 2.21 倍，表明高强钢带的横向约束可显著提高 RC 柱塑性铰区的变形能力；试件 JRC3 的位移延性系数高于试件 JRC1，表明减小钢带间距可提高 RC 柱的变形能力；试件 JRC1 的位移延性系数是试件 JRC2 的 1.65 倍，表明轴压比提高会降低 RC 柱的变形能力。

5.3.8　耗能能力

本章采用等效黏滞阻尼系数 h_e 作为评价构件耗能性能强弱的指标。等效黏滞阻尼系数 h_e 按式（5-3）计算。

$$h_e = \frac{1}{2\pi} \cdot \frac{S_{(ABC+CDA)}}{S_{(OBE+ODF)}} \qquad (5\text{-}3)$$

式中：$S_{(ABC+CDA)}$ 为滞回环包围面积；$S_{(OBE+ODF)}$ 为滞回环上下顶点以及与 x 轴的垂直交点和坐标系原点所组成的三角形所包围面积，如图 5-20 所示。

各试件等效黏滞阻尼系数与加载位移关系曲线如图 5-21 所示。由图 5-21 可以看出，高强钢带加固试件的耗能能力远大于未加固对比试件，试件 JRC3

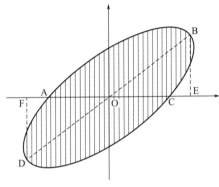

图 5-20　滞回环示意图

的等效黏滞阻尼系数是试件 JRC1 的 112%，表明高强钢带的横向约束可以显著提高 RC 柱的耗能能力，并且钢带间距的减小会使 RC 柱的耗能能力得到进一步的提高；在加载后期，试件 JRC1 的等效黏滞阻尼系数始终比试件 JRC2 的小，

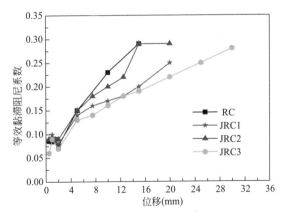

图 5-21　各试件等效黏滞阻尼系数与加载位移关系曲线

且试件 JRC1 的等效黏滞阻尼系数仍有增长的趋势，而试件 JRC2 最终出现了平台段，表明试件 JRC2 的耗能能力已达到饱和状态。

5.4 恢复力模型

5.4.1 骨架曲线特点

恢复力模型除了考虑构件的滞回特性外，还应该对弹塑性地震反应分析的难易程度予以考虑[3~5]。图 5-22 所示为各试件经规格化的 P/P_y-Δ/Δ_y 无量纲骨架曲线，将其近似简化为图 5-23 所示的三线型曲线，具体如下：

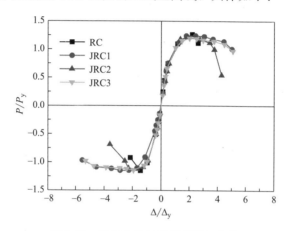

图 5-22　经规格化的无量纲骨架曲线

（1）弹性段

由图 5-22 可以看出，各试件骨架曲线上对应开裂点处均无明显的拐点，这主要是由于轴压力的存在减缓了裂缝的发展，也使得开裂对构件的刚度影响不明显。同时考虑到弹塑性地震反应分析的主要目的是研究构件进入塑性阶段后的性能，为简化计算，将高强钢带加固 RC 柱屈服前的骨架曲线简化为连接原点与屈服点的直线，此弹性段的刚度 K_e 按式（5-4）计算（图 5-23 中 OA 段）。

$$K_e = P_y/\Delta_y \tag{5-4}$$

式中：Δ_y 为骨架曲线上屈服荷载 P_y 所对应的位移。

（2）强化段

由图 5-22 可以看出，各试件屈服后的骨架曲线存在着明显的强化段，将骨架曲线的强化段简化为连接屈服点 A（P_y，Δ_y）与峰值荷载点 B（P_m，Δ_m）的直线，此强化段的刚度 K_p 按式（5-5）计算（图 5-23 中 AB 段）。

$$K_p = \frac{P_m - P_y}{\Delta_m - \Delta_y} \qquad (5-5)$$

式中：Δ_m 为骨架曲线上峰值荷载 P_m 所对应的位移。

强化段可以通过计算特征点参数 A（P_y，Δ_y）和 B（P_m，Δ_m）确定，本章中采用经验拟合法确定。通过对试验结果进行多元线性拟合，可得无量纲骨架曲线的强化段 AB 在水平轴上的投影长度与屈服位移之间的比值 $(\Delta_m - \Delta_y)/\Delta_y$、试验轴压比 n_e 和高强钢带配钢率 ρ_{ss} 之间的关系，如式（5-6）所示：

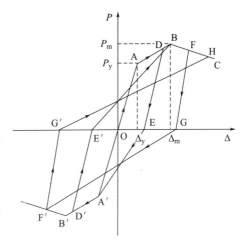

图 5-23　简化的恢复力模型

$$\frac{\Delta_m - \Delta_y}{\Delta_y} = 2.3 - 1.55 n_e + 9\rho_{ss} \qquad (5-6)$$

$$\rho_{ss} = A_{ss} \sum L / sA \qquad (5-7)$$

式中：n_e 为试验轴压比；ρ_{ss} 为钢带体积配钢率；A_{ss} 为钢带截面面积；L 为柱单侧高强钢带长度；A 为柱截面面积；s 为钢带间距。

（3）强度退化段

将骨架曲线的强度退化段简化为连接峰值荷载点 B（P_m，Δ_m）与极限荷载点 C（P_u，Δ_u）的直线，强度退化段的刚度 K_d 按式（5-8）计算（图 5-23 中 BC 段）。

$$K_d = \frac{P_u - P_m}{\Delta_u - \Delta_m} = \frac{-0.15 P_m}{\Delta_u - \Delta_m} \qquad (5-8)$$

式中：Δ_u 为骨架曲线上极限荷载 P_u 所对应的位移。

5.4.2　卸载刚度

由试验结果可以得到各试件在不同加载位移水平下的位移延性系数 μ 与相应的卸载刚度退化系数 β，如表 5-5。各试件位移延性系数 μ 与相应卸载刚度退化系数 β 的关系曲线如图 5-24 所示。

由表 5-5 和图 5-24 可以看出，高强钢带的横向约束可显著减缓高轴压比 RC 柱卸载刚度的退化，并且钢带配钢率越大效果越显著；同时，RC 柱卸载刚度的退化随轴压比的减小而变缓。经回归分析，可以得到卸载刚度计算公式：

$$\frac{K_u}{K_e} = \left(\frac{\Delta}{\Delta_y}\right)^{-5.23 - 0.23 n_e + 22\rho_{ss}} \qquad (5-9)$$

式中：Δ 为骨架曲线上卸载点所对应的位移。

位移延性系数 μ 和刚度退化系数 β 计算结果　　　　　　表 5-5

$\Delta(mm)$	7.5	10	12.5	15	20
$\mu=\Delta/\Delta_y$	1.5	2	2.7	3.2	4
试件编号　　β					
RC	1	0.83	—	0.52	—
JRC1	1	0.74	0.69	0.55	0.51
JRC2	1	0.74	0.67	0.50	0.35
JRC3	1	0.89	0.82	0.76	0.62

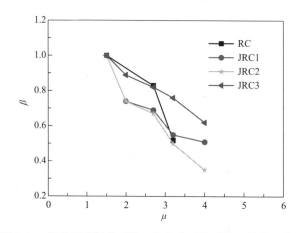

图 5-24　卸载刚度退化系数 β 与位移延性系数 μ 的关系曲线

5.4.3　滞回规则

根据上述对各试件滞回特性的分析，可以得出高强钢带加固 RC 柱恢复力模型的滞回规则：

（1）正向加载路径：试件达到屈服前，加载和卸载的路径均沿着骨架曲线的弹性段（图 5-23 中 OA 段）；试件达到屈服后，加载路径沿着骨架曲线的强化段（图 5-23 中 AB 段）。骨架曲线的正向卸载刚度按式（5-8）计算确定（图 5-23 中 DE 段）。

（2）反向加载路径：试件达到屈服前，反向加载路径沿着正向卸载后位移轴上相应点与反向骨架曲线屈服点的连线（图 5-23 中 EA′段）；试件达到屈服后，反向加载路径沿着反向骨架曲线的强化段（图 5-23 中 A′D′段）；骨架曲线的反向卸载刚度按式（5-8）计算确定（图 5-23 中 D′E′段）。

（3）再加载路径：由前一级反向卸载后位移轴上相应点指向前一级加载所达到的最大位移对应骨架曲线的点（图 5-23 中 E′B 段、G′H 段）；骨架曲线再加载的卸载刚度同该方向达到的最大位移值时的卸载刚度。

5.4.4　恢复力模型特征参数计算

为确定本章提出的高强钢带加固 RC 柱恢复力模型的骨架曲线，须计算以下五个特征参数：屈服荷载、屈服位移、峰值荷载、强化段的位移以及强度退化段的刚度。其中，屈服荷载、屈服位移及峰值荷载可通过正截面受力分析得到，强化段的位移和强度退化段的刚度可由式（5-5）～式（5-8）计算得到。

（1）屈服荷载 P_y 和屈服位移 Δ_y 的计算

与 P_y 和 Δ_y 对应的屈服曲率 φ_y 和屈服弯矩 M_y 可根据正截面受力分析确定。在分析和计算时忽略受拉区混凝土的抗拉作用，并采用以下基本假定：①纵向钢筋屈服时截面应变服从平截面假定；②纵向钢筋应力-应变关系曲线简化为双折线形式；③混凝土的应力-应变关系曲线采用考虑高强钢带约束的约束混凝土应力-应变全曲线方程[6]，曲线方程表达式见表 5-6。

约束混凝土应力-应变全曲线方程　　　　　　　　　　　　　表 5-6

约束指标	$\lambda_t \leqslant 0.32$		$\lambda_t > 0.32$
约束混凝土抗压强度	$f_{cc} = (1 + 0.5\lambda_t)f_{co}$		$f_{cc} = (0.55 + 1.9\lambda_t)f_{co}$
峰值应变	$\varepsilon_{pc} = (1 + 2.5\lambda_t)\varepsilon_p$		$\varepsilon_{pc} = (-6.2 + 25\lambda_t)\varepsilon_p$
曲线方程 $x = \varepsilon/\varepsilon_{pc}$ $y = \sigma/f_{cc}$	$x \leqslant 1$	$y = \alpha_{ac}x + (3 - 2\alpha_{ac})x^2 + (\alpha_{ac} - 2)x^3$	$y = \dfrac{x^{0.68} - 0.12x}{0.37 + 0.51x^{1.1}}$
	$x \geqslant 1$	$y = \dfrac{x}{\alpha_{dc} + (x-1)^2 + x}$	

注：混凝土为 C20～30 时，$\alpha_{ac} = (1 + 1.8\lambda_t)\alpha_a$，$\alpha_{dc} = (1 - 1.75\lambda_t^{0.55})\alpha_d$，其中 α_a 和 α_d 为无约束混凝土的曲线参数；f_c，ε_p 分别为无约束混凝土的抗压强度和峰值应变。

考虑高强钢带横向约束的约束指标按式（5-10）计算。

$$\lambda_t = \frac{\rho_{sv}f_{yv} + \rho_{ss}f_s}{f_{co}} \tag{5-10}$$

式中：ρ_{sv} 为箍筋体积配箍率；f_{yv} 为箍筋屈服强度；ρ_{ss} 为钢带体积配钢率；f_s 为钢带屈服强度；f_{co} 为混凝土单轴抗压强度。

试件屈服时柱底截面的曲率可按式（5-11）计算。

$$\varphi_y = \frac{\varepsilon_{pc}}{\xi_y h_0} \tag{5-11}$$

式中：ε_{pc} 为约束混凝土的峰值应变；h_0 为截面有效高度；ξ_y 为试件屈服时截面的相对受压区高度。

计算试件屈服时截面曲率的关键是确定相对受压区高度 ξ_y，由图 5-25 中的截面平衡条件可得：

$$A_s\sigma_s + N = A_s'f_y' + 2f_{cc}\xi_y bh_0/3 \tag{5-12}$$

$$A_s\sigma_s h_0 + 0.5hN - M_y - A_s'f_y'a_s' - bf_{cc}\xi_y^2 h_0^2/4 = 0 \tag{5-13}$$

其中：

$$\sigma_s = \frac{\beta_1 \xi_y - \beta_1}{\xi_b - \beta_1} f_y \tag{5-14}$$

$$f'_y = f_y \qquad A_s = A'_s$$

$$\xi_b = \frac{\beta_1}{1 + \dfrac{f_y}{\varepsilon_{c,cu} E_s}} \tag{5-15}$$

$$\xi_y = \frac{\dfrac{A_s f_y \xi_b}{\xi_b - \beta_1} - N}{\dfrac{A_s f_y \beta_1}{\xi_b - \beta_1} - \dfrac{2 f_{cc} b h_0}{3}} \tag{5-16}$$

试件屈服弯矩 M_y 按下式计算：

$$M_y = A_s \sigma_s h_0 + 0.5 h N - A_s f_y a - \frac{b f_{cc} \xi_y^2 h_0^2}{4} \tag{5-17}$$

式中：b 为截面宽度；h 为截面高度；f'_y 为纵向钢筋的抗压屈服强度；f_y 为纵向钢筋的抗拉屈服强度；σ_s 为受拉钢筋的应力；A_s 受拉区纵向钢筋的截面面积；A_s' 为受压区纵向钢筋的截面面积；ξ_b 为相对界限受压区高度；β_1 为等效矩形应力图的图形系数；α_s 为受拉钢筋合力点至截面受拉边缘的距离；α_s' 为受压钢筋合力点至截面受压边缘的距离；$\varepsilon_{c,cu}$ 为约束混凝土应力-应变曲线下降段应力等于 $0.5 f_{cc}$ 时的混凝土压应变。

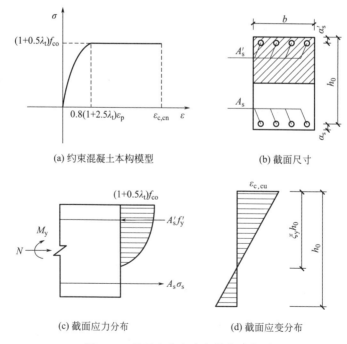

图 5-25　截面应力和应变分布示意图

假定试件屈服时截面曲率分布为直线，则柱底截面屈服时加载点的水平位移 Δ_y 可按式（5-18）计算；同时根据平衡条件，柱底截面屈服时的水平荷载 P_y 可按式（5-19）计算。

$$\Delta_y = \frac{1}{3}\varphi_y H^2 \tag{5-18}$$

$$P_y = \frac{M_y - N\Delta_y}{H} \tag{5-19}$$

式中：H 为试件计算长度。

（2）峰值荷载 P_m 的计算

在柱底截面达到极限受弯承载力时加载点的水平荷载可按式（5-20）计算。

$$P_m = \frac{M_{max} - N\Delta_m}{H} \tag{5-20}$$

式中：M_{max} 为柱底截面的极限受弯承载力。

5.4.5　恢复力模型计算结果与试验结果比较

表 5-7 将高强钢带加固 RC 柱恢复力模型特征点计算结果与试验结果进行了对比，其中，P_y^c、Δ_y^c、P_m^c、Δ_m^c 为计算结果，P_y^e、Δ_y^e、P_m^e、Δ_m^e 为试验结果，均取骨架曲线正、反方向的平均值。由表 5-7 可知，屈服荷载、屈服位移、峰值荷载及峰值位移的试验结果与计算结果比值的变异系数分别为 0.03、0.15、0.04 及 0.13，表明由恢复力模型计算所得结果与试验结果较为吻合且偏于安全。图 5-26 所示为分别基于恢复力模型与试验结果的骨架曲线对比图，可以看出，二者较为接近，表明本章所建恢复力模型可以较好地反映高强钢带加固 RC 柱在低周反复荷载作用下的滞回特性，并且可用于高强钢带加固 RC 柱的弹塑性地震反应分析。

恢复力模型特征点计算结果与试验结果比较　　　　表 5-7

试件标号	N(kN)	P_y(kN)		P_y^e/P_y^c	Δ_y(mm)		Δ_y^e/Δ_y^c	P_m(kN)		P_m^e/P_m^c	Δ_m(mm)		Δ_m^e/Δ_m^c
		P_y^e	P_y^c		Δ_y^e	Δ_y^c		P_m^e	P_m^c		Δ_m^e	Δ_m^c	
RC	1000	101.60	102.7	0.99	4.55	3.51	1.30	122.70	117.5	1.04	8.15	6.96	1.17
JRC1	1000	104.70	116.1	0.90	4.15	4.28	0.97	125.25	119.7	1.05	10.95	8.68	1.26
JRC2	1200	104.25	109.7	0.95	4.55	3.95	1.15	121.20	117.9	1.03	8.0	6.97	1.15
JRC3	1000	110.60	118.1	0.94	4.95	5.5	0.90	129.35	120.2	1.08	9.8	11.4	0.86
平均值				0.95			1.08			1.05			1.11
变异系数				0.03			0.15			0.04			0.13

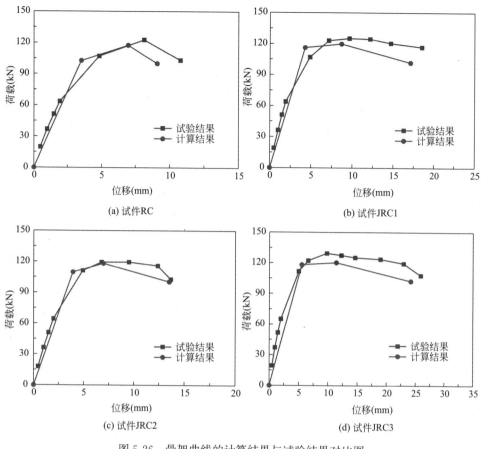

(a) 试件RC

(b) 试件JRC1

(c) 试件JRC2

(d) 试件JRC3

图 5-26　骨架曲线的计算结果与试验结果对比图

5.5　本章小结

通过 1 个未加固 RC 柱对比试件和 3 个高强钢带加固 RC 柱试件的拟静力试验及相关的理论分析，主要得到以下结论：

（1）高强钢带对 RC 柱提供的横向约束，使 RC 柱裂缝的产生和发展受到了有效抑制，虽然试件呈现不同程度的剪切斜裂缝，但最终破坏仍由弯曲破坏控制，主要破坏形态为弯剪破坏。

（2）高强钢带加固后 RC 柱的延性、耗能等抗震性能指标均有不同程度的提高，虽然对 RC 柱的承载力和初始刚度的影响较小，但可以明显减缓 RC 柱刚度和强度的退化。

（3）其他参数相同条件下，高强钢带横向约束作用随钢带间距的减小而提高，即 RC 柱的抗震性能随高强钢带配置率的增大而提高；RC 柱的承载能力和变形能力随轴压比的增大而减小，同时，RC 柱强度和刚度的退化随轴压比的减小而变缓。

（4）基于试验结果及现有模型建立了高强钢带加固高轴压比 RC 柱的恢复力模型，与试验结果吻合较好且偏于安全，可供加固设计参考。

本章参考文献

[1] GB/T 50081-2002，普通混凝土力学性能试验方法［S］. 北京：中国建筑工业出版社，2003.

[2] GB/T 228.1-2010，金属材料 拉伸试验 第 1 部分：室温试验方法［S］. 北京：中国标准出版社，2010.

[3] 郭子雄，吕西林. 高轴压比框架柱恢复力模型试验研究［J］. 土木工程学报，2004（5）：32-38.

[4] 郑先超，赵青，李青宁，等. 高强连续螺旋箍筋约束混凝土装配式柱恢复力模型的试验［J］. 中国科技论文，2015，10（13）：1599-1604.

[5] 彭胜，许成祥. 震损型钢混凝土柱加固后的恢复力模型研究［J］. 武汉科技大学学报，2021，44（5）：388-393.

[6] 过镇海，时旭东. 钢筋混凝土原理和分析［M］. 北京：清华大学出版社，2003.

第6章 高强钢带加固钢筋混凝土短柱抗震性能研究

6.1 引言

本章以 2 个未加固 RC 短柱对比试件与 6 个高强钢带加固 RC 短柱试件及 1 个碳纤维条带加固 RC 短柱试件的抗震性能试验为基础，研究了剪跨比、轴压比、钢带间距等参数对 RC 短柱的破坏形态、滞回性能、承载能力、强度与刚度退化、位移延性和耗能能力等抗震性能的影响。结合试验结果研究了高强钢带加固 RC 短柱的受力机理，并进一步建立了高强钢带加固 RC 短柱的受剪承载力计算公式与加固设计方法。

6.2 试验概况

6.2.1 试验设计

本章试验研究主要考虑下列关键影响参数：

（1）剪跨比

剪跨比是影响 RC 柱构件破坏形态的重要因素，本章试验中试件剪跨比取 1.5 和 2.0 两种，以考察剪跨比的变化对高强钢带加固 RC 短柱抗震性能的影响。

（2）轴压比

本章试验中试件的试验轴压比取 0.53、0.42 和 0.28 三种，以探究轴压比对高强钢带加固 RC 短柱抗震性能的影响。

（3）钢带间距

为探究钢带间距的变化对高强钢带加固 RC 短柱抗震性能的影响，本章中高强钢带加固 RC 短柱试件选取 100mm 和 150mm 两种钢带间距进行试验。

依据《混凝土结构设计规范》GB 50010-2010[1]，本章试验共设计制作了 9 个 RC 短柱试件，缩尺比例为 1/2，柱截面尺寸为 300mm × 300mm，柱高

750mm。纵筋采用 10 根直径为 28mm 的 HRB400 级钢筋，并对称布置；箍筋采用直径为 6mm 的 HPB235 级钢筋，间距为 150mm。试件制作为 T 型，由柱身与底梁组成，其中底梁尺寸为 1200mm × 500mm × 600mm，试件总高度为 1350mm。试件 RC-1 和 RC-2 作为未加固对比试件，其余试件均为加固试件。试件详细尺寸及配筋如图 6-1 所示，各试件的主要参数见表 6-1。

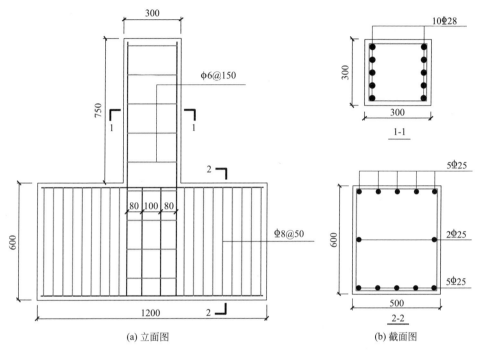

(a) 立面图　　　　　　　　　　　(b) 截面图

图 6-1　试件尺寸及配筋图（单位：mm）

试验参数汇总表　　　　　　　　　　　　　　　　表 6-1

试件编号	f_c(MPa)	试验轴压比 n_e	剪跨比 λ	s(mm)
RC-1	25.3	0.53	2.0	—
RC-2	31.6	0.42	1.5	—
PSRC-1	25.3	0.53	2.0	100
PSRC-2	25.3	0.40	2.0	100
PSRC-3	25.3	0.28	2.0	100
PSRC-4	25.3	0.53	2.0	100
PSRC-5	31.6	0.42	1.5	150
PSRC-6	31.6	0.42	1.5	100
CFRC-1	31.6	0.42	1.5	—

注：RC 为未加固钢筋混凝土短柱对比试件；PSRC 为高强钢带加固 RC 短柱试件；CFRC 为碳纤维加固 RC 短柱试件；f_c 为混凝土轴心抗压强度；s 为钢带间距。

6.2.2　材料性能

本试验试件采用 C25 商用混凝土，在浇筑时预留尺寸为 150mm×150mm×150mm 的立方体标准试块，并与试验试件共同养护，试验前依照《普通混凝土力学性能试验方法》GB/T 50081-2002 对预留立方体试块进行测试[2]，实测混凝土立方体抗压强度平均值见表 6-2。依照《金属材料 拉伸试验 第 1 部分：室温试验方法》GB/T 228.1-2010 对本试验采用的各类钢筋及 UT-1000 高强钢带的力学性能指标进行测试[3]，测试结果见表 6-3 和表 6-4。本试验所采用的碳纤维条带宽 32mm，厚 0.167mm，其力学性能指标见表 6-5。

混凝土力学性能指标　　　　　　　　　　　　　　　表 6-2

试块编号	1	2	3	4	5	6	f_{cu}(MPa)	f_c(MPa)
一组	36	34.7	30.6	34.2	31.5	32.8	33.3	25.3
二组	44	45.3	39.3	37.7	45.8	37.5	41.6	31.6

注：f_{cu} 为混凝土立方体抗压强度平均值；f_c 为混凝土轴心抗压强度平均值，$f_c = \alpha_1 \alpha_2 f_{cu}$。

钢筋力学性能　　　　　　　　　　　　　　表 6-3

类别	钢筋直径 d(mm)	屈服强度 f_y(MPa)	极限强度 f_u(MPa)	弹性模量 E_s(MPa)
HPB235	6.5	313	481.5	$2.07×10^5$
HRB400	28	498	619	$2.00×10^5$

高强钢带力学性能　　　　　　　　　　　　　表 6-4

宽度 w_s(mm)	厚度 t_s(mm)	屈服强度 f_s(MPa)	极限强度 f_{us}(MPa)	弹性模量 E_{ss}(MPa)
32	0.9	770.0	865.0	$1.86×10^5$

碳纤维条带力学性能　　　　　　　　　　　　表 6-5

碳纤维条带宽度 (mm)	碳纤维条带厚度 (mm)	抗拉强度 (MPa)	弹性模量 (MPa)	伸长率(%)
32	0.167	3800	$2.4×10^5$	1.7

6.2.3　试件制作

本章高强钢带加固 RC 短柱试件的加固方法与第 3 章相同；碳纤维条带加固 RC 短柱的具体方法与第 3 章相同，在此不再赘述。试件加固示意图见图 6-2。

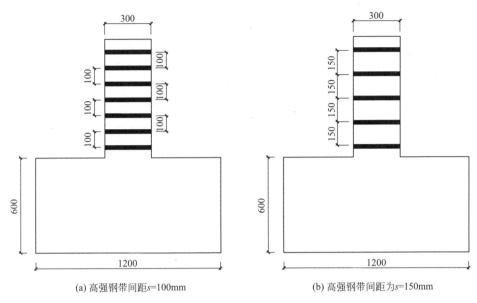

(a) 高强钢带间距s=100mm　　　　　　　　(b) 高强钢带间距为s=150mm

图 6-2　试件加固示意图（单位：mm）

6.2.4　加载方案

试验加载方式为悬臂式加载。加载装置示意图如图 6-3 所示。加载装置实物图如图 6-4 所示。试件的底梁通过 2 根钢梁与 4 套丝杆与刚性地面固定；底梁两端使用千斤顶固定以防止滑移。加载时首先由液压千斤顶在柱顶施加恒定的竖向轴压力，然后通过 1000kN 电液伺服作动器在水平加载点施加低周往复荷载。

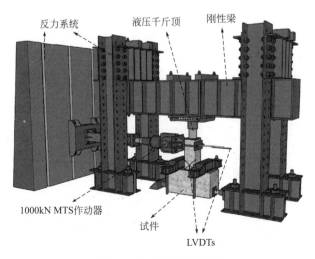

图 6-3　加载装置示意图

图 6-4　加载装置实物图

试验中水平荷载采用位移控制加载。试件屈服之前，每级循环一圈；当试件屈服之后，每级位移值逐渐增加并往复循环三圈，至试件水平荷载下降到峰值荷载的 85％以下停止加载。具体加载制度如图 6-5 所示。

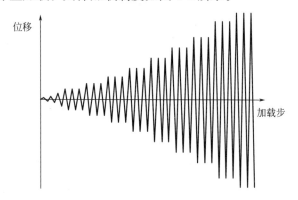

图 6-5　加载制度示意图

6.2.5　量测方案

试件的应变测点分为外部测点与内部测点两部分，外部测点主要测量试件的水平荷载、水平位移；内部测点测量纵筋、箍筋及钢带的应变情况。试验中位移计和试件应变测点布置见图 6-6、图 6-7 和图 6-8。

如图 6-6 所示，在柱底以上 75mm、225mm、375mm、525mm 处分别布置纵筋应变测点，以测量纵筋的应变情况；在柱底以上 600mm 区域内的箍筋中部分别布置应变测点，以测量箍筋的应变情况。如图 6-7 所示，在沿柱脚往上 4 条钢带表面各布置 3 个应变测点，以测量高强钢带的应变情况。试件的位移计布置如图 6-8 所示，在水平加载点处布置位移计（LVDT1）以测量加载点水平位移；在试件距柱脚 300mm 区域内交叉布置 2 个位移计（LVDT2、LVDT3）以测量试件的剪切变形。所有数据均通过 TDS-602 数据采集仪自动采集。

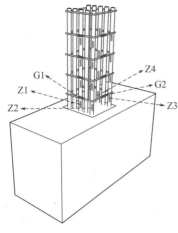

图 6-6　钢筋应变测点布置图

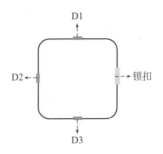

图 6-7　钢带应变测点布置图

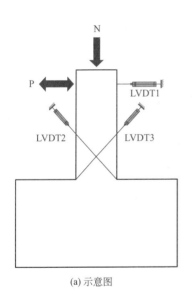

(a) 示意图

(b) 实物图

图 6-8　位移计布置图

6.3　试验结果及分析

6.3.1　破坏形态

所有试件的破坏形态均为剪切破坏，试件破坏形态如图 6-9 所示，主要试验结果见表6-6。

主要试验现象为：

（1）加载初期，试件中部出现斜裂缝，并随加载位移的增大而不断扩展，伴随有不同程度的混凝土剥落现象。在加载后期，未加固对比试件柱中部混凝土大面积剥落，如图6-9（a）所示；高强钢带加固试件在达到峰值荷载之后，高强钢带间未加固区的混凝土出现剥落，但混凝土的剥落面积小于未加固对比试件。在加载末期，碳纤维条带加固试件中有碳纤维条带被拉断，之后出现混凝土大面积剥落，如图6-9（i）所示。

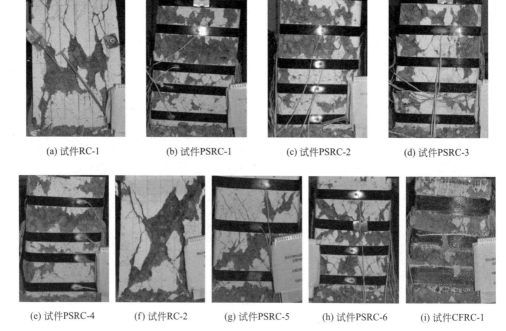

| (a) 试件RC-1 | (b) 试件PSRC-1 | (c) 试件PSRC-2 | (d) 试件PSRC-3 |

| (e) 试件PSRC-4 | (f) 试件RC-2 | (g) 试件PSRC-5 | (h) 试件PSRC-6 | (i) 试件CFRC-1 |

图 6-9　各试件破坏形态

（2）未加固对比试件 RC-1 与 RC-2 的斜裂缝分别在位移角达到 1/500 和 1/250 时出现，剪跨比为 2.0 和 1.5 加固试件的斜裂缝分别在位移角达到 1/300 和 1/150 后出现，并且加固试件的斜裂缝发展较为缓慢，局部混凝土剥落情况较轻微，表明碳纤维条带和高强钢带加固都可以有效抑制 RC 短柱的斜裂缝开展；同时，试件 PSRC-6 和试件 CFRC-1 的峰值荷载分别为 500.04kN 和 501.23kN，极限位移角分别为 1/33.5 和 1/35.4，而未加固对比试件 RC-2 的极限位移角仅为 1/54.1，表明高强钢带和碳纤维条带加固对 RC 短柱变形能力提高均显著，且高强钢带的提升效果更好。

（3）相较于试件 PSRC-6，试件 PSRC-5 的斜裂缝开展速度较快，混凝土剥落情况较严重，荷载退化较快，且试件 PSRC-5 的极限位移角小于试件 PSRC-6，表明钢带间距越小，对 RC 短柱斜裂缝开展和混凝土损伤的抑制效果越好，对 RC 短柱变形能力提高越显著。

（4）轴压比大的试件 PSRC-2 的混凝土局部剥落情况较轴压力小的试件 PSRC-3 更严重，表明轴压比的增加会加重 RC 短柱的损伤。

各试件主要试验结果汇总　　　　　　　　表 6-6

试件编号	P_y(kN)	Δ_y(mm)	P_m(kN)	Δ_m(mm)	P_u(kN)	Δ_u(mm)	位移延性系数		极限位移角
							$\mu=\Delta_y/\Delta_u$	提高(%)	$\theta=\Delta_u/H$
RC-1	191.92	1.93	214.23	5.90	193.76	8.13	4.22	—	1/73.8
PSRC-1	249.73	2.41	297.37	5.97	252.76	16.52	6.86	62.6	1/36.3
PSRC-2	212.06	3.04	254.88	12.07	216.65	19.65	6.47	53.5	1/30.5
PSRC-3	205.19	2.81	272.96	12.06	232.01	19.96	7.11	68.6	1/30.1
PSRC-4	250.80	2.24	295.44	6.02	251.12	14.83	6.63	57.2	1/40.5
RC-2	329.48	2.88	382.49	2.96	325.11	8.32	2.89	—	1/54.1
PSRC-5	382.78	3.25	476.47	6.51	405.00	11.75	3.62	25.2	1/38.3
PSRC-6	387.97	3.51	500.04	9.02	425.03	13.44	3.82	32.3	1/33.5
CFRC-1	403.74	2.90	501.23	6.48	426.04	12.72	4.39	52.0	1/35.4

注：P_y 为屈服荷载；P_m 为峰值荷载，P_u 为极限荷载（取峰值荷载下降到 85% 时对应的荷载值）；Δ_y、Δ_m、Δ_u 分别为 P_y、P_m、P_u 对应的位移。

6.3.2　滞回曲线

各试件荷载-位移滞回曲线如图 6-10 所示，由图 6-10 可知：

（1）在加载初期，各试件荷载-位移关系近似呈线性，试件残余变形很小，试件处于弹性工作阶段；随着加载位移的增加，试件表面的斜裂缝不断产生并发展，滞回曲线面积不断增大，试件进入弹塑性工作状态；在加载后期，混凝土破坏严重，荷载逐渐下降，滞回曲线面积逐渐减小。

（2）高强钢带和碳纤维条带加固试件的滞回曲线面积均明显大于未加固对比试件的，曲线呈稳定的梭形且更加饱满，表明高强钢带和碳纤维条带加固均对 RC 短柱的耗能能力有显著提高。

（3）试件 PSRC-6 的滞回曲线较试件 PSRC-5 的更加饱满，表明钢带间距的减小对改善 RC 短柱耗能能力的作用显著。同时，由试件 PSRC-1、PSRC-2 和 PSRC-3 的滞回曲线可以表明，其余参数相同时，随着轴压比的减小，RC 短柱的滞回曲线越加饱满，耗能能力越强。

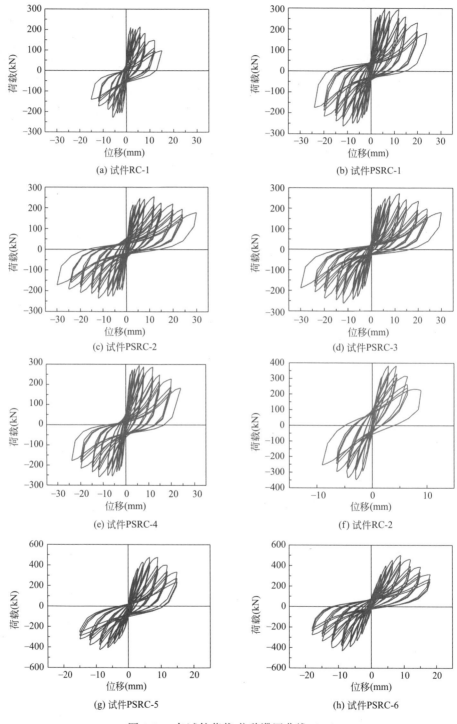

图 6-10 各试件荷载-位移滞回曲线（一）

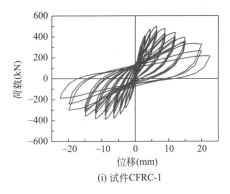

(i) 试件CFRC-1

图 6-10　各试件荷载-位移滞回曲线（二）

6.3.3　骨架曲线

本章试验各试件的骨架曲线如图 6-11 所示。由图 6-11 可以看出：

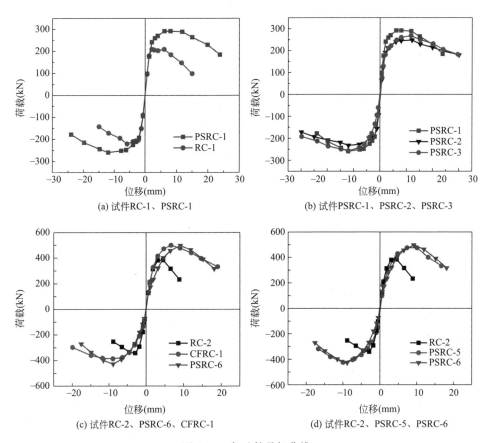

(a) 试件RC-1、PSRC-1

(b) 试件PSRC-1、PSRC-2、PSRC-3

(c) 试件RC-2、PSRC-6、CFRC-1

(d) 试件RC-2、PSRC-5、PSRC-6

图 6-11　各试件骨架曲线

（1）各试件的骨架曲线可分为上升段、强化段及下降段三个阶段。加固试件与未加固对比试件在屈服前的骨架曲线基本重合，表明高强钢带和碳纤维条带加固对 RC 短柱初始刚度的影响都不显著；同时，加固试件的峰值荷载远大于未加固对比试件，并且骨架曲线下降段更加平缓，这是因为高强钢带或者碳纤维条带分担了部分剪力，表明采用高强钢带或者碳纤维条带加固均能有效提高 RC 短柱的受剪承载力和变形能力。

（2）随轴压比增大，试件峰值荷载提高，骨架曲线下降程度更剧烈，表明增加轴压比能有效提高 RC 短柱受剪承载力，但对 RC 短柱的滞回性能有不利影响。

6.3.4 应变分析

图 6-12 和图 6-13 分别为部分试件箍筋以及高强钢带的实测应变发展情况。

（1）箍筋应变

箍筋应变发展可以直观地反映斜裂缝的发展趋势。图 6-12 所示为部分试件距柱脚 150mm 处箍筋的荷载-应变曲线。由图 6-12 可以看出：

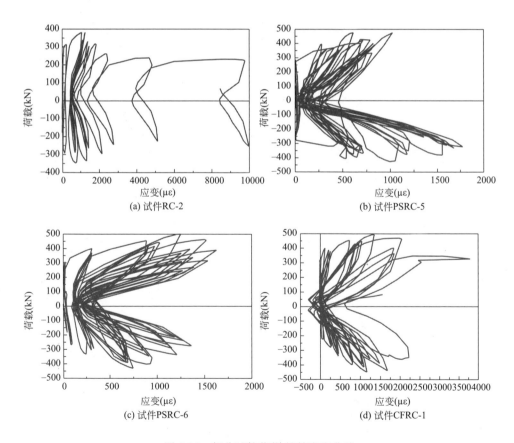

图 6-12　部分试件荷载-箍筋应变曲线

在达到峰值荷载时，各试件的箍筋基本达到屈服，表明各试件箍筋的强度得到了充分发挥。在加载后期，加固试件的箍筋应变增长比未加固对比试件的增长缓慢，表明高强钢带和碳纤维条带对混凝土的约束作用显著，有效分担了部分剪力，从而有效抑制了 RC 短柱斜裂缝的发展。相比试件 PSRC-5，试件 PSRC-6 的峰值荷载更高，在加载后期的箍筋应变增长较慢，表明高强钢带间距越小，对混凝土的约束作用越好，钢带的抗剪贡献越大。此外，试件 CFRC-1 和试件 PSRC-6 的箍筋应变增长速度和承载力均相近，表明碳纤维条带加固与高强钢带加固对 RC 短柱裂缝控制及承载力提高的效果相近。

（2）钢带应变

图 6-13 所示为部分试件距柱脚 350mm 处荷载-钢带应变关系曲线。由图 6-13 可以看出，加上钢带在安装时的初始预应变，钢带应变均基本达到屈服应变，表明钢带在试件破坏时均基本达到屈服强度，钢带的作用基本得到发挥。

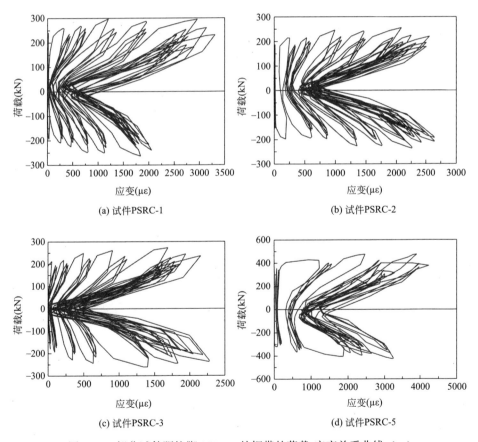

图 6-13　部分试件距柱脚 350mm 处钢带的荷载-应变关系曲线（一）

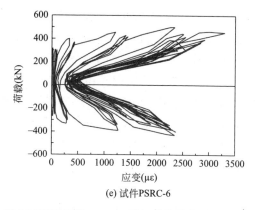

(e) 试件PSRC-6

图 6-13   部分试件距柱脚 350mm 处钢带的荷载-应变关系曲线（二）

6.3.5   强度退化

本章中各试件强度降低系数的计算方法与第 5.3.5 节相同。各试件强度降低系数与加载位移关系曲线如图 6-14 所示。由图 6-14 可以看出：

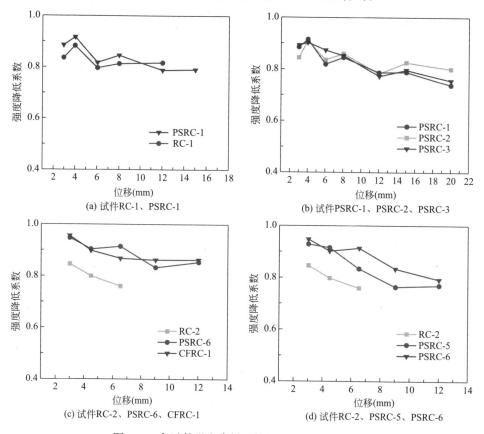

图 6-14   各试件强度降低系数与加载位移关系曲线

（1）由图 6-14（a）、图 6-14（c）及图 6-14（d）可知，相比于加固试件，未加固对比试件 RC-1 和 RC-2 的强度退化较快，表明高强钢带和碳纤维条带的横向约束作用能有效延缓 RC 短柱的强度退化。

（2）由图 6-14（b）可知，高强钢带加固 RC 短柱的轴压比越大，强度退化越快。

（3）由图 6-14（c）可知，在加载过程中，高强钢带加固试件和碳纤维条带加固试件的强度退化速度相近，但均明显比未加固试件的强度退化速度慢，表明高强钢带加固和碳纤维条带加固对延缓 RC 短柱强度退化的作用显著且相近。

（4）由图 6-14（d）可知，试件 PSRC-6 的强度退化较试件 PSRC-5 更慢，这是因为钢带间距越小，高强钢带对 RC 短柱的横向约束作用越强，进而延缓了 RC 短柱的破坏和强度退化。

6.3.6　刚度退化

本章中各试件的割线刚度 K_i 的计算方法与第 5.3.6 节相同。各试件的刚度与加载位移关系曲线如图 6-15 所示。由图 6-15 可以看出：

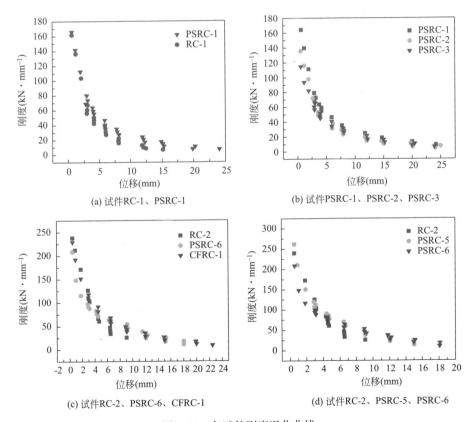

图 6-15　各试件刚度退化曲线

(1) 由图 6-15 (a)、图 6-15 (c) 及图 6-15 (d) 可知，因为高强钢带和碳纤维条带的约束作用，加固试件的刚度退化均比未加固对比试件的缓慢。

(2) 由图 6-15 (b) 可知，在其余参数相同时，不同轴压比的试件刚度退化曲线基本一致，表明轴压比 RC 短柱刚度退化的影响较小。

(3) 由图 6-15 (c) 可知，在加载初期，高强钢带加固试件的刚度退化略快于碳纤维条带加固试件，但在加载位移达到 15mm，即位移角达到 1/30 后，高强钢带加固试件的刚度退化较慢，总体上两种加固方式对延缓 RC 短柱刚度退化的作用相近。由图 6-15 (d) 可知，钢带间距的减小可有效延缓 RC 短柱的刚度退化。

6.3.7　位移延性

试验中各试件的荷载、位移及位移延性系数如表 6-6 所示。其中，各试件的屈服荷载 P_y 和屈服位移 Δ_y 采用几何作图法确定，具体确定方法与第 5.3.7 节相同。

由表 6-6 可知：

(1) 加固试件表现出更高的位移延性系数，其中，试件 PSRC-3 的位移延性系数是未加固对比试件 RC-1 的 1.68 倍，试件 CFRC-1 的位移延性系数是未加固对比试件 RC-2 的 1.52 倍，表明碳纤维条带和高强钢带对 RC 短柱的约束作用可显著提高其延性，且高强钢带的效果更优。

(2) 试件 PSRC-3 的位移延性系数是试件 PSRC-1、PSRC-2 的 1.04 倍及 1.10 倍，表明轴压比提高对试件的延性有不利影响。试件 PSRC-6 的延性系数和极限位移角分别是试件 PSRC-5 的 1.05 倍及 1.14 倍，表明减小钢带间距可以进一步提高 RC 短柱的延性。

6.3.8　耗能能力

结构或构件的累积耗能是指荷载-位移曲线中所有滞回环包围面积的总和，本章中各试件的累积耗能计算结果如表 6-7 所示。表 6-7 中各试件等效黏滞阻尼系数计算方法与第 5.3.8 节相同。各试件的等效黏滞阻尼系数与加载位移关系曲线如图 6-16 所示。结合表 6-7 和图 6-16 可知：

(1) 与位移延性系数类似，加固试件的总耗能和等效黏滞系数远比未加固对比试件大，其中，试件 PSRC-1 的总耗能和等效黏滞系数分别是试件 RC-1 的 7.31 倍和 1.35 倍，试件 CFRC-1 的总耗能和等效黏滞系数分别是试件 RC-2 的 4.67 倍和 1.61 倍，表明高强钢带和碳纤维条带加固均能显著提高 RC 短柱的耗能能力。

各试件的总耗能和等效黏滞阻尼系数计算结果　　　　表 6-7

试件编号	总耗能(kN·mm)	耗能比	等效黏滞阻尼系数
RC-1	5492.45	1.00	0.123
PSRC-1	40121.92	7.30	0.163
PSRC-2	45057.61	8.20	0.147
PSRC-3	36923.68	6.72	0.125
PSRC-4	40769.36	7.42	0.161
RC-2	12359.74	1.00	0.150
PSRC-5	35890.33	2.90	0.147
PSRC-6	43586.50	3.53	0.130
CFRC-1	57747.38	4.67	0.242

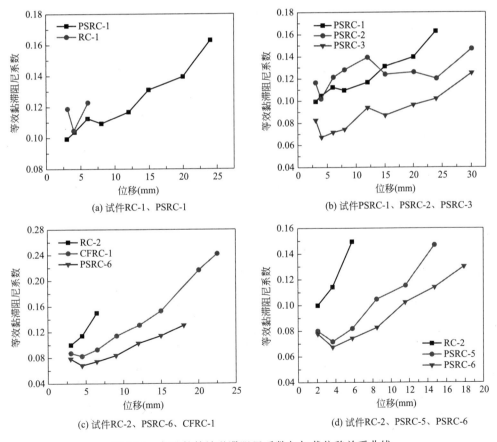

图 6-16　各试件等效黏滞阻尼系数与加载位移关系曲线

（2）轴压比越大，试件的等效黏滞阻尼系数越高，但试件 PSRC-1、PSRC-2、PSRC-3 的总耗能差别较小，表明高强钢带的约束作用可延缓 RC 短柱破坏，抵消增大轴压比对 RC 短柱耗能能力降低的不利影响。

（3）试件 CFRC-1 的总耗能和等效黏滞阻尼系数分别是试件 PSRC-6 的 1.32 倍和 1.92 倍，表明碳纤维条带加固较高强钢带加固对 RC 短柱的耗能能力提高作用更优，因为按强度推算，碳纤维条带加固量大于高强钢带加固量。

综上所述，碳纤维条带加固与高强钢带加固均能有效提升 RC 短柱的承载能力、变形能力与耗能能力，且提升幅度相当。但碳纤维条带的材料造价远高于普遍用于包装行业的高强钢带，且施工过程中需要使用结构胶。因此，高强钢带加固方法取材方便、加固流程简单，是一种可大规模推广的 RC 短柱加固方法。

6.4　高强钢带加固钢筋混凝土短柱受剪承载力计算方法

由上述试验结果及分析可知，高强钢带加固能够有效提高 RC 短柱的受剪承载力，为了更准确地计算高强钢带对 RC 短柱受剪承载力的提高程度，本节首先对高强钢带加固 RC 短柱受剪承载力理论公式进行推导。

6.4.1　理论计算公式

Hwang 和 Lee[4-7] 在压杆-拉杆模型的基础上，考虑混凝土在带裂缝工作阶段的受压软化提出了软化拉杆-压杆模型，并将该模型应用于多种受剪构件应力不连续区的受剪承载力计算，相关计算结果表明该模型的受剪承载力计算值与试验值吻合良好。因高强钢带在受力过程中的机理类似于箍筋，因此本章也采用该模型分析高强钢带加固 RC 短柱的受剪机理。RC 短柱的软化拉杆-压杆模型由斜向压杆、水平机构、竖向机构组成，如图 6-17 所示，其内力分解如图 6-18 所示。

由图 6-18 中整个桁架的平衡条件可以推导得出下式：

$$V_v = C_d \sin\theta \tag{6-1}$$

$$V_h = C_d \cos\theta \tag{6-2}$$

$$\tan\theta = \frac{l_v}{l_h} \tag{6-3}$$

式中：V_v 为横向剪力；C_d 为斜向压杆压力；θ 为斜压杆与竖向夹角；l_v 为柱两侧纵筋的间距；l_h 为位移加载点与柱底之间的垂直距离。

核心区斜压杆的有效面积 A_{str} 计算如下：

$$A_{str} = a_s \times b_s \tag{6-4}$$

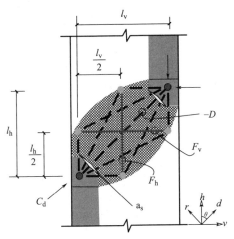

图 6-17　RC 短柱软化拉压杆模型示意图

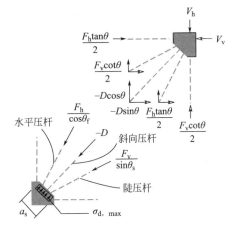

图 6-18　RC 短柱软化拉压杆模型
内力分解示意图

$$a_s = \sqrt{c_a^2 + c_c^2} \tag{6-5}$$

$$C_a = \left(0.25 + 0.85\frac{N}{f_c A_g}\right)h - c_c \tag{6-6}$$

式中：a_s 为斜压杆高度；b_s 为斜压杆宽度，可取为柱宽；c_a、c_c 分别为梁端混凝土受压区高度和刚性垫块的宽度；A_g 为柱截面面积。

图 6-19 所示为具有水平和垂直拉杆加固的不连续区域的应力场。图 6-20 为将核心区水平剪力 V_v 与竖向剪力 V_v 进行定量组分分离的理想拉压杆模型，其中：

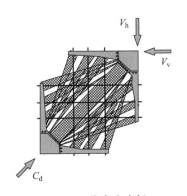

图 6-19　分布应力场

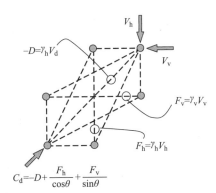

图 6-20　理想拉压杆模型

$$F_h = \gamma_h V_h \tag{6-7}$$

$$F_v = \gamma_v V_v \tag{6-8}$$

$$\gamma_h = (2\tan\theta - 1)/3 \quad 0 \leqslant \gamma_h \leqslant 1 \tag{6-9}$$

$$\gamma_v = (2\cot\theta - 1)/3 \quad 0 \leqslant \gamma_v \leqslant 1 \tag{6-10}$$

式中：F_v 和 F_h 分别为水平杆和竖向杆的拉力；γ_h 为柱纵向钢筋产生的拉力与竖向剪力比值；γ_v 为柱箍筋和高强钢带共同产生的拉力与水平剪力比值。

由于核心区混凝土处于平面双向应力状态，混凝土开裂后受压有明显软化现象，在节点达到其受剪承载能力时，对角线方向混凝土斜压杆应力为：

$$\sigma_d = -\zeta \cdot f_c \tag{6-11}$$

$$\zeta = 0.79 - \frac{f_c}{200} \tag{6-12}$$

式中：σ_d 为混凝土斜压杆中混凝土平均压应力；ζ 为混凝土开裂受压软化系数，根据 Nielsen[8] 提出的斜裂缝区域混凝土有效强度系数进行计算。

假定短柱的箍筋、纵筋及高强钢带均为理想弹塑性材料，则拉杆应力应变关系如下：

$$\sigma_s = E_s \varepsilon_s \quad \varepsilon_s < \varepsilon_y \tag{6-13}$$

$$\sigma_s = f_y \quad \varepsilon_s \geqslant \varepsilon_y \tag{6-14}$$

式中：E_s 为拉杆钢材弹性模量；ε 为拉杆钢材平均应变。

Hwang 提出了便于计算的简化过程，简化软化拉压杆模型假定节点区受剪承载能力为 V_v，计算如下：

（1）当箍筋、钢带配置量较大时：

$$V_v = C_{d,n}\sin\theta = \overline{K}\zeta f_c A_{str}\sin\theta \tag{6-15}$$

$$\overline{K} = \overline{K}_h + \overline{K}_v - 1 \tag{6-16}$$

$$\overline{K}_h = 1/[1 - 0.2(\gamma_h + \gamma_h^2)] \tag{6-17}$$

$$\overline{K}_v = 1/[1 - 0.2(\gamma_v + \gamma_v^2)] \tag{6-18}$$

式中：$\overline{K}$ 为拉压杆平衡系数；$\overline{K}_v$ 为水平拉杆平衡系数；$\overline{K}_h$ 为竖向拉杆平衡系数。

（2）当箍筋、钢带配置量不足时：

$$V_v = C_{d,n}\sin\theta = K\zeta f_c A_{str}\sin\theta \tag{6-19}$$

$$K = K_h + K_v - 1 \tag{6-20}$$

$$K_h = 1 + (\overline{K}_h - 1) \times F_h/\overline{F}_h \leqslant \overline{K}_h \tag{6-21}$$

$$K_v = 1 + (\overline{K}_v - 1)F_v/\overline{F}_v \leqslant \overline{K}_v \tag{6-22}$$

$$\overline{F}_h = \gamma_h \overline{K}_h \zeta f_c A_{str}\cos\theta \tag{6-23}$$

$$\overline{F}_v = \gamma_v \overline{K}_v \zeta f_c A_{str}\sin\theta \tag{6-24}$$

$$F_h = A_{th}E_s \varepsilon_h \leqslant F_{yh} \tag{6-25}$$

$$F_v = A_{tv}E_s \varepsilon_v \leqslant F_{yv} \tag{6-26}$$

式中：K 为拉压杆平衡系数；K_h 为竖向拉杆平衡系数；K_v 为水平拉杆平衡系数；$\overline{F}_h$ 为竖向拉杆平衡拉力；$\overline{F}_v$ 为水平拉杆平衡拉力；A_{th} 为竖向拉杆截面面积；

A_{tv} 为水平拉杆截面面积；F_{yh} 和 F_{yv} 分别是竖向和水平拉杆的屈服作用力。

计算采用高强钢带加固的 RC 短柱时可将水平拉杆系数计算公式修正为：

$$K_{v} = 1 + \frac{(\overline{K_{v}} - 1)(A_{tv}f_{yv} + A_{tvs}f_{s})}{\overline{F_{v}}}, \quad K_{v} \leqslant \overline{K_{v}} \tag{6-27}$$

式中：A_{tvs} 为高强钢带截面面积；f_{s} 为高强钢带屈服强度。

由式（6-1）至式（6-26）可得到各试件的受剪承载力理论计算值，计算值与试验值对比见表 6-8，表中 P_{c} 为理论公式计算值，P_{e} 为试验值。

由表 6-8 可见，各试件受剪承载力计算值与试验值比值的均值为 1.07，变异系数为 0.12，两者吻合较好，表明该软化拉压杆模型及其理论计算公式有较好的精度，可供实际工程参考。

受剪承载力计算值与试验值对比

表 6-8

试件编号	P_{e}(kN)	P_{c}(kN)	P_{c}/P_{e}
RC-1	227	243	1.07
PSRC-1	297	350	1.18
PSRC-2	255	311	1.22
PSRC-3	272	300	1.10
PSRC-4	295	350	1.19
RC-2	382	312	0.82
PSRC-5	476	464	0.97
PSRC-6	500	464	0.93
(P_{c}/P_{e})平均值			1.07
变异系数			0.12

6.4.2　理论公式应用：钢带加固量计算

在软化拉压杆模型中可将 RC 短柱横向高强钢带的作用等同于箍筋作用，高强钢带与箍筋均作为水平拉杆机构。由式（6-27）可知，软化拉压杆模型中水平拉杆系数存在最大值，若超过最大值对受剪承载力的提高幅度降低，并且容易改变试件的破坏形态。因此，可进一步针对钢带使用量进行研究，为 RC 短柱加固设计提供一定的理论基础。

高强钢带加固 RC 短柱的作用机理即为提高软化拉压杆模型中水平拉杆系数，定义加固后拉压杆系数增值为 ΔK_{s}。由于高强钢带加固仅增强水平拉杆的作用，因而拉压杆系数增值 ΔK_{s} 即为水平拉杆系数增值 K_{v}。

$$\Delta K_{s} = \Delta K_{v}, \quad \Delta K_{v} \leqslant \overline{K_{v}} - K_{p} \tag{6-28}$$

$$\Delta V_{js} = \Delta K_{s} \zeta f_{c} a_{s} b_{s} \sin\theta \tag{6-29}$$

式中：K_p 为高强钢带加固前的短柱拉压杆系数；ΔV_{js} 为高强钢带加固后的受剪承载力增值。

由式（6-27）可得加固后水平拉杆系数增值：

$$\Delta K_v = \frac{(\overline{K_v} - 1)A_{tvs}f_s}{\overline{F_v}} \tag{6-30}$$

$$\overline{K_v} = \frac{1}{1 - 0.2(\gamma_v + \gamma_v^2)} \tag{6-31}$$

$$\overline{F_v} = \gamma_v \overline{K_v} \zeta f_c a_s b_s \sin\theta \tag{6-32}$$

$$\Delta K_v = \frac{\left[\dfrac{1}{1 - 0.2(\gamma_v + \gamma_v^2)} - 1\right]A_{tvs}f_s}{\gamma_v \cdot \dfrac{1}{1 - 0.2(\gamma_v + \gamma_v^2)} \cdot \zeta f_c a_s b_s \sin\theta} \tag{6-33}$$

$$\Delta V_{js} = \frac{\left[\dfrac{1}{1 - 0.2(\gamma_v + \gamma_v^2)} - 1\right]A_{tvs}f_s}{\gamma_v \cdot \dfrac{1}{1 - 0.2(\gamma_v + \gamma_v^2)}} \tag{6-34}$$

上式化简可得：

$$\Delta V_{js} = \frac{0.2(\gamma_v + \gamma_v^2)A_{tvs}f_s}{\gamma_v} = 0.2(1 + \gamma_v)A_{tvs}f_s \tag{6-35}$$

$$\gamma_v = (2\cot\theta - 1)/3 \quad 0 \leqslant \gamma_v \leqslant 1 \tag{6-36}$$

$$\Delta V_{js} = \frac{2}{15}(\cot\theta + 1)A_{tvs}f_s \tag{6-37}$$

由于拉压杆机构为超静定机构，若斜向混凝土压杆率先达到屈服，则继续增加竖向拉杆便不能继续提高短柱受剪承载能力，故而水平拉杆系数增值存在最大值 $\Delta K_{v,max}$，由式（6-28）可知：

$$\Delta K_{v,\ max} = \overline{K_v} - K_{vp} \tag{6-38}$$

式中：K_{vp} 为加固前短柱水平拉杆系数。

由式（6-26）可知：

$$K_{vp} = 1 + \frac{(\overline{K_v} - 1)A_{tv}f_{yv}}{\overline{F_v}} \tag{6-39}$$

$$\Delta K_{v,\ max} = \overline{K_v} - 1 - \frac{(\overline{K_v} - 1)A_{tv}f_{yv}}{\overline{F_v}} \tag{6-40}$$

$$= (\overline{K_v} - 1) - \frac{A_{tv}f_{yv}}{\gamma_v \zeta f_c a_s b_s \sin\theta}\left(1 - \frac{1}{\overline{K_v}}\right)$$

则有：

$$\Delta V_{js,\ max} = (\overline{K_v} - 1)\zeta f_c a_s b_s \sin\theta - \frac{A_{tv}f_{yv}}{\gamma_v}\left(1 - \frac{1}{\overline{K_v}}\right) \tag{6-41}$$

即：
$$\Delta V_{\text{js, max}} = (\overline{K_v} - 1)\left(\zeta f_c a_s b_s \sin\theta - \frac{A_{tv} f_{yv}}{\gamma_v \overline{K_v}}\right) \tag{6-42}$$

则建议高强钢带使用量 n 为：

$$n = \frac{\Delta V_{\text{js, max}}}{A_{tvs} f_s} = (\overline{K_v} - 1)\left(\frac{\zeta f_c a_s b_s \sin\theta}{A_{tv} f_{yv}} - \frac{1}{\gamma_v \overline{K_v}}\right) \tag{6-43}$$

6.4.3 实用计算公式

图 6-21 所示为高强钢带加固 RC 短柱的受剪机理示意图，图 6-22 所示为高强钢带加固 RC 短柱截面有效约束面积示意图。图 6-21 中，V_{ps} 为高强钢带所分担的剪力，V_{cl} 为剪压区混凝土的剪力，V_d 为纵筋的销栓作用，V_f 为斜截面上混凝土骨料的摩擦力及咬合作用，V_s 为相交于斜裂缝的箍筋所承担的剪力。

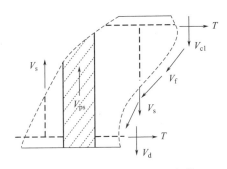

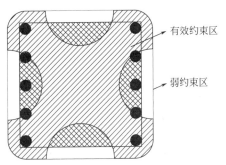

图 6-21 高强钢带加固 RC 短柱
受剪机理示意图

图 6-22 高强钢带加固 RC 短柱截面
有效约束面积示意图

采用高强钢带加固对 RC 短柱受剪承载力的提高作用主要体现在以下方面：

（1）高强钢带对构件提供主动约束，使混凝土提前处于三向受压状态，因而混凝土的应力-应变曲线的下降段较为平缓，极限压应变提高；使构件斜截面的抗裂能力得到改善，混凝土斜裂缝的出现明显延缓，在水平位移较大时斜裂缝仍扩展缓慢，混凝土和箍筋的受力状态更为合理，混凝土的受剪作用得到进一步发挥；亦使骨料间的摩擦力及咬合力得到维持和增强，延缓了受压区混凝土的破坏，使纵筋的变形性能得到充分发挥，因而避免构件因混凝土过早受压破坏而丧失整体承载力。

（2）高强钢带与箍筋的作用相似，高强钢带加固构件可类比为增加配箍率。高强钢带的抗拉强度远大于箍筋的抗拉强度，若高强钢带的强度能够充分发挥，它所能够承担的剪力要高于相同条件下的箍筋；对高强钢带施加预应力可以使高强钢带提前承担原有荷载，因此传统混凝土结构加固方法所存在的应力滞后问题得以缓解，可以避免结构构件发生因配箍不足而产生的剪切破坏。

为方便钢带加固工程中的加固设计初估和初步设计计算，根据高强钢带加固

RC 短柱的受剪机理，通过叠加法计算高强钢带加固 RC 短柱的受剪承载力 V_u，如式（6-44）所示。

$$V_u = V_{cl} + V_s + V_f + V_d + V_n + V_{ss} \tag{6-44}$$

式中：V_n 为轴压力对高强钢带加固 RC 短柱受剪承载力的贡献。为方便对高强钢带所承担的剪力进行分析，将式（6-44）写为：

$$V_u = V_c + V_s + V_n + V_{ss} \tag{6-45}$$

$$V_{ss} = E_{ss}\bar{\varepsilon}_{ss}A_{tvs}h_0/s \tag{6-46}$$

式中：V_u 为混凝土、箍筋、轴压力及高强钢带四部分所承担的剪力；E_{ss} 为高强钢带的弹性模量；$\bar{\varepsilon}_{ss}$ 为高强钢带的平均应变；A_{tvs} 为配置在同一截面处高强钢带的截面面积；s 为高强钢带间距。

由式（6-46）可得高强钢带承担的剪力 V_{ss} 为：

$$V_{ss} = E_{ss}\bar{\varepsilon}_{ss}A_{tvs}h_0/s = \eta f_s\rho_{ss}bh_0 \tag{6-47}$$

$$\eta = \bar{\varepsilon}_{ss}/\varepsilon_{py} \tag{6-48}$$

式中：η 为高强钢带对 RC 短柱受剪承载力的影响系数；ρ_{ss} 为高强钢带的体积配钢率；f_s 为高强钢带的屈服强度；$\bar{\varepsilon}_{ss}$ 为高强钢带的平均应变；ε_{py} 为高强钢带的屈服应变。

由式（6-48）可知，高强钢带对 RC 短柱受剪承载力的影响系数 η 取决于试件达到峰值荷载时高强钢带的平均应变 $\bar{\varepsilon}_{ss}$。本次试验中各试件高强钢带的平均应变 $\bar{\varepsilon}_{ss}$ 和高强钢带对 RC 短柱受剪承载力的影响系数 η 如表 6-9 所示。

各试件高强钢带强度发挥系数汇总表　　　　表 6-9

试件编号	剪跨比 λ	试验轴压比 n_e	钢带间距 s(mm)	$\bar{\varepsilon}_{ss}$ (μ_ε)	η
PSRC-1	2	0.53	100	2425	0.586
PSRC-2	2	0.40	100	2329	0.619
PSRC-3	2	0.28	100	1905	0.460
PSRC-4	2	0.53	100	2333	0.564
PSRC-5	1.5	0.42	150	1898	0.458
PSRC-6	1.5	0.42	100	1891	0.457

由表 6-9 可知，各试件高强钢带的平均应变 $\bar{\varepsilon}_{ss}$ 与剪跨比 λ、试验轴压比 n_e 及高强钢带间距 s 相关。根据表 6-9 对 η 与 λ、n_e、s 之间的关系进行拟合，得到拟合表达式（6-49）。

$$\eta = 0.06 + 0.14\lambda + 0.40n_e - \frac{0.30}{s} \tag{6-49}$$

高强钢带加固后 RC 短柱所承担的剪力 V_{RC} 根据《混凝土结构设计规范》GB 50010-2010[1] 计算，并且考虑高强钢带对混凝土强度的影响，如式（6-50）所示。

$$V_{RC} = \frac{1.05}{\lambda + 1} m f_t b h_0 + f_{yv} h_0 A_{sv}/s_v + 0.056N \tag{6-50}$$

则，高强钢带加固 RC 短柱的受剪承载力计算公式可由叠加形式得出：

$$V_u = V_{RC} + V_{ss} = \frac{1.05}{\lambda + 1} m f_t b h_0 + f_{yv} h_0 A_{sv}/s_v + 0.056N + \eta f_s \rho_{ss} b h_0 \tag{6-51}$$

式中：m 为混凝土强度提高系数，由试验结果进行拟合，可取 $m = 2.11$；f_t 为混凝土轴心抗拉强度；b 为试件截面宽度；h_0 为试件截面有效高度；f_{yv} 为箍筋屈服强度；A_{sv} 为配置在同一截面内箍筋各肢的全部截面面积，$A_{sv} = q A_{sv1}$，q 为在同一个截面内箍筋的肢数，A_{sv1} 为单肢箍筋的截面面积；s_v 为箍筋间距；N 为轴压力。

由式（6-51）可得到各高强钢带加固试件受剪承载力的计算值，计算值与试验值对比见表 6-10。由表 6-10 可知，各加固试件受剪承载力计算值与试验值比值的均值为 1.02，变异系数为 21.4%，两者吻合较好，表明该受剪承载力实用计算公式有较好的精度，而且形式简单，计算方便，可供实际工程参考。

加固试件受剪承载力计算值与试验值对比　　　　　　　　表 6-10

试件编号	V_u^e(kN)	V_u^c(kN)	V_u^e/V_u^c
PSRC-1	297	339.2	0.88
PSRC-2	255	314.6	0.81
PSRC-3	272	292.6	0.93
PSRC-4	295	339.2	0.87
PSRC-5	476	358.7	1.33
PSRC-6	500	380.0	1.32
(V_u^e/V_u^c)平均值			1.02
变异系数			21.4%

注：V_u^e 为受剪承载力试验值，V_u^c 为受剪承载力计算值。

6.5　本章小结

通过 2 个未加固 RC 短柱对比试件与 6 个高强钢带加固 RC 短柱试件及 1 个碳纤维条带加固 RC 短柱试件的低周往复加载试验结果及相关理论分析，主要得到如下结论：

（1）高强钢带可以有效约束 RC 短柱中的混凝土，使 RC 短柱的滞回性能、承载能力及耗能能力等抗震性能指标得到显著提高。其他参数相同时，轴压比较小、剪跨比较大及高强钢带间距较小试件的变形能力和耗能能力更优。

（2）在相同加固水平下，采用高强钢带加固 RC 短柱的抗震性能与碳纤维条带加固 RC 短柱相当，但高强钢带加固方法取材更方便、加固流程更简单，是一种可推广的 RC 短柱加固方法。

（3）基于试验结果与分析，利用软化拉压杆模型建立了高强钢带加固 RC 短柱受剪承载力的理论计算公式，且计算值与试验值吻合较好。此外，提出了 RC 短柱的高强钢带加固用量的计算方法，以期在提高构件抗震性能的同时实现成本最优化。最后，进一步给出了便于实际工程应用的高强钢带加固 RC 短柱受剪承载力的简化实用计算公式。

本章参考文献

［1］GB 50010-2010，混凝土结构设计规范［S］. 北京：中国建筑工业出版社，2010.

［2］GB/T 228.1-2010，金属材料 拉伸试验 第 1 部分：室温试验方法［S］. 北京：中国标准出版社，2010.

［3］GB/T 50081-2002，普通混凝土力学性能试验方法［S］. 北京：中国建筑工业出版社，2003.

［4］Hwang S J, Lee H J. Analytical model for predicting shear strengths of interior reinforced concrete beam-column joints for seismic resistance［J］. ACI Structural Journal, 2000, 97 (1): 35-44.

［5］Hwang S J, Lee H J. Strength prediction for discontinuity regions by softened strut-and-tie model［J］. Journal of Structural Engineering, 2002, 128 (12): 1519-1526.

［6］Hwang S J, Lee H J. Analytical model for predicting shear strengths of exterior reinforced concrete beam-column joints for seismic resistance［J］. Structural Journal, 1999, 96 (5): 846-857.

［7］Hwang S J, Lee H J. Shear strength prediction for deep beams［J］. Structural Journal, 2000, 97 (3): 367-376.

［8］M. P. Nielsen, L. C. Hoang. Limit Analysis and Concrete Plasticity［M］. CRC Press: 2016.

第7章 高强钢带加固钢筋混凝土框架节点抗震性能研究

7.1 引言

本章以 7 个高强钢带加固 RC 框架节点试件与 2 个未加固节点对比试件的拟静力试验为基础，研究了不同的轴压比、高强钢带加固量等参数对各试件破坏形态、滞回特点、承载能力、强度退化、刚度退化、位移延性和耗能能力等抗震性能的影响。结合试验结果及分析，研究了高强钢带加固钢筋混凝土框架节点的受力机理，基于软化拉压杆模型理论提出了高强钢带加固钢筋混凝土框架节点的受剪承载力计算方法。

7.2 试验概况

7.2.1 试件设计

为研究不同加固方式对钢筋混凝土框架节点核心区受剪承载力的加固贡献，本章试验的试件均按照"强构件弱节点"思路进行设计。

所有待加固钢筋混凝土框架节点试件均采用同一规格制作[1]，试件柱高 2500mm，柱截面尺寸为 350mm × 350mm，梁截面尺寸为 250mm × 400mm；梁、柱纵筋和箍筋均采用 HRB400 级钢筋，梁配置纵筋为 8 Φ 25，柱配置纵筋为 18 Φ 25，梁、柱箍筋均采用 Φ 8@100，梁端、柱端 400mm 范围内加密为 Φ 8@50，柱采用四肢箍，梁采用双肢箍。节点核心区箍筋采用 HPB300 级钢筋，配置 2 道 Φ 6 箍筋。框架节点试件制作完成后，对其进行了不同形式的加固，包括 2 个未加固对比试件、3 个高强钢带加固试件、1 个粘钢加固试件和 3 个高强钢带-粘钢加固试件。试件设计如图 7-1 所示。各试件设计参数见表 7-1。

试件参数汇总表 表 7-1

试件编号	节点类型	加固类型	节点核心区高强钢带间距-层数(数量)	梁端高强钢带间距-层数(数量)	高强钢带孔处理	轴力 N (kN)	试验轴压比
A-PJ-1	平面	—	—	—	—	815.00	0.2
A-PJ-2	平面	—	—	—	—	407.50	0.1
A-PJ-P	平面	粘钢	—	—	—	815.00	0.2
A-PJ-S-1	平面	钢带	100-1(3 道)	100-1(4 道)	—	815.00	0.2
A-PJ-SP-1	平面	钢带＋粘钢	50-3(5 道)	0	—	815.00	0.2
A-PJ-S-2	平面	钢带	50-3(5 道)	100-1(4 道)	—	815.00	0.2
A-PJ-S-3	平面	钢带	50-3(5 道)	100-1(4 道)	—	407.50	0.1
A-PJ-SP-2	平面	钢带＋粘钢	50-3(5 道)	0	环氧树脂	815.00	0.2
A-PJ-SP-3	平面	钢带＋粘钢	50-1(5 道)	0	—	815.00	0.2

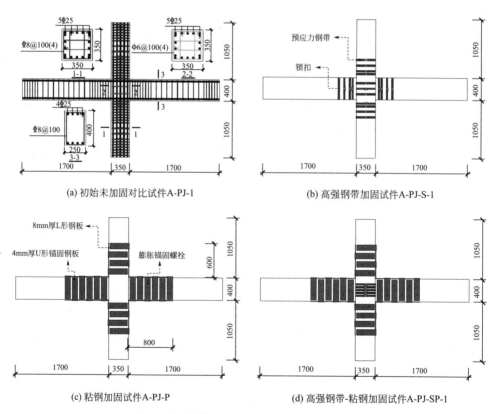

(a) 初始未加固对比试件A-PJ-1

(b) 高强钢带加固试件A-PJ-S-1

(c) 粘钢加固试件A-PJ-P

(d) 高强钢带-粘钢加固试件A-PJ-SP-1

图 7-1　试件截面和加固示意图（单位：mm）

7.2.2　材料性能

本试验试件采用 C25 商品混凝土。混凝土浇筑时预留两组共 12 个 100mm×100mm×100mm 立方体试块用于测量混凝土强度，混凝土试块与试件共同养护，实测混凝土立方体抗压强度为 34.4MPa。依据 GB/T 228.1-2010[2] 对本试验采用的各类钢材力学性能指标进行实测，结果如表 7-2 所示，其中试验所用钢带均为上海宝钢包装钢带有限公司生产宽度为 32mm 的高强钢带。

钢材力学性能　　　　　　　　　　　　　　　　　　表 7-2

材料		钢材类型	直径或厚度（mm）	屈服强度（MPa）	抗拉强度（MPa）
钢筋	箍筋	HPB300	6	389.2	578.3
	箍筋	HRB400	8	430.1	676.7
	纵筋	HRB400	25	435.2	607.5
钢板		Q235	8	285.0	401.1
钢带		ULT980	0.9	770.7	877.4

7.2.3　试件制作

1. 初始试件制作

初始试件制作过程如图 7-2 所示。试件制作流程包括：钢筋加工，钢筋应变片粘贴，钢筋绑扎，模板支设，混凝土浇筑及试件养护。其中，为使高强钢带加固施工中钢带和试件表面能够紧密贴合，在浇筑混凝土前采用 PVC 管对所有试件的节点核心区及邻近核心区的梁端和柱端分别进行倒角，倒角半径均为50mm，且在靠近节点核心区梁端预埋外包泡沫膜的矩形钢管以便预留方便钢带捆扎的孔洞，见图 7-2（b）。

2. 试件加固

初始试件养护后拆除模板、倒角 PVC 管及预留孔洞处的钢管，并对试件表面不平整部位进行打磨处理后进行加固。对不同加固方式需求的试件分别按照以下工艺进行高强钢带和高强钢带-粘钢组合加固。另外，仅粘钢加固为在高强钢带-粘钢组合加固中免去对节点核心区的高强钢带加固。

（1）高强钢带加固

高强钢带加固梁柱节点的具体加固流程为：试件表面清理干净后将事先计算并裁剪好长度的钢带缠绕于节点核心区位置；使用钢带打包机拉紧钢带，拉紧同时利用钢带锁扣设备在钢带扣位置处进行锁扣，依次按照上述步骤完成不同位置处钢带加固[3]。高强钢带加固完成之后，利用环氧树脂灌浆料对试件 A-PJ-SP-2 的预留孔洞填充密实。高强钢带加固过程及效果如图 7-3 所示。

(a) 钢筋应变片粘贴　　　　　　　　　　(b) 节点核心区倒角及预留孔道

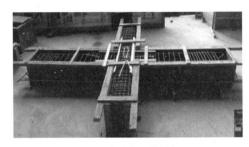

(c) 试件钢筋绑扎及模板支设　　　　　　(d) 试件混凝土浇筑后养护

图 7-2　试件制作过程图

缠绕钢带　　　　　拉紧锁扣　　　　环氧树脂填充孔洞　　　　加固效果

图 7-3　高强钢带加固流程

（2）高强钢带-粘钢组合加固

高强钢带-粘钢加固的具体流程为：初始试件表面冲洗干净并晾干后将 8mm 厚 L 形钢板紧贴试件表面放置于节点四个角部；在试件表面设置膨胀螺栓处打孔；在粘钢加固的试件表面涂抹 5mm 厚粘钢胶后放置 4mm 厚 U 形锚固钢板并通过紧固膨胀螺栓进行固定；按照上述高强钢带加固流程对试件节点核心区进行高强钢带加固。高强钢带-粘钢加固后效果如图 7-4 所示。

图 7-4　高强钢带-粘钢加固效果

7.2.4　加载方案

试验加载装置如图 7-5 所示，试验采用拟静力加载，柱底设转动铰支座，柱顶设恒压液压千斤顶，千斤顶上部设有可水平滑动滚轮组以满足加载过程中竖向千斤顶随柱端同步移动。上柱端通过连接件与 MTS 作动器进行连接，梁端通过设有轴承的拉杆与下部压梁连接用来模拟可以水平移动的滑动支座，同时左右梁端拉杆上各装有量程为 1000kN 的力传感器用来测量梁端支座反力。试验时，先在柱顶施加竖向轴力并在加载过程中保持不变，为避免竖向轴力导致的柱轴向压缩变形对梁初始受力状态产生影响，试验在施加竖向轴压之后再完成梁端链杆的安装工作。检查各处螺栓及线路的可靠后开始低周往复加载。

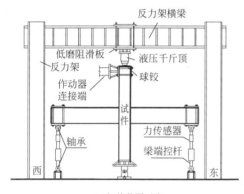

(a) 加载装置示意　　　　　　　　　(b) 加载装置实物图

图 7-5　加载装置

试验中采用液压千斤顶在柱顶施加竖向荷载，在加载过程中竖向荷载保持不变。试验采用 MTS 电液伺服加载系统对柱端施加水平低周往复荷载，试验全过程采用位移控制加载。试件屈服前每级位移循环加载 1 次，试件屈服后每级位移循环加载 3 次，位移加载制度如图 7-6 所示。当加载至某一级位移下水平荷载下

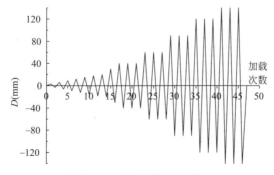

图 7-6　加载制度示意图

降到最大峰值荷载的85%时，认为试件破坏，达到极限状态，加载结束。

7.2.5 量测方案

试验过程中的量测内容包括：梁端荷载和柱端荷载，柱顶水平位移和柱底水平位移，梁端竖向和水平位移，节点核心区剪切变形，梁、柱和节点核心区关键部位钢筋、钢带及钢板的应变，具体测量方法如下所述。

梁端竖向荷载通过梁端竖向荷载传感器进行测定，柱顶竖向荷载通过油压传感器监测并保持恒定。柱顶水平荷载通过 MTS 内的传感器在加载过程中进行测定，柱顶水平荷载作用点位移使用高精度激光位移计进行测定，柱底和梁端位移均采用位移计进行测定。在节点核心区沿对角线方向布设 2 个电子拉线位移计以测量对角线方向相对变形，得到节点核心区沿对角线方向 δ_1 和 δ_2 以及 δ_3 和 δ_4 的变化量，之后可通过计算得到节点核心区的平均剪切变形 γ。位移计的具体布置形式见图 7-7。

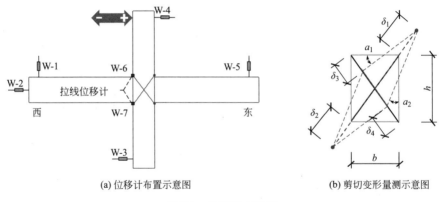

(a) 位移计布置示意图　　　　　　(b) 剪切变形量测示意图

图 7-7　位移计布置图

试验采用电阻应变片测量钢筋、高强钢带和钢板的应变值，观察面为试验加载时试件的向南一面，试件的应变片具体布置方式见图 7-8。ZZ 表示柱纵筋应变片编号，共 8 个应变片，分别布置在距中心上下各 250mm 处的柱角部钢筋上；ZG 表示柱箍筋应变片编号，柱箍筋应变片分别布置在与柱梁纵筋应变片同一截面且靠近观察面一侧的箍筋上；JG 表示节点核心区箍筋应变片编号，共 12 个应变片，布置在节点中心线上下 50mm 截面处；LZ 表示梁纵筋应变片编号，共 8 个应变片，分别布置在紧贴节点核心区左右两侧各 225mm 截面内的角部纵筋上；LG 表示梁箍筋应变片编号，应变片布置在与梁纵筋应变片同一截面且靠近观察面一侧的箍筋上；GB 表示钢板应变片编号，应变片布置在钢板靠近节点核心区的位置处。

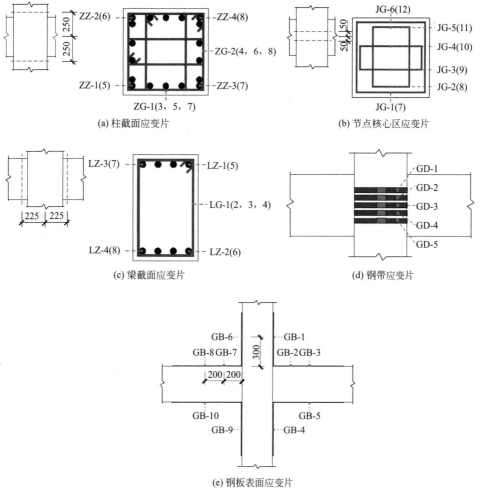

图 7-8　试件应变片布置示意图

7.3　试验结果及分析

7.3.1　破坏形态

图 7-9（a）～图 7-9（i）为所有试件的最终破坏形态以及裂缝发展和损伤情况。

所有试件均发生典型的节点核心区剪切破坏，具体破坏过程为：在加载位移角为 0.2%～0.4%（位移为 4～9mm）时，梁端靠近核心区角部出现第一条细微

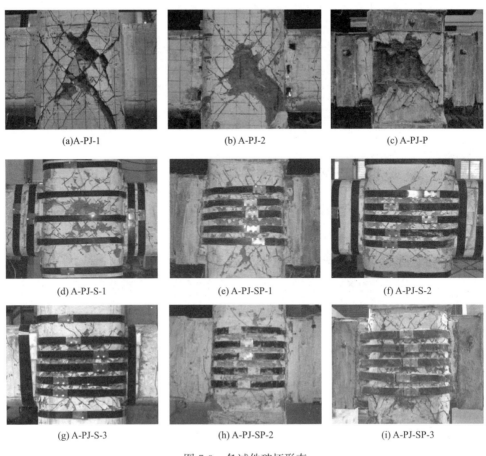

(a)A-PJ-1	(b) A-PJ-2	(c) A-PJ-P
(d) A-PJ-S-1	(e) A-PJ-SP-1	(f) A-PJ-S-2
(g) A-PJ-S-3	(h) A-PJ-SP-2	(i) A-PJ-SP-3

图 7-9　各试件破坏形态

竖向弯曲裂缝；在加载位移角为 0.5%～0.7%（位移为 14～18mm）时，节点核心区出现第一条斜向裂缝且发展迅速；在加载位移角为 1.7%（位移为 40mm）左右时，梁端受弯裂缝不再出新，节点核心区位置形成交叉网格状裂缝，裂缝宽度 0.5～1mm，且节点核心区内大量箍筋屈服，滞回曲线出现拐点，认为试件达到屈服状态；在加载位移角为 2.5%（位移为 60mm）左右时，节点核心区混凝土裂缝表现为清晰网格状，且部分区域出现混凝土起皮与条块状混凝土脱落现象，试件达到峰值荷载；在加载位移角为 3.4%（位移为 80mm）左右时，节点核心区纵筋达到屈服，核心区混凝土出现大面积起皮脱落且箍筋外露；在加载位移角为 4.2%～6.0%（位移为 100～140mm）时，核心区混凝土明显酥碎，大量箍筋及柱纵筋外露，试件荷载下降至峰值荷载 85% 以下，认为试件达到极限状态，结束加载。

高强钢带加固试件 A-PJ-S-1 及 A-PJ-S-2 与未加固对比试件 A-PJ-1 相比，承载力明显提高，极限位移有较大提高，试验过程中，节点核心区混凝土未见与未加固对比试件相似的混凝土大块掉落的状况，节点核心区混凝土整体性保持较好。对于高强钢带加固试件 A-PJ-S-1 与 A-PJ-S-2 而言，随着高强钢带加固量增大，试件承载力有明显提高，增大高强钢带用量能更好地限制混凝土裂缝的开展，同时后期混凝土的碎裂与脱落得到更好的抑制。

高强钢带-粘钢组合加固试件 A-PJ-SP-1、A-PJ-SP-2 及 A-PJ-SP-3 与高强钢带加固试件 A-PJ-S-1 相比，组合加固试件承载力有明显提高，同时梁端裂缝向远端发展的趋势明显减小。

7.3.2　滞回曲线

图 7-10 为各试件的荷载-位移滞回曲线，其中，Δ 为加载点水平位移，P 为加载点水平荷载。

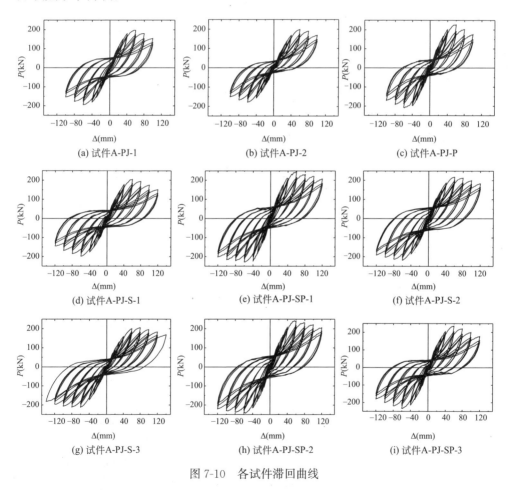

图 7-10　各试件滞回曲线

由滞回曲线可知，各试件在加载过程中表现出相似的滞回特性，试件屈服之前（Δ≈40mm），试件滞回曲线基本呈直线形状，滞回环包围面积较小，卸载时残余变形较小；试件屈服之后，滞回曲线随着加载位移的不断增大逐渐饱满，并呈反S形，结合图7-9各试件破坏形态并对比各试件的滞回曲线可知：

（1）对比不同轴压比试件A-PJ-1与A-PJ-2的滞回曲线可知，轴压比大的试件滞回曲线更为饱满，承载能力有小幅提高，表明在一定范围内，增大轴压力有益于增大试件的承载能力与耗能性能；

（2）对比未加固对比试件A-PJ-1、高强钢带加固试件A-PJ-S-2、粘钢加固试件A-PJ-P及高强钢带-粘钢组合加固试件A-PJ-SP-1的滞回曲线可知，仅高强钢带加固、仅粘钢加固或高强钢带-粘钢组合加固试件的承载能力与未加固对比试件相比均有进一步提高，其中组合加固试件承载力提高最为明显，表明仅高强钢带加固、仅粘钢加固或高强钢带-粘钢组合加固均可提高试件承载能力，但组合加固效果最为明显；

（3）对比不同钢带加固量试件A-PJ-S-1与A-PJ-S-2的滞回曲线可知，钢带用量较大试件滞回环更饱满，承载能力有明显提高，表明增大钢带用量能够提高试件承载与耗能能力；

（4）对比试件A-PJ-SP-1与试件A-PJ-SP-2的滞回曲线可知，两试件滞回曲线形状基本相同，试件A-PJ-SP-2承载能力有微弱提高，表明使用灌浆料填充钢带间隙有利于提高试件承载能力但效果微弱。

7.3.3 骨架曲线

本章试件骨架曲线的屈服点通过如图7-11所示的能量等效法[4]确定。具体做法为：由试件水平荷载-位移骨架曲线上峰值荷载点D引水平线DB，由O点引一直线与曲线交于A点，与直线BD交于C点，令OAO面积与ACDA面积相等并且最小，由C点做垂线与曲线相交于E点。E点对应的荷载与位移分别为屈服荷载P_y和屈服位移Δ_y；D点所对应荷载与位移分别为峰值荷载P_m和峰值位移Δ_m；极限荷载P_u取峰值荷载的85%，对应的位移为极限位移Δ_u。各试件的骨架曲线及不同参数对比的骨架曲线见图7-12，主要试验结果汇总表见表7-3。

对比各试件的骨架曲线及试验结果可知：

（1）各试件的受力过程均可分为弹性阶段、弹塑性阶段与破坏阶段。当试件水平荷载达到其峰值荷载的50%～60%以前，水平荷载与水平位移基本呈线性关系，表明试件处于弹性工作阶段；随着水平荷载的增加，各试件的骨架曲线的斜率逐渐降低，表明因裂缝的产生与发展使试件

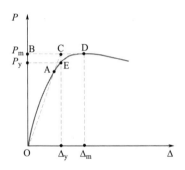

图7-11 能量等效法示意图

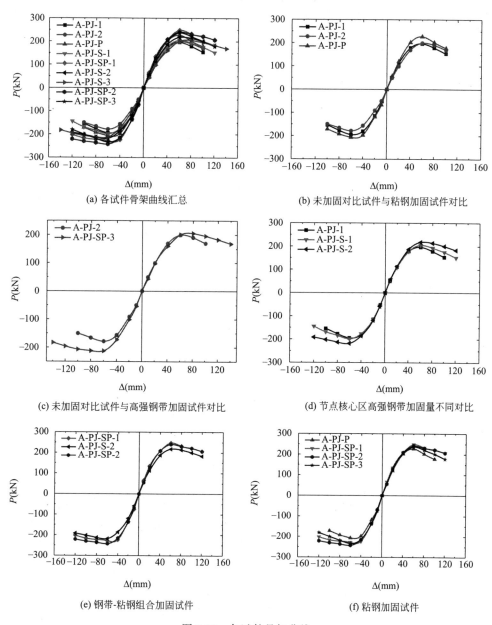

(a) 各试件骨架曲线汇总

(b) 未加固对比试件与粘钢加固试件对比

(c) 未加固对比试件与高强钢带加固试件对比

(d) 节点核心区高强钢带加固量不同对比

(e) 钢带-粘钢组合加固试件

(f) 粘钢加固试件

图 7-12　各试件骨架曲线

进入弹塑性阶段；当节点核心区箍筋屈服后，试件骨架曲线的斜率进一步减小，但因钢筋的强化效应，试件的水平承载力进一步增加；当到达峰值荷载后，试件的骨架曲线因混凝土的累积损伤而进入下降段；随着水平位移的进一步增加，荷载不断降低直至试件破坏。

试验结果汇总 表 7-3

试件编号	加载方向	屈服位移 Δ_y(mm)	屈服荷载 P_y(kN)	极限位移 Δ_u(mm)	峰值荷载 P_m(kN)	P_m提高率(%)	位移延性系数 $\mu(\Delta_u/\Delta_y)$	平均值 $\bar{\mu}$
A-PJ-1	正向	39.62	177.86	89.60	196.86	—	2.26	2.32
	负向	37.94	176.54	89.94	194.92	—	2.37	
A-PJ-2	正向	45.09	181.61	99.92	199.53	1.35	2.22	2.25
	负向	43.14	163.09	97.88	178.67	−8.34	2.27	
A-PJ-P	正向	42.26	208.41	86.60	227.37	15.50	2.05	2.33
	负向	36.86	191.09	95.70	206.94	6.17	2.60	
A-PJ-S-1	正向	43.08	185.91	100.68	205.12	4.20	2.34	2.43
	负向	39.96	176.69	100.41	198.44	1.81	2.51	
A-PJ-SP-1	正向	43.55	218.70	115.39	248.10	26.03	2.65	3.11
	负向	35.19	208.69	125.10	228.39	17.17	3.56	
A-PJ-S-2	正向	43.57	196.59	117.61	218.09	10.78	2.70	2.80
	负向	43.40	194.97	125.97	218.31	12.00	2.90	
A-PJ-S-3	正向	46.96	176.84	141.77	212.69	6.60	3.02	2.82
	负向	50.61	198.34	132.31	205.07	14.78	2.61	
A-PJ-SP-2	正向	40.88	212.22	127.23	242.83	23.35	3.11	2.91
	负向	44.54	225.63	120.71	240.85	23.56	2.71	
A-PJ-SP-3	正向	43.38	214.14	99.93	236.82	20.30	2.30	2.48
	负向	38.25	210.10	101.55	233.77	19.93	2.66	

（2）高强钢带加固试件 A-PJ-S-2、粘钢加固试件 A-PJ-P 及高强钢带-粘钢组合加固试件 A-PJ-SP-1 相比于未加固对比试件 A-PJ-1，承载力分别提高 11.4%，10.8% 和 21.6%，位移延性分别提高 20.9%，2.9% 和 33.7%。这表明仅高强钢带加固、仅粘钢加固或高强钢带-粘钢组合加固对试件的承载力和位移延性均有不同程度的提高，其中高强钢带-粘钢组合加固试件的承载力和延性的提高效果最明显，仅高强钢带加固和仅粘钢加固试件对承载力的提高效果接近，但仅高强钢带加固试件对延性的提高效果明显好于仅粘钢加固试件。

（3）对比轴压比为 0.2 的试件 A-PJ-1 与轴压比为 0.1 的 A-PJ-2，两试件的骨架曲线差异较小，承载力差别较小。

（4）高强钢带加固试件 A-PJ-S-1、A-PJ-S-2 相比于未加固对比试件 A-PJ-1，承载力分别提高 3.0% 和 11.4%，延性分别提高 1.2% 和 20.9%。表明增加节点核心区钢带数量能够有效提高节点承载能力和延性。

（5）高强钢带-粘钢组合加固试件 A-PJ-SP-1 与 A-PJ-SP-2 相比于高强钢带加固试件 A-PJ-S-2，承载力分别提高 9.2% 和 10.8%，位移延性分别提高 10.9% 和

3.9％。表明组合加固试件相比于仅高强钢带试件承载力和延性提升明显。

（6）高强钢带-粘钢组合加固试件 A-PJ-SP-1 与 A-PJ-SP-3 相比于仅粘钢加固试件 A-PJ-P，承载力分别提高 9.7％和 8.6％，位移延性分别提高 33.5％和 6.7％。表明组合加固试件相比于仅粘钢加固试件承载力和延性提升明显。另外，在组合加固试件中，增加高强钢带层数可有效提高试件承载能力且对试件延性提升更为明显。

7.3.4　应变分析

1. 节点核心区箍筋应变

未加固对比试件 A-PJ-1、高强钢带-粘钢组合加固试件 A-PJ-SP-1 及仅高强钢带加固试件 A-PJ-S-3 的箍筋应变-位移滞回曲线与应变-位移骨架曲线如图 7-13 所示，通过分析可得：

（1）试件 A-PJ-1 加载至开裂位移之前，箍筋应力水平较低；当加载至核心区裂缝贯通之后（Δ≈20mm），箍筋应变开始明显增长；在加载至屈服位移（Δ≈40mm）之前箍筋基本处于弹性状态；在 Δ≈40mm 时，箍筋应变达到屈服应变；加载至屈服位移之后，随着位移的继续增大，每一级位移加载过程中箍筋应变增长迅速，直至试件裂缝发展较完全后，应变水平不再增长。同时，由图 7-13（b）可见核心区复合箍筋各肢筋应变也存在明显差别，处于内部的 JG-3、JG-4 及 JG-9 应力增长明显较快。

（2）相比于试件 A-PJ-1，试件 A-PJ-SP-1 的箍筋应变增速明显变缓，箍筋达到屈服应变时对应位移有所增大，直至加载结束，箍筋应变水平明显低于试件 A-PJ-1，可见高强钢带-粘钢组合加固后箍筋所承受的拉应力有所减少，部分拉应力由高强钢带承担。

（3）相比于试件 A-PJ-S-3，试件 A-PJ-SP-1 的箍筋应变有所减小，表明相比于仅高强钢带加固试件，高强钢带-粘钢组合加固试件的节点核心区箍筋所承受拉应力有所降低。

2. 钢带应变及钢板应变

图 7-14 为部分试件钢带应变-位移滞回曲线及钢带应变-位移骨架曲线，经分析可知，高强钢带应变随着柱顶水平位移的增大而增大。在试件核心区裂缝贯通之前，高强钢带应变基本为零，应变在裂缝贯通之后开始有明显增长；随着柱顶位移不断增大，当核心区裂缝在往复荷载作用下不能完全闭合时，高强钢带应变在加载位移为零时有残余应变。可见高强钢带应变与试件节点核心区斜裂缝发展情况有明显联系，且高强钢带应变变化规律与箍筋类似。分析加载全过程，部分试件高强钢带一直处于弹性工作状态，钢带应力水平随着柱顶位移增大而增大，在试件达到峰值位移之后还能继续增长，这与第五、六章中高强钢带加固后试件

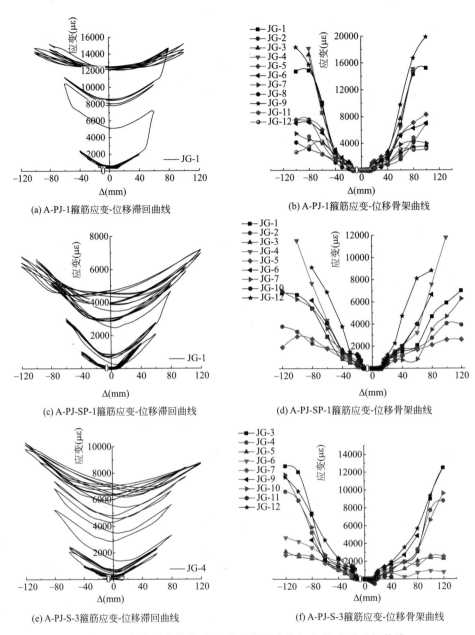

图 7-13　部分试件箍筋应变-位移滞回曲线与应变-位移骨架曲线

后期承载力提高较大的现象相吻合。

　　部分试件钢板应变-位移滞回曲线与应变-位移骨架曲线如图 7-15 所示。由图 7-15 可知，钢板从开始加载即开始与混凝土共同工作参与受力，随着柱顶位移的往复变化，钢板不断处于拉压交替变化状态，加载前期钢板应力随着柱顶位移的增大而增大，当柱顶位移增大到一定程度之后由于粘钢胶受拉脱离，导致部

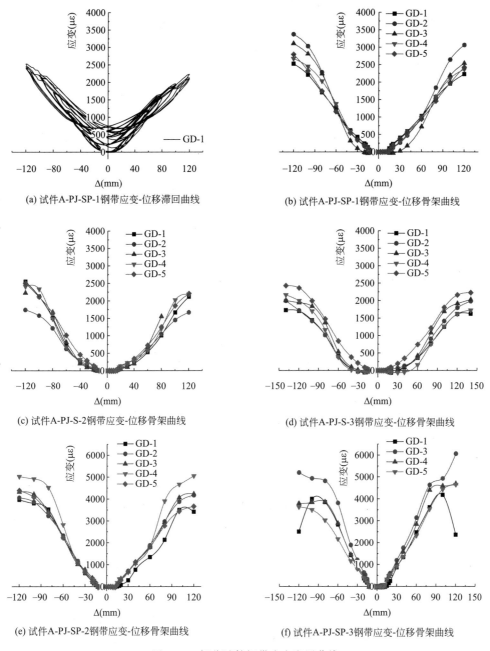

(a) 试件A-PJ-SP-1钢带应变-位移滞回曲线　　　(b) 试件A-PJ-SP-1钢带应变-位移骨架曲线

(c) 试件A-PJ-S-2钢带应变-位移骨架曲线　　　(d) 试件A-PJ-S-3钢带应变-位移骨架曲线

(e) 试件A-PJ-SP-2钢带应变-位移骨架曲线　　　(f) 试件A-PJ-SP-3钢带应变-位移骨架曲线

图 7-14　部分试件钢带应变发展曲线

分钢板受力减小，从而钢板应变开始下降，受压状态下受粘钢胶脱落影响较小，钢板所承受的压应力下降较慢，整个加载过程中，大部分钢板处于弹性工作状态。总体而言，钢板粘在节点角部，钢板受力与梁柱纵筋相似，钢板在提供梁柱抗弯承载力的同时对核心混凝土起到一定的约束与支承作用，从而能够提高节点的受剪承载能力。对比不同试件钢板应变-位移骨架曲线可知，相比于仅粘钢加固试件，高强钢带-粘钢加固后高强钢带能够限制节点核心区变形从而减小钢板所承受的荷载。

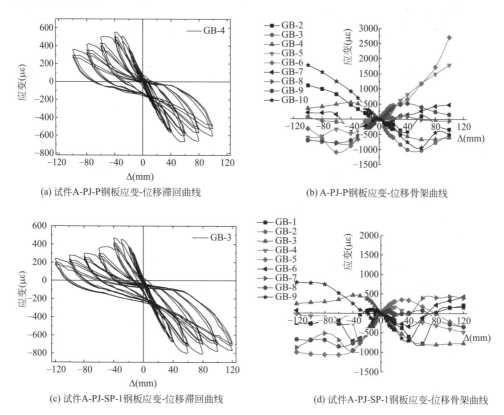

(a) 试件A-PJ-P钢板应变-位移滞回曲线　　　　　(b) A-PJ-P钢板应变-位移骨架曲线

(c) 试件A-PJ-SP-1钢板应变-位移滞回曲线　　　(d) 试件A-PJ-SP-1钢板应变-位移骨架曲线

图 7-15　部分试件钢板应变-位移滞回曲线与应变-位移骨架曲线

7.3.5　刚度退化

在位移幅值不变的情况下，结构构件的刚度随着反复加载次数的增加而降低的特性为刚度退化，本章采用环线刚度 K_i 对试件的刚度退化特征进行分析，环线刚度是指每级柱顶水平位移控制下三次循环的峰值荷载之和与位移之和的比值[1]。在相同位移下环线刚度按照式（7-1）进行计算：

$$K_i = \sum_{i=1}^{3} P_i^j \Big/ \sum_{i=1}^{3} \Delta_i^j \tag{7-1}$$

式中：P_i^j 表示水平位移为 j 时第 i 次循环的峰点荷载值；Δ_i^j 表示水平位移为 j 时第 i 次循环的峰点位移值。

各试件刚度退化曲线如图 7-16 所示，由图可知：

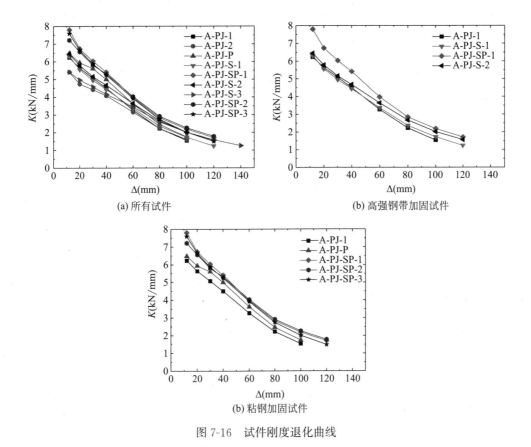

(a) 所有试件　　　　　　　　　　　　(b) 高强钢带加固试件

(b) 粘钢加固试件

图 7-16　试件刚度退化曲线

（1）加载初始试件抗侧刚度相差较大，粘钢加固试件 A-PJ-SP-1、A-PJ-SP-2、A-PJ-SP-3 初期刚度较大，A-PJ-1、A-PJ-P、A-PJ-S-1、A-PJ-S-2 试件初始刚度接近，试件 A-PJ-2 及 A-PJ-S-3 抗侧刚度较小，可见轴压比对试件初始抗侧刚度有明显影响。

（2）高强钢带-粘钢组合加固试件 A-PJ-SP-1 初期刚度最大，但其刚度退化速度也是最快的，最终试件刚度基本与试件 A-PJ-S-2 相同，可见粘钢加固对试件前期刚度提高明显，但加载后期由于试件破坏以及试件与钢板界面脱离致使粘钢加固对试件后期刚度影响较小。

（3）通过对比试件 A-PJ-1、A-PJ-S-1 及 A-PJ-S-2 刚度退化曲线发现，3 个试件初期刚度基本相同，当位移大于 40mm 左右之后，3 个试件刚度退化趋势开始产生明显的差异，未加固对比试件刚度退化最快，少量钢带加固的试件 A-PJ-S-1 有退化减缓趋势，试件 A-PJ-S-2 后期刚度得到明显提高，由此可见高强钢带加固不同于粘钢加固，其对试件屈服前刚度影响较小，随着试件的屈服与损伤，高强钢带会发挥更大的作用，由此可知高强钢带加固能有效提高试件后期刚度。观察试件 A-PJ-SP-1、A-PJ-SP-2、A-PJ-SP-3 刚度退化曲线可见，高强钢带加固量的变化对试件初期刚度影响较小，但试件屈服之后，试件刚度随着钢带加固量的增大有所提高。

（4）仅粘钢加固试件 A-PJ-P 初期刚度较未加固对比试件 A-PJ-1 有明显提高，但到加载中后期，其刚度退化明显加速，至位移达到 100mm 时，其刚度退化至与未加固对比试件仅有微弱差别。

7.3.6　强度退化

本章强度降低系数[1] 采用 5.3.5 节的方法进行计算，具体计算公式如式（7-2）所示。

$$\Phi = \frac{Q_{ij,\,\max}}{Q_{i,\,\max}} \tag{7-2}$$

式中：$Q_{ij,\,\max}$ 为第 i 级位移下第 j 次循环加载强度最大值；$Q_{i,\,\max}$ 为第 i 级位移下三次循环加载中强度最大值。

各试件的强度退化如图 7-17 所示，经分析可知：

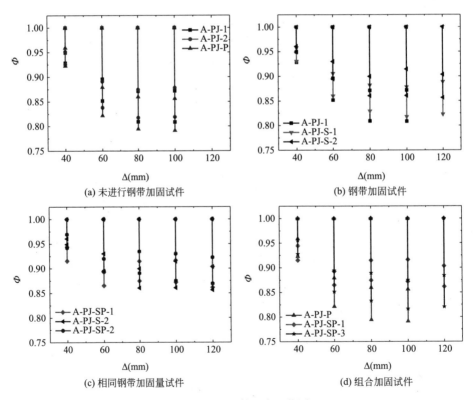

图 7-17　试件强度退化图

（1）试件 A-PJ-1 与试件 A-PJ-2 强度退化无明显差异，表明轴压比对试件强度退化影响较小；试件 A-PJ-P 相比于试件 A-PJ-1 强度退化更为明显，表明粘钢加固试件在往复荷载作用下随着钢板与试件脱离程度不断累积导致试件强度退化更快。

（2）相比于试件 A-PJ-1、A-PJ-S-1 及 A-PJ-S-2 可以发现，表明高强钢带加固量对试件强度退化影响明显，随着高强钢带加固量的增大强度退化现象明显减缓。

（3）对比试件 A-PJ-S-2、A-PJ-SP-1 及 A-PJ-SP-2 可以发现，各试件后期强度退化趋势差异较小，但总体而言高强钢带-粘钢加固试件相比于仅高强钢带加固试件强度退化有所缓和。

（4）相比于试件 A-PJ-P、A-PJ-SP-1 及 A-PJ-SP-3 可以发现，高强钢带-粘钢加固试件比仅粘钢加固试件强度退化有明显改善，且在钢带-粘钢组合加固中，钢带加固量对试件强度退化系数有很大影响。

7.3.7　耗能能力

本章采用耗能值与等效黏滞阻尼系数定量对比分析各试件的耗能能力。各试件不同位移下第一次循环耗能值计算结果见表 7-4，经分析可知：（1）钢带加固试件耗能值均有不同程度的提高；（2）试件 A-PJ-2 耗能值最低，可见轴压比对节点试件耗能影响显著，轴压比增大可有效提高试件的耗能值；（3）对比试件 A-PJ-2、A-PJ-S-2、A-PJ-SP-1 及 A-PJ-SP-2，可见在节点核心区进行钢带加固可有效提高试件耗能能力，粘钢加固对试件耗能影响微弱；（4）试件 A-PJ-SP-1 相比于试件 A-PJ-SP-3 总耗能值增大 10%，表明随着钢带加固量增大耗能明显提高。综上可见，试件耗能能力随着钢带加固量增加而增加，粘钢加固对节点耗能影响较小。

各试件在不同位移值下耗能值计算结果　　表 7-4

试件编号	各级位移单圈耗能(kN·m)									总耗能值(kN·m)
	12	20	30	40	60	80	100	120	140	—
A-PJ-1	0.35	0.75	2.13	3.91	10.24	15.30	19.59	—	—	137.92
A-PJ-2	0.35	0.73	1.77	3.05	7.67	11.26	14.29	—	—	97.86
A-PJ-P	0.42	0.92	2.19	3.74	9.94	13.93	17.54	—	—	122.99
A-PJ-S-1	0.40	0.87	2.11	3.61	9.05	13.88	18.25	21.92	—	183.43
A-PJ-SP-1	0.42	1.03	2.46	4.25	10.42	15.45	21.01	26.79	—	212.29
A-PJ-S-2	0.38	0.80	2.19	3.92	9.78	15.72	21.16	27.45	—	218.31
A-PJ-S-3	0.31	0.67	1.72	2.88	7.13	11.97	16.16	21.16	25.51	188.10
A-PJ-SP-2	0.43	1.03	2.58	4.30	10.44	16.13	21.56	27.57	—	221.73
A-PJ-SP-3	0.40	0.98	2.45	4.12	10.16	14.73	19.37	23.22	—	192.57

屈服后各试件在不同位移循环加载过程中第一次加载时滞回曲线的等效黏滞阻尼系数 h_e[5] 采用与 5.3.8 节相同的计算方法，具体见式（7-3）。

$$h_e = \frac{1}{2\pi} \cdot \frac{S_{ABC} + S_{CDA}}{S_{\Delta OBE} + S_{\Delta ODF}} \tag{7-3}$$

式中：S_{ABC} 和 S_{CDA} 为滞回曲线包围面积，$S_{\Delta OBE}$ 和 $S_{\Delta ODF}$ 为三角形所包围面积，计算方法如图 7-18 所示。

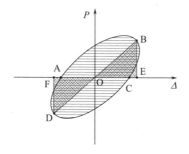

图 7-18 等效黏滞阻尼系数计算示意图

各试件等效黏滞阻尼系数-位移关系曲线如图 7-19 所示，经其分析可知：（1）轴压比提高，试件等效黏滞阻尼系数提高；（2）试件 A-PJ-S-1 与 A-PJ-S-2 等效黏滞阻尼系数趋势基本相同，试件 A-PJ-SP-1、A-PJ-SP-2 和 A-PJ-SP-3 等效黏滞阻尼曲线基本重合，表明高强钢带加固量对试件等效黏滞阻尼系数影响较小。

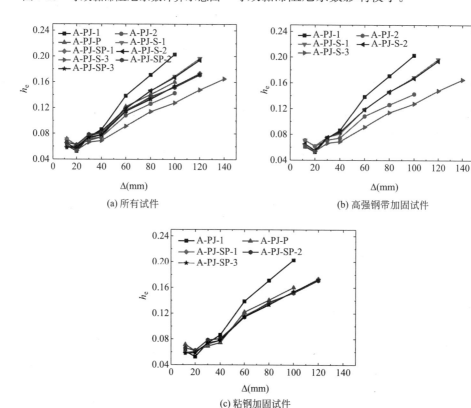

(a) 所有试件

(b) 高强钢带加固试件

(c) 粘钢加固试件

图 7-19 各试件等效黏滞阻尼系数-位移曲线

7.4　高强钢带加固钢筋混凝土框架节点受剪承载力分析

钢筋混凝土框架节点受剪承载力是节点设计过程中的重要设计依据，加固后节点的承载力是加固设计的重要依据。在试验研究与分析的基础上，对节点受剪承载力影响因素以及受力机理进行归纳总结，并基于软化拉压杆模型对加固后节点受剪承载力计算方法进行理论推导。

7.4.1　节点剪力计算

框架节点主要承受柱传来的轴力、弯矩、剪力和梁传来的弯矩和剪力，取典型框架中间节点为脱离体，节点受力简图如图 7-20 所示。

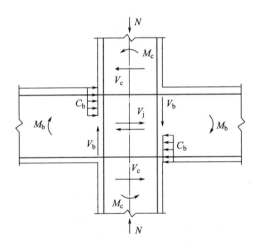

图 7-20　节点核心区受力简图

设节点水平剪力为 V_j，取节点上半部分为隔离体，由受力平衡条件可得：

$$V_j = C_b + T^r - V_c = \frac{M_b^l}{h_{b0} - a'_s} + \frac{M_b^r}{h_{b0} - a'_s} - V_c \tag{7-4}$$

根据式（7-4），节点水平剪力为：

$$V_j = \frac{2P_{max}l}{h_{b0} - a'_s} - V_c \tag{7-5}$$

其中：P_{max} 为加载至峰值荷载下正、反向梁端荷载最大值的平均值；l 为梁根部距离竖向力传感器距离；h_{b0} 为梁有效截面高度；a'_s 为梁纵筋合力作用点至截面边部距离；V_c 为柱端剪力。

节点水平剪力试验值计算结果如表 7-5 所示。

节点剪力试验值 V_j 表 7-5

试件编号	梁端反力 P_{max}(kN)	柱端剪力 V_c(kN)	节点剪力 V_j(kN)
A-PJ-1	142.95	195.89	1149.47
A-PJ-2	145.75	189.10	1182.64
A-PJ-P	166.16	217.15	1346.73
A-PJ-S-1	150.03	201.78	1210.27
A-PJ-SP-1	178.12	238.24	1438.21
A-PJ-S-2	158.14	218.20	1270.20
A-PJ-S-3	157.80	208.53	1276.62
A-PJ-SP-2	179.02	241.84	1443.01
A-PJ-SP-3	177.95	235.29	1439.51

7.4.2 基于软化拉压杆模型的节点受剪承载力计算

20 世纪 60 年代开始，国内外学者对节点核心区受剪承载能力提出了不同的计算方法，部分方法是基于试验统计与经验回归，亦有部分学者建立了相应的节点受力模型。节点核心区受剪承载力相对成熟的理论计算模型主要有两种[8]：（1）以新西兰规范为代表的斜压杆-桁架机构理论；（2）以美国规范方法为代表的压杆-拉杆模型理论。台湾学者 Hwang 和 Lee[10] 在压杆-拉杆模型的基础上提出软化拉压杆模型。软化拉杆-压杆模型在第二章已经有所描述，其主要由斜向压杆、水平机构、竖向机构组成，如图 7-21 所示。

软化拉压杆模型为超静定结构，拉杆屈服后节点的受剪承载能力可继续增长，节点核心区混凝土被压碎才认为机构失效。节点区的界限和斜压杆的界限重合，但其混凝土受力是斜压杆、平压杆和陡压杆的压应力之和。因此，节点混凝土压应力达到最大时的剪力被定义为节点的受剪承载能力。

1. 简化软化拉压杆模型与加固后节点受剪承载力计算

软化拉压杆模型由于迭代计算量较大或者需应用者编程计算，台湾学者 Hwang 教授提出了便于手算的简化计算过程[11]，且简化计算结果与迭代计算结果精确度相当，简化软化拉压杆模型假定节点区受剪承载能力为 V_j，计算如下：

$$V_j = K\zeta f_c A_{str}\cos\theta \tag{7-6}$$

式中：K 为拉压杆系数；ζ 为混凝土开裂受压软化系数；f_c 为混凝土棱柱体抗压强度；A_{str} 为核心区斜压杆的有效面积；θ 为斜压杆与水平方向夹角。

拉压杆系数 K 可以通过下式计算：

$$K = K_h + K_v - 1 \tag{7-7}$$

式中：K_h、K_v 分别为水平、竖向拉杆系数。

水平拉杆系数 K_h 可通过下式计算：

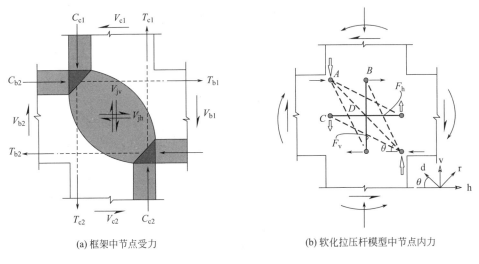

(a) 框架中节点受力　　　　　　(b) 软化拉压杆模型中节点内力

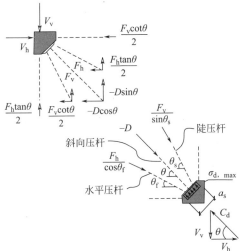

(c) 软化拉压杆模型内力分解

图 7-21　软化拉压杆模型内力分析

$$K_h = 1 + \frac{(\overline{K_h} - 1)A_{th}f_{yh}}{\overline{F_h}}, \quad K_h \leqslant \overline{K_h} \tag{7-8}$$

$$\overline{K_h} = \frac{1}{1 - 0.2(\gamma_h + \gamma_h^2)} \tag{7-9}$$

$$\gamma_h = \frac{2\tan\theta - 1}{3}, \quad (0 \leqslant \gamma_h \leqslant 1) \tag{7-10}$$

$$\overline{F_h} = \gamma_h \overline{K_h} \zeta f_c a_s b_s \cos\theta \tag{7-11}$$

式中：$\overline{K_h}$ 为水平拉杆平衡系数；A_{th} 为水平拉杆截面面积；f_{yh} 为水平拉杆屈服

强度；γ_h 为水平箍筋产生的拉力与节点水平剪力比值；$\overline{F_h}$ 为水平拉杆平衡拉力。

同理，竖向拉杆系数 K_v 计算如下：

$$K_v = 1 + \frac{(\overline{K_v} - 1)A_{tv}f_{yv}}{\overline{F_v}}, \ K_v \leqslant \overline{K_v} \tag{7-12}$$

$$\overline{K_v} = \frac{1}{1 - 0.2(\gamma_v + \gamma_v^2)} \tag{7-13}$$

$$\gamma_v = \frac{2\cot\theta - 1}{3}, \ 0 \leqslant \gamma_v \leqslant 1 \tag{7-14}$$

$$\overline{F_v} = \gamma_v \overline{K_v} \zeta f_c a_s b_s \sin\theta \tag{7-15}$$

式中：$\overline{K_v}$ 为竖向拉杆平衡系数；A_{tv} 为竖向拉杆截面面积；f_{yv} 为竖向拉杆屈服强度；γ_v 为柱纵筋产生拉力与节点竖向剪力比值；$\overline{F_v}$ 为竖向拉杆平衡拉力。

软化系数 ζ 取值可根据 Nielsen[12] 提出的斜裂缝区域混凝土有效强度系数进行计算：

$$\zeta = 0.79 - \frac{f_c}{200} \tag{7-16}$$

核心区斜压杆的有效面积 A_{str}，计算过程如下：

$$A_{str} = a_s \times b_s \tag{7-17}$$

式中：a_s 为斜压杆高度，b_s 为斜压杆宽度。

斜压杆的高度 a_s 计算可采用：

$$a_s = \sqrt{c_b^2 + c_c^2} \tag{7-18}$$

式中：c_b、c_c 分别为梁端、柱端混凝土受压区高度。

梁端受压区高度 c_b 可通过下式计算[13]：

$$c_b = \frac{A_s f_y}{0.85\beta_1 f_c b_b} \tag{7-19}$$

式中：A_s 为梁受拉区纵筋面积，f_y 为纵筋抗拉强度设计值，β_1 为混凝土压应力等效系数，f_c 为混凝土棱柱体抗压强度，b_b 为梁截面宽度。

柱截面受压区高度 c_c 建议计算方法[14] 为：

$$c_c = (0.25 + 0.85\frac{N}{f_c A_c})h_c \tag{7-20}$$

式中：N 为混凝土柱轴压力，A_c 为混凝土柱毛截面面积，h_c 为柱截面高度。

斜压杆宽度 b_s 可取为节点核心区宽度即：

$$b_s = b_c \tag{7-21}$$

斜压杆与水平方向夹角 θ 计算如下：

$$\theta = \arctan\left(\frac{h''_b}{h''_c}\right) \tag{7-22}$$

式中：h''_b 为梁上、下部纵筋之间的间距，h''_c 为柱最外侧侧纵筋间距。

本文试验涉及核心区进行高强钢带加固与节点角部粘钢加固，现将高强钢带作用考虑与核心区箍筋相同，主要影响拉压杆模型中水平拉杆强度，角部粘钢作用考虑与梁柱端最外侧纵筋相同，在拉压杆模型中主要影响梁端受压区高度。

将梁端受压区高度 c_b 计算公式修正为：

$$c_b = \frac{A_s f_y + b_p h_p f_{yp}}{0.85\beta_1 f_c b_b} \tag{7-23}$$

式中：b_p 为加固钢板宽度，h_p 为加固钢板厚度，f_{yp} 为钢板屈服强度。

将水平拉杆系数 K_h 计算公式修正为：

$$K_h = 1 + \frac{(\overline{K_h}-1)(A_{thh}f_{yhh}+A_{ss}f_{yss})}{\overline{F_h}}, \quad K_h \leqslant \overline{K_h} \tag{7-24}$$

式中 A_{thh}、f_{yhh} 分别为箍筋截面面积及屈服强度，A_{ss}、f_{yss} 分别为高强钢带截面面积与屈服强度。

根据以上方法可分别考虑粘钢加固与高强钢带加固的作用，由此即可计算各试件理论承载能力，理论计算结果与试验结果对比如表 7-6 所示。

节点剪力理论计算值与试验值对比　　　　　　表 7-6

试件编号	理论值 V_j^c (kN)	试验值 V_j^t (kN)	V_j^c/V_j^t
A-PJ-1	1064.280	1149.470	0.926
A-PJ-2	971.254	1182.642	0.821
A-PJ-P	1413.816	1346.730	1.050
A-PJ-S-1	1102.820	1210.270	0.911
A-PJ-SP-1	1590.133	1438.210	1.106
A-PJ-S-2	1245.060	1270.200	0.980
A-PJ-S-3	1082.934	1276.618	0.848
A-PJ-SP-2	1590.133	1443.010	1.102
A-PJ-SP-3	1478.542	1439.510	1.027
均值			0.974
变异系数			0.108

由表 7-6 可见，节点受剪承载能力计算值与试验值比值均值为 0.974，变异系数为 0.108，两者吻合良好，表明理论计算公式有较高的精确度。

2. 加固后节点受剪承载力简化计算公式及加固设计方法

在软化拉压杆模型中可将节点核心区横向高强钢带考虑与箍筋作用相同，高强钢带与水平箍筋仅作为水平拉杆机构，由式（7-8）可知，软化拉压杆模型水平拉杆系数存在上限值。同时，将粘钢考虑与梁纵筋作用相同，对软化拉压杆系数模型中斜压杆高度及拉压杆系数进行修正。本节基于软化拉压杆模型进行高强钢带、粘钢加固及钢带-粘钢组合加固后节点承载能力计算公式进行推导。

（1）高强钢带加固

由上述内容可知，高强钢带加固机理通过提高软化拉压杆模型水平拉杆系数进行作用，定义加固后节点拉压杆系数增大值为 ΔK_s，由于竖向拉杆系数进行钢带加固前后未发生变化，则由钢带加固引起的拉压杆系数增大值 ΔK_s 即为水平拉杆系数增大值 ΔK_h：

$$\Delta K_s = \Delta K_h, \qquad \Delta K_h \leqslant \overline{K_h} - K_p \tag{7-25}$$

$$\Delta V_{js} = \Delta K_s \zeta f_c a_s b_s \cos\theta \tag{7-26}$$

式中：K_p 为加固前节点拉压杆系数。

依据式（7-25）可得加固后水平拉杆系数增大值：

$$\Delta K_h = \frac{(\overline{K_h} - 1)A_{ss}f_{yss}}{\overline{F_h}} \tag{7-27}$$

其中将式（7-9）和式（7-11）代入可得：

$$\Delta K_h = \frac{\left[\dfrac{1}{1 - 0.2(\gamma_h + \gamma_h^2)} - 1\right] A_{ss}f_{yss}}{\gamma_h \cdot \dfrac{1}{1 - 0.2(\gamma_h + \gamma_h^2)} \cdot \zeta f_c a_s b_s \cos\theta} \tag{7-28}$$

代入式（7-26）可得：

$$\Delta V_{js} = \frac{\left[\dfrac{1}{1 - 0.2(\gamma_h + \gamma_h^2)} - 1\right] A_{ss}f_{yss}}{\gamma_h \cdot \dfrac{1}{1 - 0.2(\gamma_h + \gamma_h^2)}} \tag{7-29}$$

上式化简可得：

$$\Delta V_{js} = \frac{0.2(\gamma_h + \gamma_h^2)A_{ths}f_{yhs}}{\gamma_h} = 0.2(1 + \gamma_h)A_{ss}f_{yss} \tag{7-30}$$

将式（7-10）代入即得：

$$\Delta V_{js} = \frac{2}{15}(\tan\theta + 1)A_{ss}f_{yss} \tag{7-31}$$

由于拉压杆机构为超静定机构，若斜向混凝土压杆率先达到屈服，则继续增加水平拉杆便不能继续提高节点受剪承载能力，故而水平拉杆系数增大值存在上限值 $\Delta K_{h,max}$，由式（7-8）可知：

$$\Delta K_{h,max} = \overline{K_h} - K_{hp} \tag{7-32}$$

其中 K_{hp} 为加固前节点水平拉杆系数，由式（7-8）可知：

$$K_{hp} = 1 + \frac{(\overline{K_h} - 1)A_{thh}f_{yhh}}{\overline{F_h}} \tag{7-33}$$

$$\Delta K_{h,max} = (\overline{K_h} - 1) - \frac{(\overline{K_h} - 1)A_{thh}f_{yhh}}{\overline{F_h}} = (\overline{K_h} - 1)\left(1 - \frac{A_{thh}f_{yhh}}{\overline{F_h}}\right)$$

$$\tag{7-34}$$

将式 (7-11) 代入并化简可得：

$$\Delta K_{h,\,max} = (\overline{K_h} - 1) - \frac{A_{thh} f_{yhh}}{\gamma_h \zeta f_c a_s b_s \cos\theta}\left(1 - \frac{1}{K_h}\right) \tag{7-35}$$

进而可得：

$$\Delta V_{js,\,max} = (\overline{K_h} - 1)\zeta f_c a_s b_s \cos\theta - \frac{A_{thh} f_{yhh}}{\gamma_h}\left(1 - \frac{1}{K_h}\right) \tag{7-36}$$

即：

$$\Delta V_{js,\,max} = (\overline{K_h} - 1)\left(\zeta f_c a_s b_s \cos\theta - \frac{A_{thh} f_{yhh}}{\gamma_h \overline{K_h}}\right) \tag{7-37}$$

（2）粘钢加固

由上述内容可知，粘钢加固节点机理是通过增大梁端受压区高度进而增大拉压杆模型中斜压杆高度以提高节点受剪承载能力。但粘钢加固在提高斜压杆高度的同时对拉压杆模型中水平拉杆与竖向拉杆系数均存在一定的影响，现定义粘钢加固后节点拉压杆系数为 K_b，依据式 (7-6) 可得粘钢加固后节点受剪承载能力 V_{jb} 表达如下：

$$V_{jb} = K_b \zeta f_c a_{sb} b_j \cos\theta \tag{7-38}$$

式中：a_{sb} 为考虑粘钢加固作用后拉压杆模型斜压杆高度，

结合式 (7-6) 可得粘钢加固节点受剪承载能力提高值 ΔV_{jb}：

$$\Delta V_{jb} = (K_b a_{sb} - K a_s)\zeta f_c b_j \cos\theta \tag{7-39}$$

（3）高强钢带-粘钢组合加固

同时考虑高强钢带及粘钢作用可大幅提升节点受剪承载能力，但高强钢带及粘钢对软化拉压杆模型中拉压杆系数的交互影响较为复杂，难以对两者的影响进行分离，故提出两者组合加固后拉压杆系数 K_{sb} 进行其受剪承载力 V_{jsb} 的计算：

$$V_{jsb} = K_{sb} \zeta f_c a_s b_j \cos\theta \tag{7-40}$$

与粘钢加固相同，高强钢带-粘钢组合加固后节点受剪承载能力提高值 ΔV_{jsb} 可表示为：

$$\Delta V_{jsb} = (K_{sb} a_{sb} - K a_s)\zeta f_c b_j \cos\theta \tag{7-41}$$

由以上内容可得高强钢带加固钢筋混凝土框架节点受剪承载力设计方法如下：

（1）根据软化拉压杆模型计算确定节点受剪承载力需增大值 ΔV_j；

（2）根据式 (7-37) 计算 $\Delta V_{js,max}$，对比 ΔV_j 与 $\Delta V_{js,max}$ 相对大小；

（3）若 $\Delta V_j \leqslant \Delta V_{js,max}$，可通过高强钢带加固满足其加固需求，依式 (7-31) 进行钢带加固设计；

（4）若 $\Delta V_j \geqslant \Delta V_{js,max}$，需进行粘钢加固或者钢带-粘钢组合加固；

（5）依据式 (7-39) 进行粘钢加固设计或依据式 (7-41) 进行钢带-粘钢组合加固设计，进行组合加固设计时可先令 $\Delta V_j = \Delta V_{js,max}$ 并依式 (7-31) 进行钢带设计后进行粘钢加固设计；

（6）依据计算结果对高强钢带及粘钢进行详细设计并合理优化加固方案。

3. 钢带加固后节点受剪承载力实用计算公式

本节基于混凝土结构设计规范中的框架梁柱节点的受剪承载力计算公式对高强钢带加固后节点受剪承载力实用计算公式进行推导，具体公式如下所示。

$$V_j = a_x \eta_j f_t b_j h_j + 0.05\eta_j N \frac{b_j}{b_c} + f_{yv} A_{svj} \frac{h_{b0} - a'_s}{s} + \beta_{ss} f_{yss} A_{tss} \frac{h_{ss}}{s_{ss}} \quad (7\text{-}42)$$

式中
- a_x——系数，此处取 1.9；
- η_j——正交梁对节点的约束影响系数，取 1；
- f_t——混凝土轴心抗拉强度，取 $f_t = 0.395 f_{cu}^{0.55}$，$f_{cu}$ 为立方体抗压强度；
- b_j——框架节点核心区的截面有效验算宽度，此处取柱截面宽度；
- h_j——框架节点核心区的截面高度；
- N——节点上柱底部的轴向力；
- b_c——柱截面宽度；
- f_{yv}——箍筋抗拉强度；
- A_{svj}——核心区有效验算宽度范围内同一截面验算方向箍筋各肢的全部截面面积；
- h_{b0}——框架梁截面有效高度；
- a'_s——受压区纵向普通钢筋合力点至截面受压边缘的距离；
- s——箍筋间距；
- β_{ss}——钢带影响系数，当设置 1 层钢带时，取 1；当设置 2 层钢带时，取 0.80；当设置 3 层钢带时，取 0.67；
- f_{yss}——钢带屈服强度；
- A_{tss}——核心区有效验算宽度范围内同一截面验算方向钢带各肢的全部截面面积；
- s_{ss}——钢带间距。

根据以上方法计算钢带加固试件抗剪承载力，计算结果与试验结果对比见表 7-7。

节点受剪承载力实用计算公式计算结果与试验结果对比　　　表 7-7

试件编号	理论值 V_j^c (kN)	试验值 V_j^t (kN)	V_j^c/V_j^t
A-PJ-S-1	963.47	1210.27	0.80
A-PJ-SP-1	1494.12	1438.21	1.04
A-PJ-S-2	1494.12	1270.20	1.18
A-PJ-S-3	1473.75	1276.62	1.15
A-PJ-SP-2	1494.12	1443.01	1.04
A-PJ-SP-3	1140.56	1439.51	0.79
均值	1.00	变异系数	0.17

由表可见，节点受剪承载能力计算值与试验值比值的均值为 1.00，变异系数为 0.17，两者吻合良好，表明所提出的高强钢带加固节点实用计算公式具有较高的精确度。

7.5　本章小结

本章通过对 2 个未加固 RC 框架节点试件与 7 个采用不同加固形式的 RC 框架节点加固试件进行低周往复荷载试验，研究了采用粘钢加固、高强钢带加固及粘钢-高强钢带组合加固对节点抗震性能的影响，得到以下主要结论：

（1）试验过程中所有试件均发生典型的节点核心区剪切破坏，三种加固方式均能提高节点受剪承载能力。对于采用高强钢带加固试件，增加高强钢带用量可进一步提高节点受剪承载力。

（2）高强钢带加固后试件承载能力、延性、耗能等抗震性能指标均有不同程度的提高，且高强钢带加固后试件后期承载力提高明显，试件刚度退化减缓；粘钢加固试件前期刚度提高明显，但后期试件承载力退化严重，粘钢加固对试件耗能提高作用不明显；高强钢带-粘钢组合加固试件兼具两种加固特点，加固后试件承载能力、延性、耗能等抗震性能指标均有明显提高。

（3）基于软化拉压杆模型理论推导出加固后节点受剪承载能力计算方法，并与试验值进行对比分析，高强钢带作用类似箍筋可提高模型中水平拉杆承载能力，从而提高试件受剪承载能力；粘钢加固试件能有效增大梁端受压区高度，增大拉压杆模型中斜压杆高度，从而提高节点受剪承载能力；两者作用均统一于软化拉压杆模型理论计算方法中。

（4）基于软化拉压杆模型理论提出高强钢带加固节点受剪承载能力简化计算方法。另外，基于混凝土结构设计规范中的框架梁柱节点的受剪承载力计算公式，提出了高强钢带加固后节点受剪承载力实用计算方法。以上两种计算结果与试验结果均吻合较好。

本章参考文献

[1] 王念念. 预应力钢带-粘钢组合加固钢筋混凝土框架节点抗震性能试验研究 [D]. 西安建筑科技大学，2018.

[2] GB/T 228.1-2010，金属材料 拉伸试验 第 1 部分：室温试验方法 [S]. 北京：中国标准出版社，2010.

[3] Yong Yang，Yicong Xue，Niannian Wang，Yunlong Yu. Experimental and numerical study

on seismic performance of deficient interior RC joints retrofitted with prestressed high-strength steel strips [J]. Engineering Structures，2019，190：306-318.

［4］冯鹏，强翰霖，叶列平．材料、构件、结构的"屈服点"定义与讨论［J］．工程力学，2017，34（03）：36-46.

［5］JGJ/T 101-2015，建筑抗震试验规程［S］．北京：中华人民共和国住房和城乡建设部，2015.

［6］于洁，陈玲俐．钢筋混凝土框架节点抗震性能研究进展［J］．世界地震工程，2010，26（2）：151-159.

［7］郭二伟，李振宝．钢筋混凝土框架节点抗震性能的研究进展［J］．建筑结构，2012，42（S1）：215-219.

［8］Park R，Paulay T. Reinforced concrete strutures［M］. A Wiley Interscience Publication，1974.

［9］Hwang S J，Lee H J. Analytical model for predicting shear strengths of exterior reinforced concrete beam-column joints for seismic resistance［J］. ACI Structural Journal，1999，96（5）：846-857.

［10］Hwang S J，Lee H J. Analytical model for predicting shear strengths of interior reinforced concrete beam-column joints for seismic resistance［J］. ACI Structural Journal，2000，97（1）：35-44.

［11］Hwang S J，Lee H J. Strength prediction for discontinuity regions by softened strut-and-tie model［J］. Journal of Structural Engineering，2002，128（12）：1519-1526.

［12］Nielsen M P. Limit analysis and concrete plasticity［J］. Rnford Onr，1984.

［13］邢国华，刘伯权，牛荻涛．钢筋混凝土框架中节点受剪承载力计算的修正软化拉压杆模型［J］．工程力学，2013，30（08）：60-66.

［14］Paulay T，Priestly M J N. Seismic Design of Reinforced Concrete and Masonry Buildings［M］. Wiley，1992.

G 第8章 高强钢带加固钢筋混凝土梁柱组合件抗震性能研究

8.1 引言

本章以 8 个采用不同加固形式的钢筋混凝土梁柱组合件试件和 1 个未加固对比试件的拟静力试验为基础,研究了核心区钢带间距、梁端钢带间距和层数、高强钢带加固位置和组合件类型等参数对各试件破坏形态、滞回性能、承载能力、强度退化、刚度退化、位移延性和耗能能力等抗震性能的影响。结合试验结果及分析,研究了高强钢带、碳纤维布 (Carbon Fibre-reinforced Polymer,简称 CFRP) 及外包钢加固钢筋混凝土梁柱组合件的受力机理。

8.2 试验概况

8.2.1 试件设计

本章试验共设计了 9 个钢筋混凝土框架组合件试件,包括 7 个平面组合件和 2 个带正交梁的空间组合件[1]。所有待加固钢筋混凝土框架组合件试件的柱与主梁均采用同一规格制作,试件中柱高 2500mm,柱截面尺寸为 350mm×350mm;主梁截面尺寸为 250mm×400mm;空间组合件正交梁的截面尺寸为 200mm×350mm,正交梁长 1200mm。试件梁、柱的纵筋和箍筋均采用 HRB400 级钢筋,梁配置纵筋为 4Φ22,柱配置纵筋为 12Φ20,梁、柱配置箍筋为Φ8@100,其中柱与梁内的箍筋分别采用四肢箍与双肢箍。为防止梁端和柱端发生剪切破坏,在梁段、柱端 400mm 范围内箍筋加密至Φ8@50。另外,核心区箍筋采用 HPB300 级钢筋,核心区仅配置 3 道Φ6 箍筋。钢筋混凝土梁柱组合件试件制作完成后,对试件进行了不同形式的加固,包括 1 个未加固平面试件、5 个高强钢带加固平面试件、1 个高强钢带加固空间试件、1 个外包钢加固平面试件和 1 个碳纤维布加固空间试件。试验中各试件参数见表 8-1,试件设计如图 8-1 所示。

试件参数汇总表 表 8-1

试件编号	组合件类型	加固类型	核心区高强钢带间距-层数(数量)	梁端高强钢带间距-层数(数量)	高强钢带孔处理	轴压力N(kN)	试验轴压比
B-PJ	平面	—	—	—	—	918.75	0.3
B-PJ-S-1	平面	钢带	50-2(5 道)	100-2(4 道)	建筑结构胶	918.75	0.3
B-PJ-S-2	平面	钢带	100-2(3 道)	100-2(4 道)	建筑结构胶	918.75	0.3
B-PJ-S-3	平面	钢带	100-2(3 道)	50-2(6 道)	建筑结构胶	918.75	0.3
B-PJ-S-4	平面	钢带	100-2(3 道)	无	建筑结构胶	918.75	0.3
B-MJ-S-5	空间	钢带	100-2(3 道)	100-2(4 道)	建筑结构胶	918.75	0.3
B-PJ-S-6	平面	钢带	50-2(5 道)	100-4(4 道)	建筑结构胶	918.75	0.3
B-PJ-E	平面	外包钢	—	—	—	918.75	0.3
B-MJ-CFRP	空间	CFRP	—	—	—	918.75	0.3

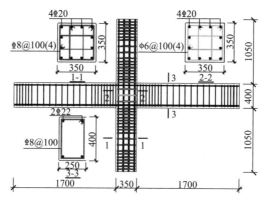

(a) 平面未加固对比试件

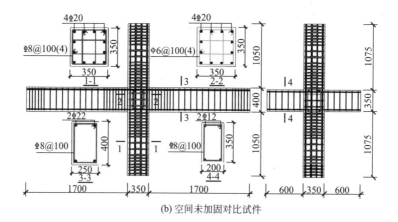

(b) 空间未加固对比试件

图 8-1 试件设计示意图（单位：mm）（一）

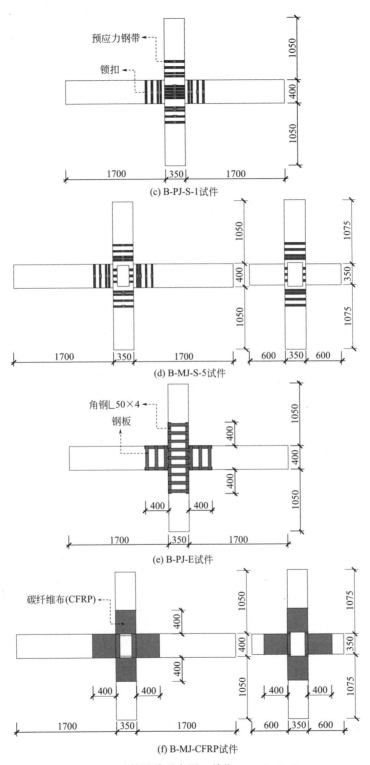

图 8-1　试件设计示意图（单位：mm）（二）

8.2.2 材料性能

试验采用 C25 商品混凝土。预留两组共 12 个 100mm×100mm×100mm 立方体试块[2]，用于测量混凝土强度，实测混凝土强度结果如表 8-2 所示，实测混凝土立方体抗压强度平均值为 34.4MPa。

混凝土力学性能 表 8-2

试块编号	1	2	3	4	5	6	f_{cu}(MPa)	f_c(MPa)
一组	33.3	31.4	36.5	33.6	33.0	32.4	33.4	25.4
二组	35.6	34.5	34.7	34.6	37.2	35.0	35.3	26.8

注：表中混凝土轴心抗压强度 f_c 由立方体抗压强度 f_{cu} 换算得出，换算公式为：$f_c = 0.76 f_{cu}$。

对试验采用的各类钢材力学性能指标进行测量，结果如表 8-3 所示。

钢材力学性能 表 8-3

材料		钢材类型	直径或厚度 （mm）	屈服强度 （MPa）	抗拉强度 （MPa）	弹性模量 （MPa）
钢筋	箍筋	HPB300	6	389.2	578.3	$2.05×10^5$
	箍筋	HRB400	8	430.1	676.7	$2.01×10^5$
	纵筋	HRB400	20	451.7	603.3	$2.23×10^5$
	纵筋	HRB400	22	424.7	592.3	$2.05×10^5$
钢带		ULT980	0.9	770.7	877.4	$1.84×10^5$
钢板		Q235	4	275.4	396.8	$2.06×10^5$
碳纤维布		CFRP	0.167	—	3300	$2.40×10^5$

8.2.3 试件制作

1. 初始试件制作

初始试件制作过程如图 8-2 所示。具体制作流程包括：钢筋加工，钢筋应变片粘贴，钢筋绑扎及模板支设，混凝土浇筑及试件养护。其中，为方便后期高强钢带加固施工中使钢带和试件表面能够紧密贴合，在浇筑混凝土前采用 PVC 管对所有试件的核心区及邻近核心区的梁端和柱端分别进行倒角，倒角半径均为 50mm；在靠近核心区的梁端通过预埋可取出的矩形截面钢管来预留孔洞。

2. 试件加固

初始试件养护后拆除模板、倒角 PVC 管及预留孔洞处的钢管，并对试件表面不平整部位进行打磨处理后进行加固。

（1）高强钢带加固

高强钢带加固流程为：试件表面清理干净后将裁剪的钢带缠绕于核心区位

(a) 钢筋应变片粘贴　　　　　(b) 核心区倒角及预留孔道　　　　(c) 平面试件钢筋绑扎及模板支设

(d) 空间试件钢筋绑扎及模板支设　　　(e) 平面试件混凝土浇筑后　　　(f) 空间试件混凝土浇筑后

图 8-2　试件制作过程

置；使用钢带打包机拉紧钢带，拉紧同时利用钢带锁扣设备在钢带扣位置处进行锁扣，依次按照上述步骤完成不同位置处进行钢带加固。高强钢带加固完成之后，利用建筑结构胶对试件的预留孔洞填充密实，待灌浆料完全凝固即完成全部加固。具体加固流程见第七章。

（2）外包钢加固

外包钢加固流程为：在核心区沿柱的 4 个棱边处各设置一个 L 形角钢，并延伸至上、下柱端各 400mm，总长 1200mm；在临近核心区沿两侧梁端的 4 个棱边处各设置一个 L 形角钢，长度均为 400mm；用钢板将相邻角钢通过焊接进行连接，并形成外包钢骨架；对外包钢骨架与试件之间的间隙使用高强灌浆料进行填充。其中，L 形角钢型号为 L50×4，连接钢板宽度 50mm，所有钢材厚度均为 4mm。具体加固过程及效果如图 8-3 所示。

(a) 焊接拼装　　　　　　　(b) 穿孔焊接　　　　　　　(c) 灌浆抹面

图 8-3　外包钢加固

（3）碳纤维布加固

CFRP 加固的具体流程为：在核心区柱的 4 个棱边处沿竖向各粘贴一层（延伸至上、下柱端各 300mm，总长 1000mm，见图 8-4 中红色部分）；在核心区 4 个阳角处水平粘贴一层（高度同梁高 400mm，并向主梁和正交梁端各延伸 300mm，见图 8-4 中黄色部分）；梁、柱端各沿环向粘贴一层（宽度均为 400mm，见图 8-4 中蓝色部分）[3]。

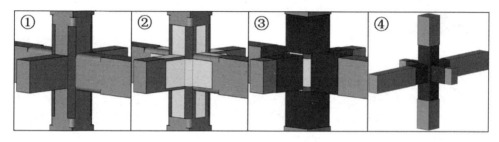

图 8-4　CFRP 加固流程及效果

8.2.4　加载方案

试验加载装置与第七章相同，试验采用拟静力加载，柱底设转动铰支座，柱顶设恒压液压千斤顶，千斤顶上部设有可水平滑动滚轮组以满足加载过程中竖向千斤顶随柱端同步移动。上柱端通过连接件与 MTS 作动器进行连接，梁端通过设有轴承的拉杆与下部压梁连接用来模拟可以水平移动的滑动支座，同时左右梁端拉杆上各装有量程为 1000kN 的力传感器用来测量梁端支座反力，详见图 8-5。试验时，先在柱顶施加竖向轴力并在加载过程中保持不变，为避免竖向轴力导致的柱轴向压缩变形对梁初始受力状态产生影响，试验在施加竖向轴压之后再完成梁端链杆的安装工作。

图 8-5　试验加载装置

试验中采用液压千斤顶在柱顶施加全部竖向荷载，且在加载过程中该竖向荷载保持不变。柱顶通过专用连接件与 MTS 电液伺服作动器进行连接，并采用 MTS 电液伺服加载系统对柱顶施加水平低周往复荷载。试验采用位移加载控制，试件屈服前每级位移循环 1 次，试件屈服后每级位移循环 3 次，具体加载制度如图 8-6 所示。当试件的水平荷载下降至峰值荷载的 85% 左右时，认为试件破坏，达到极限状态，加载结束。

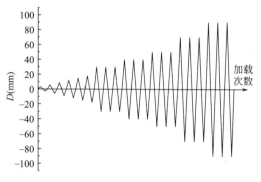

图 8-6　加载制度示意图

8.2.5　量测方案

试验量测内容和具体量测方法与第 7 章相似，位移计的具体布置与节点核心区剪切变形量测示意见图 8-7。

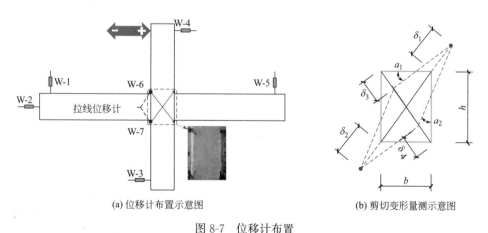

(a) 位移计布置示意图　　　　　　　(b) 剪切变形量测示意图

图 8-7　位移计布置

试验采用电阻应变片测量钢筋、钢带、外包钢和碳纤维布的应变值，其中，纵筋和箍筋应变片布置在核心区关键受力部位，试件中的应变片具体布置方式见图 8-8。

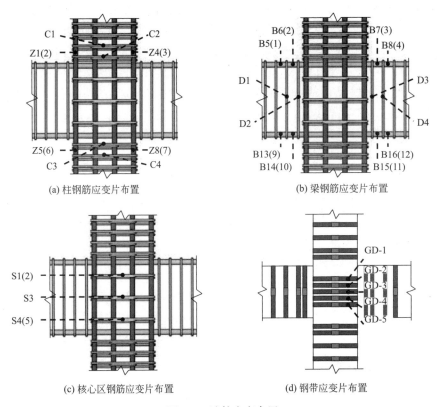

(a) 柱钢筋应变片布置　　　　　　(b) 梁钢筋应变片布置

(c) 核心区钢筋应变片布置　　　　(d) 钢带应变片布置

图 8-8　试件应变布置

8.3　试验结果及分析

8.3.1　破坏形态

图 8-9（a）～图 8-9（i）为所有试件的最终破坏形态以及裂缝发展和损伤情况。其中，试件 B-PJ 为梁端弯曲-核心区剪切破坏，其他不同形式加固试件均为梁端弯曲破坏。

试件 B-PJ 破坏过程为：在加载位移角为 0.25%（位移为 6mm）时，梁侧面靠近核心区位置处开始出现细微竖向弯曲裂缝；在加载位移角为 0.76%（位移为 8mm）时，核心区角部和中部出现斜向裂缝；在加载位移角为 0.89%（位移为 21mm）时，靠近核心区位置处原有弯曲裂缝不断延伸形成贯通竖向裂缝，荷载-位移曲线出现明显拐点，认为试件屈服；在加载位移角为 1.70%（位移为 40mm）时，核心区"X"形交叉斜裂缝发展较为明显且核心区内箍筋屈服；在

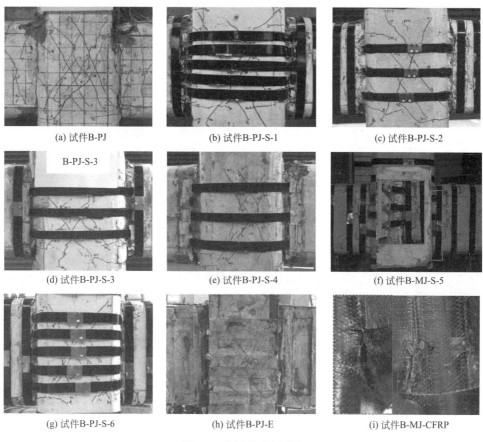

图 8-9　各试件破坏形态

加载位移角为 2.55% （位移为 60mm） 时，核心区裂缝宽度接近 2mm，核心区表面和角部混凝土起鼓并开始脱落；在加载位移角为 4.68% （位移为 110mm）时，核心区中部箍筋 S3 位置处应变超过 $3700\mu\varepsilon$，试件荷载下降至峰值荷载 85% 以下，认为试件达到极限状态，结束加载。试件的最终破坏现象为：核心区、核心区角部和靠近核心区的左右梁根部混凝土表面开裂严重且有混凝土脱落，核心区呈网状交叉斜向裂缝，梁根部呈竖向弯曲裂缝。

试件 B-PJ-S-1、B-PJ-S-2、B-PJ-S-3、B-PJ-S-4、B-MJ-S-5 及 B-PJ-S-6 的破坏过程为：在加载位移角为 0.13%～0.25% （位移为 3～6mm） 时，梁端靠近核心区位置处出现第一条细微弯曲裂缝；在加载位移角为 0.64%～0.89% （位移为 15～21mm） 时，核心区角部开始出现细微斜向裂缝，梁端纵向钢筋应变达到 $2000\mu\varepsilon$ 左右，且试件的荷载-位移曲线上也出现明显拐点，认为试件屈服；在加载位移角为 1.28% （位移为 30mm） 时，核心区形成"X"形交叉网状裂缝，同时核心区钢带不断发出嗞嗞声；在加载位移角为 1.70%～2.13%（位移为 40～

50mm）时，核心区裂缝出齐，纵筋滑移严重，梁端混凝土起皮脱落，箍筋应变达到 1200$\mu\varepsilon$ 左右；在加载位移角为 3.83%（位移为 90mm）时，梁根部受压混凝土脱落明显，裂缝达到 5mm～8mm；在加载位移角为 4.68%（位移为 110mm）时，核心区中部箍筋 S3 位置处应变在 1900$\mu\varepsilon$ 以内，试件荷载下降至峰值荷载 85% 以下，认为试件达到极限状态，结束加载。试件的最终破坏现象相比于试件 B-PJ 表现为：核心区裂缝数量减少，宽度降低，箍筋应变显著降低。

试件 B-PJ-E 为外包钢加固平面组合件，其破坏过程为：在加载位移角为 0.38%（位移为 9mm）时，梁外包钢加固范围内部和外部出现多条细微弯曲裂缝；在加载位移角为 0.89%（位移为 21mm）时，梁端外包钢与核心区处外包钢焊缝部位断开，梁根部裂缝突然增大至 0.5mm；在加载位移角为 1.28%（位移为 30mm），核心区出现第一条剪切斜向裂缝，随着加载继续新出裂缝与原有斜向裂缝相交形成 "X" 形交叉网状裂缝；在加载位移角为 1.28%（位移为 30mm）时，左右梁端外包钢板之间填充砂浆逐渐起皮并开始脱落，梁根部原有裂缝不断延伸并加宽至 2mm，核心区中部箍筋 S3 位置处应变接近 1120$\mu\varepsilon$；在加载位移角为 3.83%（位移为 90mm）时，核心区内部不断产生新的斜向裂缝且原有斜向裂缝宽度增加，梁端、柱端和核心区部位外包钢板与试件表面发生大面积脱离，钢板间隙填充砂浆不断脱落，试件的裂缝发展主要集中于主梁根部，主梁根部裂缝宽度约为 7mm，核心区中部箍筋 S3 位置屈服，箍筋应变达到 2156$\mu\varepsilon$；到达极限状态时，左右梁根部弯曲裂缝发展充分，宽度接近 9mm。

试件 B-MJ-CFRP 为碳纤维布加固空间组合件，其破坏过程为：在加载初期，由于 CFRP 包裹而无法观察到裂缝发展情况；在加载位移角为 0.38%（位移为 9mm）时，两侧主梁 CFRP 包裹范围以外出现多条竖向弯曲裂缝，且长度较长；在加载位移角为 0.64%（位移为 15mm）时，CFRP 加固部位胶体不断发出脆响声，左侧主梁顶面 CFRP 起鼓明显，反向加载后，起鼓部分逐渐被拉平，主梁根部 CFRP 开始出现褶皱；在加载位移角为 1.28%（位移为 30mm）时，靠近核心区位置处主梁根部裂缝宽度接近 2mm；在加载位移角为 1.70%（位移为 40mm）时，核心区、主梁根部和侧面 CFRP 鼓曲明显，CFRP 褶皱处逐渐出现裂纹，脆响声逐渐密集并逐渐增大，主梁侧面和核心区上 CFRP 发生部分剥离，同时主梁根部靠近核心区位置处裂缝宽度进一步变宽至 5mm，此时核心区中部箍筋 S3 位置处应变接近 840$\mu\varepsilon$；在加载位移角为 2.98%（位移为 70mm）时，核心区和主梁端部 CFRP 不断发出脆响声且持续从混凝土表面剥离并发生断裂，主梁根部裂缝宽度接近 7mm；到达极限状态时，核心区中部箍筋 S3 位置处屈服，箍筋应变达到 2024$\mu\varepsilon$，主梁侧面 CFRP 不断发生剥离和断裂，主梁根部裂缝宽度接近 15mm。试件的最终破坏现象为：主梁根部弯曲开裂明显，但在整个加载过程中由于 CFRP 的包裹主梁端部混凝土并未发生明显脱落。

8.3.2　滞回曲线

图 8-10 为各试件的荷载-位移滞回曲线，其中，Δ 为加载点水平位移，P 为加载点水平荷载。

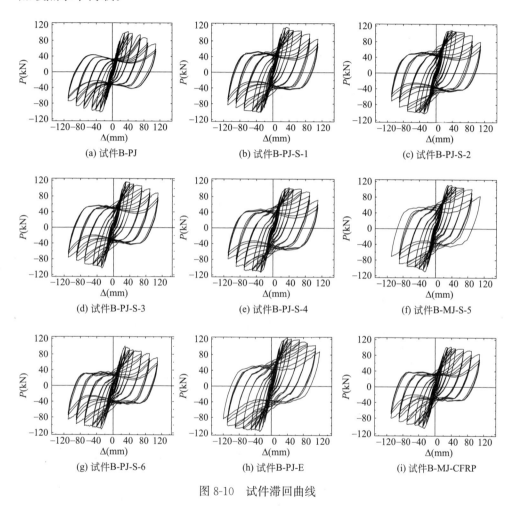

图 8-10　试件滞回曲线

由图 8-10 可知，试验加载初期，各试件的滞回曲线形状较为接近，试件基本处于弹性阶段，试件总体变形很小，加载时滞回曲线斜率也未发生明显变化，卸载后试件残余变形较小；随着水平位移和循环次数逐渐增加，试件核心区和梁端开始开裂，试件逐渐进入弹塑性阶段，在加载过程中试件的残余变形随着柱顶水平位移的增大逐渐增大。另外，在水平位移相同时高强钢带加固试件的残余变形小于未加固对比试件。由各试件破坏形态并对比各试件的滞回曲线可知：

（1）所有试件的滞回曲线均呈现一定的捏缩现象，未加固对比试件 B-PJ 破坏主要集中于核心区和梁端，其滞回曲线捏缩较为明显，呈现明显反 S 型；高强钢带加固试件的破坏主要集中在梁端，滞回曲线的捏缩现象相比于未加固对比试件有了明显改善，其滞回曲线更加饱满，接近梭形，加固试件的耗能性能得到了有效提高。主要原因是，钢带对混凝土产生明显的约束作用使混凝土处于三向受压应力状态，进而抑制试件被加固区域裂缝的产生和发展，并阻止混凝土脱落，可有效改善加固后试件的刚度退化现象，提高试件变形能力、滞回性能和耗能能力。另外，CFRP 加固试件与外包钢加固试件的破坏主要集中在梁端，相比于未加固对比试件有明显改善；

（2）相比于试件 B-MJ-S-5，试件 B-MJ-CFRP 的滞回曲线捏缩现象更加明显，并且随着柱顶水平位移逐渐增大，碳纤维布对核心区变形的约束作用逐渐降低，荷载达到峰值荷载以后下降较快，导致试件延性较差。因此，相比于碳纤维布加固方法而言，高强钢带加固后的试件 B-MJ-S-5 的承载能力和延性提高更加明显，滞回曲线更加饱满，试件的耗能性能明显提高；

（3）相比于试件 B-PJ，高强钢带加固试件 B-PJ-S-2 和外包钢加固试件 B-PJ-E 的承载能力都有较大提高，加固试件滞回曲线更加饱满，耗能性能得到了有效提高。但相比于试件 B-PJ-S-2，试件 B-PJ-E 的承载能力和极限位移提高幅度更大。

8.3.3 骨架曲线

骨架曲线中屈服点的确定方式与上一章节使用方法相同[4]。各试件的骨架曲线及不同参数对比的骨架曲线见图 8-11，试验结果汇总表见表 8-4，对比各试件的骨架曲线即特征点可知：

（1）各试件在轴力稳定及水平往复荷载作用下均经历了弹性、弹塑性和破坏阶段。在加载位移达到 18mm 之前，各试件骨架曲线的基本呈线性，且所有试件在屈服前骨架曲线基本重合，表明各个试件的初始刚度较为接近，在达到峰值荷载之后各试件的水平承载力开始逐渐下降。

（2）相比于未加固对比试件 B-PJ，高强钢带加固试件 B-PJ-S-1、B-PJ-S-2、B-PJ-S-3、B-PJ-S-4、B-PJ-S-6 和 B-PJ-E 的承载力分别提高 7.1%、5.2%、8.9%、7.1%、7.1% 和 18.7%，延性分别提高 16.5%、22.5%、13.0%、9.7%、3.3% 和 5.2%。这表明高强钢带对试件核心区和梁端混凝土的约束作用使加固部位混凝土处于三向受压应力状态，受力性能明显改善，因此高强钢带各加固试件的延性较未加固对比试件得到了较大提高，但由于加固后试件均发生梁端弯曲破坏，其极限荷载均由梁的抗弯承载力决定，故加固后各试件的极限承载力提高不大；在梁端和柱端的钢带布置相同时，核心区钢带间距越小，组合件抗震性能越好，试件承载能力越高；在核心区和柱端的钢带布置情况相同时，梁端钢带间距越小，试件的承载能力越高，但梁端钢带层数对于试件的承载能力和变

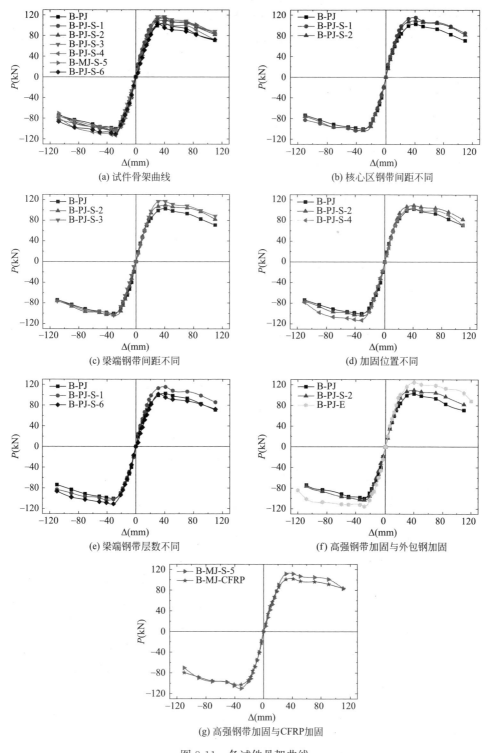

(a) 试件骨架曲线

(b) 核心区钢带间距不同

(c) 梁端钢带间距不同

(d) 加固位置不同

(e) 梁端钢带层数不同

(f) 高强钢带加固与外包钢加固

(g) 高强钢带加固与CFRP加固

图 8-11　各试件骨架曲线

主要试验结果汇总 表 8-4

试件编号	加载方向	屈服位移 Δ_y(mm)	屈服荷载 P_y(kN)	极限位移 Δ_u(mm)	峰值荷载 P_m(kN)	P_m 提高率 (%)	位移延性系数 $\mu(\Delta_u/\Delta_y)$	平均值 $\bar{\mu}$
B-PJ	正向	21.50	77.33	89.39	102.58	-	4.16	4.23
	负向	21.01	74.44	90.11	99.59	-	4.29	
B-PJ-S-1	正向	18.01	90.73	90.82	115.26	12.36	5.04	4.93
	负向	21.01	90.02	101.17	101.35	1.77	4.81	
B-PJ-S-2	正向	18.01	98.49	95.25	109.39	6.64	5.29	5.18
	负向	17.25	93.80	87.44	103.29	3.72	5.07	
B-PJ-S-3	正向	19.35	91.03	90.02	116.63	13.70	4.65	4.78
	负向	18.03	79.40	88.54	103.68	4.11	4.91	
B-PJ-S-4	正向	20.35	87.77	93.10	103.45	0.85	4.57	4.64
	负向	19.50	99.26	91.99	112.95	13.42	4.71	
B-MJ-S-5	正向	26.63	102.32	96.89	111.58	-	3.63	3.68
	负向	20.68	97.18	77.20	109.95	-	3.73	
B-PJ-S-6	正向	23.03	93.49	96.32	105.42	2.77	4.18	4.37
	负向	21.22	97.72	96.46	110.92	11.38	4.55	
B-PJ-E	正向	25.45	108.63	102.23	124.73	21.59	4.02	4.45
	负向	22.19	99.45	108.05	115.34	15.81	4.87	
B-MJ-CFRP	正向	25.93	89.06	100.91	101.94	-	3.89	4.00
	负向	22.42	89.55	92.32	102.58	-	4.11	

形能力影响较小；相比于仅加固核心区和柱端，对试件的核心区、梁端和柱端同时进行加固，试件的承载能力下降速度降低，表现出更好的变形能力和耗能性能；外包钢加固对试件承载力的提升明显高于高强钢带加固，但变形能力提高弱于后者，其主要原因是梁端外包钢架与核心区处外包钢架是通过焊接连接完成后并进行了灌浆和抹面处理，这种整体加固方式使梁的抗弯承载力提高更为明显，但当柱顶位移超过 70mm 后，试件变形过大导致焊缝断裂，梁的抗弯承载力突然降低，从而导致试件的延性较差，而由于高强钢带的约束作用更为稳定，从而表现出更好的延性性能。

（3）高强钢带加固试件 B-MJ-S-5 相比于碳纤维布加固试件 B-MJ-CFRP 承载力提高 8.3%，主要是由于高强钢带加固具有主动约束，而碳纤维布加固中碳纤维布仅粘贴于试件表面，对试件本身的约束作用较小，从而导致加固试件的承载能力较低，而且在加载后期碳纤维布逐渐与试件混凝土表面剥离，导致碳纤维布加固试件承载能力低于高强钢带加固试件。

8.3.4　应变分析

1. 核心区箍筋应变

各试件核心区中部箍筋 S3 位置处的荷载-应变滞回曲线如图 8-12 所示,经过分析可以看出:

(1) 未加固对比试件 B-PJ 及高强钢带加固试件 B-PJ-S-1、B-PJ-S-2、B-PJ-S-3、B-PJ-S-4、B-PJ-S-6 在极限状态时核心区中部箍筋 S3 位置处应变分别为 $3700\mu\varepsilon$、$1100\mu\varepsilon$、$1900\mu\varepsilon$、$1300\mu\varepsilon$、$1500\mu\varepsilon$ 及 $1600\mu\varepsilon$ 左右,仅未加固对比试件箍筋发生屈服。表明由于高强钢带对核心区产生的环向约束作用可使核心区的受剪承载力得到较大提高,在柱顶水平荷载作用下核心区的剪切变形和箍筋应变明显小于未加固对比试件;在梁端和柱端的钢带布置相同的情况下,核心区箍筋应变随着核心区钢带间距的减小而降低;在核心区和柱端的钢带布置相同的情况下,核心区箍筋应变随着梁端钢带间距减小而降低,主要是由于梁端混凝土受到的约束作用增强,开裂后更不易发生脱落,可以分担部分压应力,从而使得梁受压区纵向钢筋受到的压应力减小,传入核心区的剪力随之降低;相比较于仅加固核心区试件而言,同时对核心区和临近核心区的梁端及柱端进行加固具有更好的加固效果。

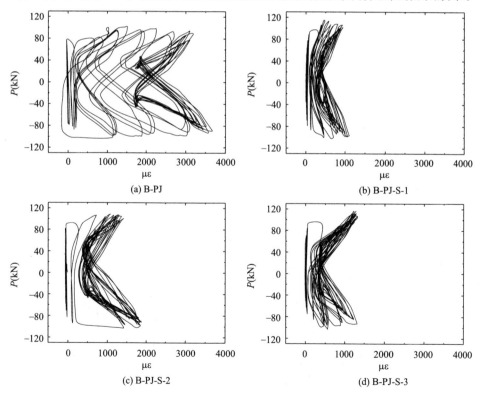

图 8-12　试件中部 S3 位置处的荷载-箍筋应变滞回曲线(一)

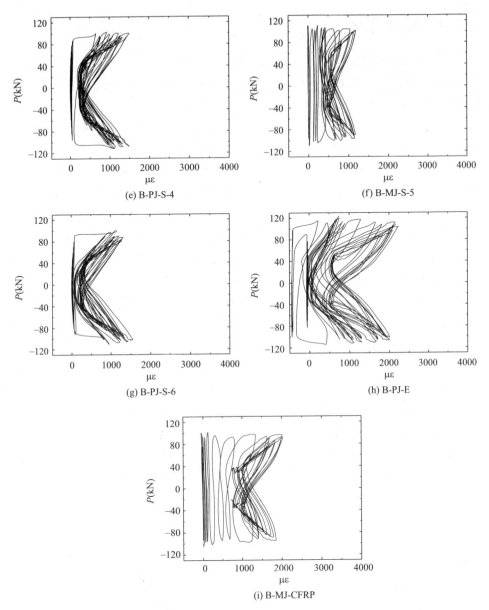

(e) B-PJ-S-4

(f) B-MJ-S-5

(g) B-PJ-S-6

(h) B-PJ-E

(i) B-MJ-CFRP

图 8-12　试件中部 S3 位置处的荷载-箍筋应变滞回曲线（二）

（2）未加固对比试件 B-PJ、高强钢带加固试件 B-PJ-S-2 和 B-MJ-S-5、外包钢加固试件 B-PJ-E 和碳纤维布加固试件 B-MJ-CFRP 在极限状态时核心区中部箍筋 S3 位置处应变分别为 $3700\mu\varepsilon$、$1900\mu\varepsilon$、$1200\mu\varepsilon$、$2200\mu\varepsilon$ 和 $2000\mu\varepsilon$ 左右，仅未加固对比试件箍筋发生屈服。表明同为平面节点加固的前提下，高强钢带加固试件与外包钢加固试件加固效果较为接近，但高强钢带加固中由于预应力的作用，可以使钢带与被加固试件贴合更加紧密，对核心区的环向约束作用更强；相比于在核心区产生有效的主动环向约束的高强钢带加固试件，CFRP 加固试件对核心区的约束作用较小，加固后核心区的受剪承载力较低，主要是由于碳纤维布加固时加固材料是粘贴于混凝土表面，并且由于正交梁的限制，碳纤维布对核心区的环向约束作用较小。在加载后期，碳纤维布逐渐从试件表面剥离，碳纤维布对核心区的约束作用进一步减小，从而导致核心区剪切变形和箍筋应变突然增大。

2. 钢带、外包钢及 CFRP 应变

不同加固方式中各试件的高强钢带、CFRP 和外包钢的核心区中间位置处荷载-应变滞回曲线分别如图 8-13 所示，从图中可以看出：

（1）高强钢带应变与柱顶荷载同步增加，加载初期便与试件同时参与受剪，表明高强钢带可以与试件很好的协同工作。

（2）相比于高强钢带加固试件 B-MJ-S-5，CFRP 加固试件 B-MJ-CFRP 中CFRP 材料对核心区约束作用较弱，CFRP 应变增长滞后于荷载增长，且最终CFRP 应变较小。

（3）外包钢加固与高强钢带加固作用相似，核心区处钢板在加载初期便参与试件受剪，钢板应变与荷载同步增加。

8.3.5　刚度退化

在位移幅值不变的情况下，结构构件的刚度随着反复加载次数的增加而降低的特性为刚度退化。具体环线刚度 K_i 的计算方法参考上一章节[5]。各试件在开始进行循环加载后的环线刚度 K_i 随柱顶水平位移的变化情况如图 8-14 所示，其中荷载和位移取推和拉加载过程中荷载和位移绝对值的平均值。由图 8-14 可以看出：

（1）各试件的环线刚度随着柱顶水平位移逐渐增大均表现出一定程度的退化，主要是由于随着柱顶水平位移和循环次数的增加，梁内纵向钢筋在往复荷载作用下逐渐屈服，并且梁根部靠近核心区位置处混凝土由于缺少约束作用，混凝土损伤不断积累并逐渐发生脱落，从而导致试件的环线刚度不断发生退化。

（2）高强钢带加固试件在循环加载时每一级位移下的环线刚度均高于未加固对比试件，表明高强钢带可以对加固区域混凝土产生有效约束，显著提高约束区混凝土的受力性能，使混凝土维持较高的完整性，可以充分发挥出钢筋和混凝土的材料性能，从而高强钢带加固试件可以在地震作用时表现出更好的抗震性能；加固试件环线刚度曲线在加载后期下降逐渐减缓，表明高强钢带加固可以降低结构环线刚度的衰减，使得加固试件在较大的变形下仍可以保持较为稳定的承载能力，从而提高试件的延性。

（3）高强钢带加固试件 B-PJ-S-2 和外包钢加固试件 B-PJ-E 在循环加载时每

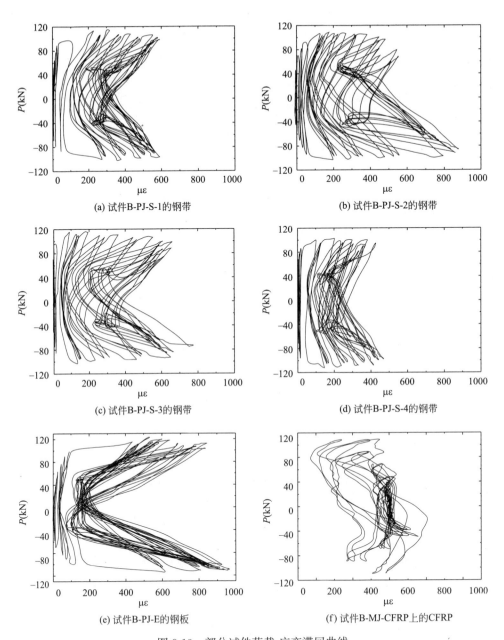

(a) 试件B-PJ-S-1的钢带

(b) 试件B-PJ-S-2的钢带

(c) 试件B-PJ-S-3的钢带

(d) 试件B-PJ-S-4的钢带

(e) 试件B-PJ-E的钢板

(f) 试件B-MJ-CFRP上的CFRP

图 8-13　部分试件荷载-应变滞回曲线

一级位移下的环线刚度均高于未加固对比试件 B-PJ，表明加固试件在柱顶水平位移相同时具有更高的承载能力；试件 B-PJ-E 在循环加载时每一级位移下的环线刚度均高于试件 B-PJ-S-2，表明在相同的柱顶水平位移下外包钢加固试件具有更高的承载能力。在柱顶水平位移超过 90mm 之后，试件 B-PJ-S-2 的环线刚度退化低于试件 B-PJ-E 和试件 B-PJ，表明高强钢带加固可以降低结构环线刚度的

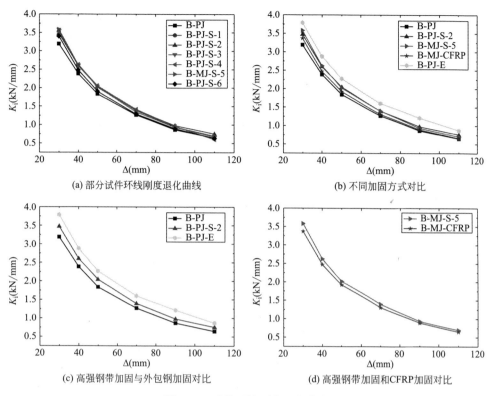

(a) 部分试件环线刚度退化曲线

(b) 不同加固方式对比

(c) 高强钢带加固与外包钢加固对比

(d) 高强钢带加固和 CFRP 加固对比

图 8-14　试件环线刚度退化曲线

衰减，使加固试件在较大的变形下仍可以保持较为稳定的承载力，从而提高试件的延性。

（4）高强钢带加固试件 B-MJ-S-5 与碳纤维布加固试件 B-MJ-CFRP 的环线刚度均随着柱顶水平位移的增大而逐渐降低。在循环加载时每一级位移下试件 B-MJ-S-5 的环线刚度均高于试件 B-MJ-CFRP，表明高强钢带加固试件在柱顶水平位移相同时具有更高的承载能力。

8.3.6　强度退化

本章强度降低系数[1]采用 5.3.5 节的方法进行计算，具体计算公式如式（8-1）所示。

$$\Phi = \frac{Q_{ij,\max}}{Q_{i,\max}} \tag{8-1}$$

式中：$Q_{ij,\max}$ 为第 i 级位移下第 j 次循环加载强度最大值；$Q_{i,\max}$ 为第 i 级位移下三次循环加载中强度最大值。

试件的强度降低系数曲线如图 8-15 所示，图中荷载和位移均取正反向水平承载力和位移绝对值的平均值。

经分析可以看出：

（1）随着柱顶水平位移和循环次数逐渐增加，试件梁端受压侧混凝土逐渐被压碎，纵筋屈服，试件的损伤累积导致所有试件的承载能力均表现出退化趋势；未加固对比试件 J-Q-1 的强度退化系数曲线呈直线下降趋势，强度退化最为明显；部分高强钢带加固试件的强度退化系数在加载过程中有起伏现象，总体表现为先减小后增大然后突然降低最后基本保持水平的趋势，高强钢带加固试件 PSJ-Q-1、PSJ-Q-2、PSJ-Q-4 和 PSJ-Q-5 相比于未加固对比试件 J-Q-1，在水平荷载接近极限荷载的过程中，强度退化系数曲线表现出持续并且稳定，表明高强钢带能够在较大的柱顶水平位移下发挥出较强的约束作用，使加固试件的承载能力保持稳定。

（2）当柱顶水平位移小于 70mm 时，高强钢带加固试件的强度退化系数高于碳纤维布加固试件和外包钢加固试件，即高强钢带加固试件的强度退化较慢，当柱顶水平位移增加到 70mm 后，高强钢带加固试件的强度退化系数突然降低，试件的强度退化加快。

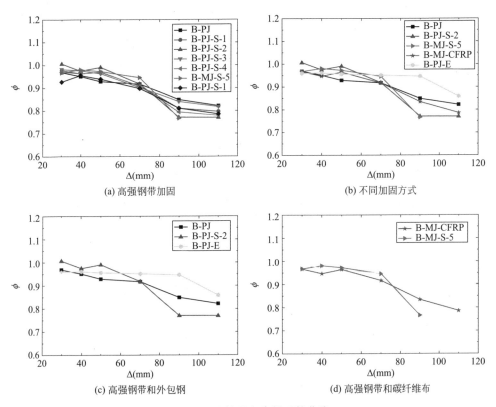

图 8-15　试件强度降低系数曲线

8.3.7　耗能能力

各试件在加载后期不同柱顶水平位移下循环加载过程中第一次加载时的耗能值及总耗能值计算结果详见表 8-5，由表 8-5 可知：

(1) 各试件的耗能值均随柱顶水平位移增大而逐渐增大。在柱顶水平位移为 40mm 之前，未加固对比试件 B-PJ 和高强钢带加固试件 B-PJ-S-1～B-PJ-S-4、B-MJ-S-5 及 B-PJ-S-6 的耗能值较为接近，但当柱顶水平位移超过 40mm 后，高强钢带加固试件的耗能值逐渐高于未加固对比试件，并且差距逐渐增大，且高强钢带加固试件的总耗能值均大于未加固对比试件。主要原因与试件的破坏过程有关，在柱顶水平位移未超过 30mm 时，试件的变形较小，因此未加固对比试件和高强钢带加固试件的耗能值较为接近，但当柱顶水平位移超过 30mm 后，未加固对比试件核心区和梁端混凝土裂缝不断形成并开展，并且混凝土保护层逐渐脱落，核心区箍筋和梁纵向钢筋逐渐屈服，导致试件的耗能能力逐渐下降。而高强钢带加固试件由于加固区域高强钢带的约束作用，试件核心区和梁端的混凝土及钢筋变形相对较小，主要发生梁端弯曲破坏，且混凝土保护层并未发生明显脱落，试件变形能力增大，因此未加固对比试件 B-PJ 的耗能值与高强钢带加固试件的差距逐渐增大。

(2) 高强钢带加固试件 B-PJ-S-1～B-PJ-S-4、B-MJ-S-5 和 B-PJ-S-6 相比于未加固对比试件 B-PJ，总耗能值分别提升 20.2%、19.8%、23.9%、16.2%、29.1% 和 15.7%。这表明总耗能值随核心区钢带加固间距减小影响不大，仅表现出略微增大；总耗能值随梁端钢带加固间距减小明显增大；相比于仅加固核心区和柱端，同时对核心区、梁端和柱端进行加固的试件耗能能力较高；空间组合件中由于正交梁对于组合件受剪性能的增强作用，总耗能值大于相同加固量的平面组合件。

(3) 外包钢加固试件 B-PJ-E 的总耗能值明显高于预应力加固试件和未加固对比试件。主要原因外包钢加固试件由于在加固时对外包钢架的空隙进行了灌浆和抹面处理，使得外包钢架与加固区域接触紧密，对加固区域的约束作用较强，加固试件在较大的位移下仍具有较强的变形能力和耗能性能。相比于碳纤维布加固试件 B-MJ-CFRP，高强钢带加固试件 B-MJ-S-5 的总耗能值和在各级水平位移下第一次循环时的耗能值更高。主要是由于高强钢带加固是通过在梁端打孔进行加固，可以有效克服空间组合件正交梁的影响，对核心区产生较强的环向约束，使加固试件的承载能力和变形能力得到较大提高，试件的耗能能力增强。碳纤维布加固由于正交梁的影响，碳纤维布仅粘贴于核心区角部，对核心区的约束作用较小，并且随着柱顶水平位移和循环次数逐渐增大，试件表面的碳纤维布逐渐剥离，对核心区的约束逐渐减小，因此试件的耗能能力较差。

不同位移下各试件第一次循环耗能值及总耗能值表计算结果　　　表 8-5

试件编号	耗能值(kN·m)							总耗能 (kN·m)
	30	40	50	70	90	110	120	
B-PJ	5.61	7.81	9.35	11.84	14.60	16.16	—	65.37
B-PJ-S-1	6.09	8.29	10.37	15.92	18.73	19.20	—	78.60
B-PJ-S-2	5.70	8.26	10.54	15.89	18.42	19.53	—	78.34
B-PJ-S-3	5.78	8.22	10.85	16.75	20.11	19.31	—	81.02
B-PJ-S-4	5.77	8.11	10.54	15.42	17.95	18.17	—	75.96
B-MJ-S-5	5.98	8.23	10.58	16.30	20.69	19.27	—	84.40
B-PJ-S-6	5.76	8.02	9.59	14.40	16.89	17.93	—	75.63
B-PJ-E	6.24	8.57	11.06	17.04	22.13	25.49	21.34	115.49
B-MJ-CFRP	5.65	7.66	9.48	14.18	15.94	17.14	—	73.30

等效黏滞阻尼系数[6] 可反映滞回曲线的捏缩情况，计算方法见第七章。试件在不同位移下第一次循环等效黏滞阻尼系数计算结果见表 8-6，等效黏滞阻尼系数-位移曲线如图 8-16 所示。

不同位移下试件第一次循环等效黏滞阻尼系数计算结果表　　　表 8-6

试件编号	等效黏滞阻尼系数						
	30	40	50	70	90	110	120
B-PJ	0.128	0.162	0.185	0.199	0.246	0.277	—
B-PJ-S-1	0.134	0.181	0.222	0.298	0.330	0.334	—
B-PJ-S-2	0.115	0.176	0.208	0.276	0.290	0.286	—
B-PJ-S-3	0.115	0.179	0.212	0.290	0.297	0.303	—
B-PJ-S-4	0.119	0.169	0.205	0.275	0.316	0.349	—
B-MJ-S-5	0.120	0.177	0.220	0.284	0.321	0.325	—
B-PJ-S-6	0.127	0.172	0.198	0.268	0.276	0.273	—
B-PJ-E	0.125	0.149	0.184	0.255	0.293	0.310	0.285
B-MJ-CFRP	0.129	0.178	0.2	0.253	0.255	0.258	—

经分析可得：

（1）相对于未加固对比试件 B-PJ，高强钢带加固试件 B-PJ-S-1～B-PJ-S-4、B-MJ-S-5 及 B-PJ-S-6 在柱顶水平位移超过 40mm 后，各阶段位移下的等效黏滞阻尼系数均有明显提高，表明由于高强钢带的约束作用，加固试件滞回曲线的捏缩现象得到明显改善，加固后试件滞回曲线的饱满程度和耗能性能更好。

（2）在梁端和柱端高强钢带间距和层数相同时，核心区高强钢带间距越小，在相同位移下试件的等效黏滞阻尼系数越大，试件耗能越好；在核心区和柱端高

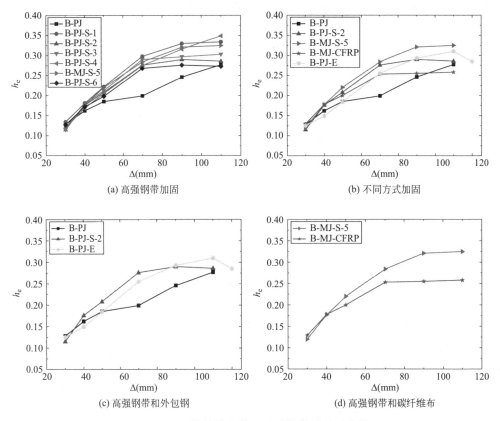

图 8-16　试件等效黏滞阻尼系数-位移关系曲线

强钢带间距和层数相同时，梁端高强钢带间距越小，在相同位移下试件的等效黏
滞阻尼系数越大，试件的滞回曲线越饱满；梁端高强钢带层数对加固后试件的等
效黏滞阻尼系数影响较小。

（3）相对于未加固对比试件 B-PJ，外包钢加固试件 B-PJ-E 在柱顶水平位移
超过 50mm 后，各阶段位移下试件的等效黏滞阻尼系数均有明显提高，表明在加
载后期，试件 B-PJ-E 滞回曲线的捏缩现象得到明显改善，试件的耗能性能得到
提高。相对于钢带加固试件 B-PJ-S-2，在柱顶水平位移为 90mm 之前，外包钢加
固试件 B-PJ-E 的等效黏滞阻尼系数较小，但当柱顶水平位移超过 90mm 后，试
件 B-PJ-E 的等效黏滞阻尼系数逐渐高于试件 B-PJ-S-2，表明外包钢加固试件在
较大的水平位移下相对于高强钢带加固试件具有更好的耗能能力。

（4）在柱顶水平位移未超过 40mm 前，高强钢带加固试件 B-MJ-S-5 与
CFRP 加固试件 B-MJ-CFRP 的等效黏滞阻尼系数比较接近；当柱顶水平位移超
过 40mm 后，试件 B-MJ-S-5 的等效黏滞阻尼系数逐渐高于试件 B-MJ-CFRP，并
且差值逐渐增大。表明与 CFRP 加固试件相比，加载后期高强钢带加固试件的等

效黏滞阻尼系数更大，滞回曲线更饱满，耗能能力更好。

8.4 本章小结

本章以 1 个 RC 梁柱组合件（平面试件）、6 个高强钢带加固 RC 梁柱组合件（5 个平面试件和 1 个空间试件）、1 个外包钢加固 RC 梁柱组合件（平面试件）和 1 个 CFRP 加固 RC 梁柱组合件（空间试件）共 9 个试件为研究对象，进行了低周往复加载试验研究，主要结论如下：

（1）高强钢带加固可以有效提高核心区的受剪承载力，改善组合件的破坏模式，由未加固对比试件的梁端弯曲-节点剪切破坏改善为加固后的梁端弯曲破坏；高强钢带加固可对核心区混凝土的剪切变形和裂缝发展产生一定的限制作用，加固后核心区的剪切变形和箍筋应变显著降低；高强钢带加固试件的滞回曲线接近梭形，捏缩现象明显改善，总耗能值有明显提高，并且加固试件的等效黏滞阻尼系数均高于未加固对比试件，且随着柱顶水平位移的增加差距逐渐增大，表明高强钢带加固可以使加固试件的耗能能力更加稳定；加载后期，加固试件的骨架曲线下降段较为平缓，延性系数提高明显；高强钢带加固对试件的初始刚度影响较小，但加固试件的屈服承载力、极限承载力和延性较未加固对比试件均有明显提高；高强钢带加固可以显著改善组合件的强度和刚度退化现象，使高强钢带加固试件在较大的柱顶水平位移下仍然具有较高的承载能力。

（2）高强钢带加固技术可以有效克服正交梁的影响，可对带正交梁的空间节点进行加固并形成有效约束，提高其抗震性能。

（3）高强钢带、外包钢和碳纤维布加固均可以有效提高节点核心区的受剪承载力，使未加固对比试件的梁端弯曲-核心区剪切破坏变为加固后的梁端弯曲破坏；相比于高强钢带加固试件，外包钢加固试件的延性改善较弱，并且随着柱顶水平位移增大外包钢的加强作用逐渐减小；相比于高强钢带加固试件，纤维布对核心区的约束作用较小，加固后试件的屈服荷载、极限荷载和耗能能力明显低于高强钢带加固试件。

本章参考文献

[1] 陈展. 预应力钢带加固钢筋混凝土框架节点抗震性能试验研究 [D]. 西安建筑科技大学, 2018.

[2] GB/T 228.1-2010, 金属材料 拉伸试验 第 1 部分：室温试验方法 [S]. 北京：中国标准出版社, 2010.

［3］ Yong Yang，Yang Chen，Zhan Chen，Niannian Wang. Experimental study on seismic be-havior of RC beam-column joints retrofitted using prestressed steel strips ［J］. Earthquakes and Structures，2018，15 (5)：499-511.

［4］ 冯鹏，强翰霖，叶列平 . 材料、构件、结构的"屈服点"定义与讨论 ［J］. 工程力学，2017，34 (3)：36-46.

［5］ 杨勇，陈展，王念念，张波 . 预应力钢带加固 RC 框架节点抗震性能试验研究 ［J］. 工程力学，2018，35 (11)：106-114，154.

［6］ JGJ/T 101-2015，建筑抗震试验规程 ［S］. 北京：中华人民共和国住房和城乡建设部，2015.

第9章
G 高强钢带-防屈曲支撑组合加固钢筋混凝土框架结构抗震性能研究

9.1 引言

本章以3榀高强钢带-防屈曲支撑（Buckling-restrained brace，BRB）组合加固 RC 框架与2榀未加固 RC 框架的拟静力试验为基础，研究了不同的支撑布置形式与不同加固方式对试件破坏形态、滞回性能、承载能力、强度退化、刚度退化、位移延性和耗能能力等抗震性能的影响。结合试验结果及分析，研究了高强钢带-防屈曲支撑组合加固 RC 框架的受力机理。并进一步对各试件损伤发展的进行了全过程评价，提出了高强钢带-防屈曲支撑组合加固 RC 框架的损伤判别方法。

9.2 试验概况

防屈曲支撑混凝土框架结构中，布置防屈曲支撑后，在有效提高结构整体承载能力的同时，结构整体刚度提高导致结构自振周期减小，在地震作用下会增加结构的整体地震响应。虽然防屈曲支撑作为主要的抗侧体系，承担了大部分的地震作用，但防屈曲支撑承受的轴力会传递到框架柱中，导致框架结构中的框架柱所承受的轴力会大大增加，即框架柱的轴压比会有很大的提高，梁柱节点处的剪力也相应增加，影响主体结构的延性性能。为保证防屈曲支撑的耗能性能充分发挥，应保证主体框架结构具有较好的延性，特别是在梁柱端部以及节点核心区在防屈曲支撑屈服前不应发生较大的破坏。在本次试验中，在混凝土框架结构布置之前，首先对混凝土框架的梁、柱进行相应的加强设计以保障主体框架在较大的地震作用下有足够的延性，以更好发挥防屈曲支撑的作用。

鉴于此，本章提出高强钢带-防屈曲支撑组合加固方法，其主要思想是在增加防屈曲支撑前先采用高强钢带对混凝土框架部分予以加固，可在不改变原框架结构传力机制的同时，提高混凝土框架延性，保障防屈曲支撑充分发挥作用，然后再加设防屈曲支撑以提高框架的刚度和承载能力。具体做法为：首先采用高强钢带对框架梁、框架柱和梁柱节点核心区予以约束加固，提高梁柱节点核心区的抗剪承载能力，并使混凝土框架结构具有良好的塑性和延性，不致因为混凝土框架结构部分的过早破坏和失效影响到防屈曲支撑耗能减震作用的充分发挥，然后再安装防屈曲支撑，来提高结构的刚度和承载能力。

试验对象为两组 5 榀缩尺比例为 1/2 单跨三层混凝土框架，两组试件中各试件的梁柱截面尺寸和配筋等均相同，结构层高为 1.5m。第一组试件包括混凝土框架（试件 RCF1）和防屈曲单斜支撑混凝土框架结构（试件 RCF2），主要用以研究防屈曲支撑对混凝土框架结构抗震性能的影响，本组试件的跨度为 2.4m；第二组试件中包括混凝土框架（试件 RCF3），防屈曲偏心支撑混凝土框架结构（试件 RCF4）和防屈曲中心支撑混凝土框架结构（试件 RCF5），为研究耗能梁段对防屈曲支撑混凝土框架结构抗震性能的影响，本组试件的跨度为 3.6m。

9.3　试件设计

9.3.1　框架设计

本次试验中的所有试件均为比例为 1：2 的缩尺试件，各试件的框架梁截面尺寸均为 150mm×300mm，框架柱截面尺寸均为 250mm×250mm，地梁截面尺寸均为 450mm×500mm。梁柱混凝土保护层厚度为 15mm，地梁混凝土保护层厚度为 25mm，混凝土强度等级为 C30，钢筋及箍筋均采用 HRB400 级钢筋。试件 RCF2，RCF4 和试件 RCF5 中的防屈曲支撑采用 Q235 钢，支撑倾角分别为 32°、45°和 39.8°，支撑截面采用一字型钢板，截面宽度为 70mm，厚度为 10mm。表 9-1 和表 9-2 给出了各试件的配筋参数及材料的性能参数，图 9-1～图 9-3 分别给出了各试件尺寸和加固示意图、配筋示意图和防屈曲支撑的构造示意图。

对于试件 RCF2，去除防屈曲支撑与混凝土框架直接的连接节点板尺寸后，防屈曲支撑内核单元总长为 1620mm，其中，核心约束屈服段的长度为 1054mm；对于试件 RCF4，去除防屈曲支撑与混凝土框架直接的连接节点板尺寸后，防屈曲支撑内核单元总长为 1090mm，其中，核心约束屈服段的长度为 524mm；同样地，对于试件 RCF5，防屈曲支撑内核单元总长为 1355mm，其中，核心约束屈服段的长度为 789mm。防屈曲支撑的外部约束单元由混凝土和钢套筒组成，钢套筒壁厚为 4mm，钢管两端用钢板封口，钢板厚度为 10mm。部分试件实物图如图 9-4 所示。

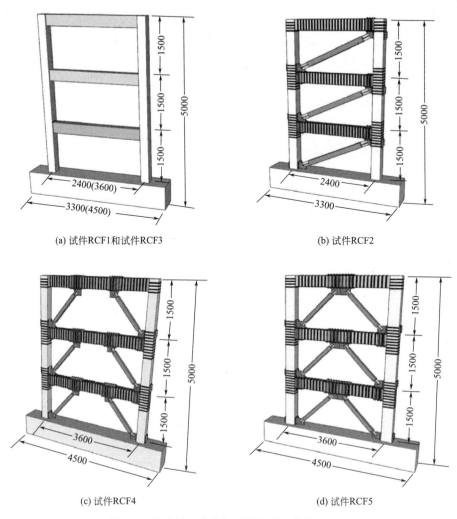

(a) 试件RCF1和试件RCF3

(b) 试件RCF2

(c) 试件RCF4

(d) 试件RCF5

图 9-1 各试件尺寸和加固示意图（单位：mm）

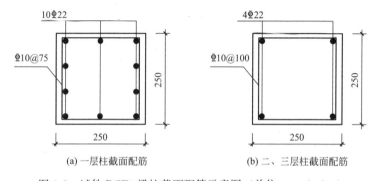

(a) 一层柱截面配筋

(b) 二、三层柱截面配筋

图 9-2 试件 RCF4 梁柱截面配筋示意图（单位：mm）（一）

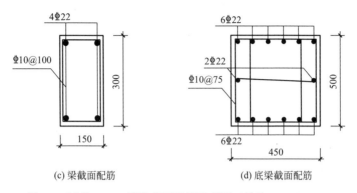

(c) 梁截面配筋　　　　　　　　　　(d) 底梁截面配筋

图 9-2　试件 RCF4 梁柱截面配筋示意图（单位：mm）（二）

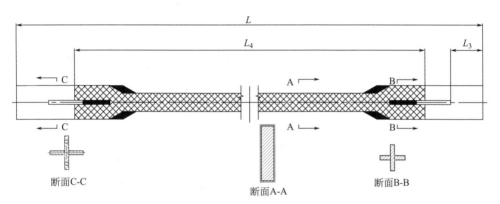

图 9-3　防屈曲支撑构造示意图（单位：mm）

(a) 试件RCF3　　　　　　　　　　　(b) 试件RCF4

图 9-4　试件实物图

试件截面配筋参数汇总表 表 9-1

| 试件编号 | 构件名称 | 钢筋 | | | | 混凝土 |
		纵筋(全部)	级别	箍筋(加密区)	级别	
RCF1 RCF2	地梁	12Φ22	HRB400	四肢Φ10@150 (四肢Φ10@75)	HRB400	C30
	框架梁	6Φ22(一、二层梁)		双肢Φ10@150 (双肢Φ10@75)		
		4Φ22(三层梁)				
	框架柱	10Φ22(一层柱)		双肢Φ10@150 (双肢Φ10@75)		
		4Φ22(二、三层左柱)				
		6Φ22(二、三层右柱)				
RCF3 RCF4 RCF5	地梁	12Φ22	HRB400	四肢Φ10@150 (四肢Φ10@75)	HRB400	C30
	框架梁	4Φ22		双肢Φ10@150 (双肢Φ10@75)		
	框架柱	8Φ22(底层柱)		双肢Φ10@150 (双肢Φ10@75)		
		4Φ22(二、三层柱)				

材料性能参数表 表 9-2

样品编号	材料等级	屈服强度(MPa)	极限强度(MPa)
纵筋Φ22	HRB400	415	575
箍筋Φ10	HRB400	462	629
防屈曲支撑芯材	Q235	271	304
高强钢带	UT-1000	635	719
混凝土	C30	—	25.8

9.3.2 连接设计

连接设计是保证防屈曲支撑和框架结构之间合理传力的重要保障。一般来说，防屈曲支撑和框架结构之间的连接方式有螺栓连接、焊接连接、半螺栓半焊接、销接等方式。本试验中，即防屈曲支撑与节点板之间采用焊接，节点板端部与梁和柱两侧的连接钢板分别进行焊接，钢板和框架最后通过预留管道采用高强度螺栓进行连接。各试件中防屈曲支撑和混凝土框架之间具体连接方式及各连接节点板尺寸如图9-5所示，图9-6和图9-7中分别给出了预留连接件孔洞图和防屈曲支撑与框架的连接实物图。

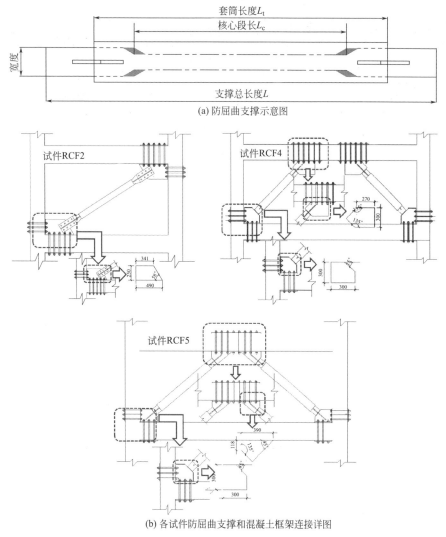

(a) 防屈曲支撑示意图

(b) 各试件防屈曲支撑和混凝土框架连接详图

图 9-5　防屈曲支撑和混凝土框架连接详图（单位：mm）

图 9-6　预留连接件孔洞图

(a) 梁中段节点板   (b) 梁端节点板   (c)支撑实际安装图

图 9-7　防屈曲支撑与框架的连接实物图

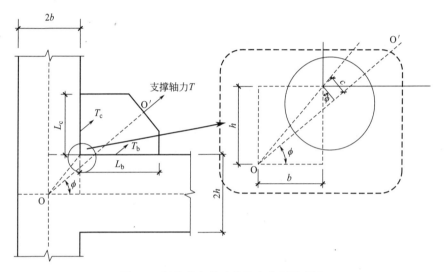

图 9-8　梁柱节点处连接件力分配示意图

（1）防屈曲支撑和节点板之间采用焊接连接，焊缝的设计满足《钢结构设计规范》GB 50017-2003[1] 中相关要求的规定，试验中采用对接焊缝，焊缝强度满足式（9-1），即：

$$\sigma = \frac{N}{l_w t} \leqslant f_t^w \text{ 或 } f_c^w \tag{9-1}$$

式中：N 为轴向荷载；l_w 为焊缝长度；t 为在对接接头中为连接件的较小厚度，在 T 形接头中为腹板的厚度；f_t^w、f_c^w 为对接焊缝的抗拉、抗压强度设计值。

设计中以二层支撑开始进入屈服时的状态时结构的受力状态并取安全系数为 2，进行焊缝计算，节点板厚度为 10mm，得到焊缝的长度 l_w 满足如下：

$$l_w \geqslant \frac{N}{f_t^w t} = 212\text{mm} \tag{9-2}$$

试验中，取焊缝长度为 230mm，经计算，满足设计要求。

（2）节点板通过焊接与梁上和柱上的连接钢板连接，预留孔道采用高强度螺栓与梁柱构件上的连接钢板进行连接，为保证支防屈曲支撑与框架结构之间传力的可靠性，应保证节点板具有较大的承载力，在支撑发生屈服甚至产生较大塑性变形的情况下仍能正常工作。同时，为了避免防屈曲支撑构件轴力对框架结构产生不利的附加弯矩，应保证支撑的轴心线与梁柱构件中轴线汇交于一点。梁柱构件上的连接钢板处的焊缝受到轴力和剪力共同作用，在设计时同样要满足规范中采用直角角焊缝连接时的相关要求，根据其不同受力状态，应满足如下公式[1]：

对于作用力垂直于焊缝长度方向的正面角焊缝：

$$\sigma_f = \frac{N}{h_e l_w} \leqslant \beta_f f_f^w \tag{9-3}$$

对于作用力平行于焊缝长度方向侧面角焊缝：

$$\tau_f = \frac{N}{h_e l_w} \leqslant f_f^w \tag{9-4}$$

对于在各种力共同作用下，σ_f 和 τ_f 共同作用处：

$$\sqrt{\left(\frac{\sigma_f}{\beta_f}\right)^2 + \tau_f^2} \leqslant f_f^w \tag{9-5}$$

式中：σ_f 为垂直于焊缝长度方向的应力，按焊缝有效截面（$h_e l_w$）计算；τ_f 为沿焊缝长度方向的剪应力，按焊缝有效截面计算；h_e 为角焊缝的计算厚度，对直角角焊缝等于 $0.7h_f$；h_f 为焊脚尺寸；l_w 为角焊缝的计算长度，对每条焊缝取其实际长度减去 $2h_f$；f_f^w 为角焊缝的强度设计值，本文试验设计取 $f_f^w = 160\text{MPa}$；β_f 为正面角焊缝的强度设计值增大系数：对承受静力荷载和间接动力荷载的结构，$\beta_f = 1.22$；对直接承受动力荷载的结构，$\beta_f = 1.0$；对斜角角焊缝，不论静力荷载或者动力荷载，一律取 $\beta_f = 1.0$。

最后确定梁柱节点出的连接钢板的焊缝长度分别为 $l_b = 280\text{mm}$ 和 $l_c = 200\text{mm}$，梁上连接钢板焊缝长度为 $l_b = 340\text{mm}$。

在试验中，为保证连接部位不发生局部失稳，在节点板端部焊有盖板，同时有利于加强支撑和梁柱构件的连接。

（3）最后采用高强度螺栓实现防屈曲支撑和框架梁柱的连接，设计时为了使防屈曲支撑轴心受力且不对框架产生附加弯矩，要求防屈曲支撑的中心线通过梁柱节点部分的截面形心[2]。对于梁柱节点处，梁柱同时设置连接件，梁上连接件与柱上连接件共同分担支撑轴力；对于梁中部，增加梁和节点板之间连接件的数量保证连接的可靠性。

以梁柱节点处连接件的设计为例，梁柱连接件共同承担支撑轴力，各自承担的力分别为 T_b 和 T_c（图 9-8），且二力的合力要保证与轴力 T 共线。因此，轴力 T 的作用线需通过框架梁柱节点中心 O 和梁柱焊缝所围成的矩形的几何中心 O'，才能保证不产生附加弯矩。

图 9-8 中右图的参数 c，由几何关系得知 $c=h\cos\varphi-b\sin\varphi=35.2\text{mm}$，$h$ 和 b 分别为节点中心 O 到梁、柱边缘的距离，φ 为支撑的倾角。根据几何条件和平衡条件，连接件受力满足式（9-6）和式（9-7）：

$$T_b+T_c=T \tag{9-6}$$

$$T_b\left(\frac{l_b}{2}\times\sin\varphi-c\right)=T_c\left(\frac{l_c}{2}\times\cos\varphi+c\right) \tag{9-7}$$

式中：T 设计为荷载；T_b 为分配到梁连接件的荷载值；T_c 为分配到柱连接件的荷载值；l_b 为梁上连接板计算长度（焊缝长度）；l_c 为柱上连接板计算长度（焊缝长度）。

由于 l_b 与 l_c 固定关系：$l_b\times\sin\varphi=l_c\times\cos\varphi+2c$，因此若已知梁上连接板长度为 l_b，则：

$$l_c=l_b\tan\varphi-\frac{2c}{\cos\varphi} \tag{9-8}$$

则式（9-6）和式（9-7）变为：

$$T_b=\frac{l_b\sin\varphi}{2l_b\sin\varphi-2c}T \tag{9-9}$$

$$T_c=\frac{l_b\sin\varphi-2c}{2l_b\sin\varphi-2c}T \tag{9-10}$$

同理，若已知柱上连接板长度为 l_c，则：

$$l_b=l_c\cot\varphi+\frac{2c}{\sin\varphi} \tag{9-11}$$

则式（9-9）和式（9-10）变为：

$$T_b=\frac{l_c\cos\varphi+2c}{2l_c\cos\varphi+2c}T \tag{9-12}$$

$$T_c=\frac{l_c\cos\varphi}{2l_c\cos\varphi+2c}T \tag{9-13}$$

计算出 T_b 和 T_c，作为连接钢板处焊缝受力计算和螺栓设计的依据。

采用 8.8 级 M22 高强度螺栓将防屈曲支撑与框架结构连接，根据规范[1] 中对高强度螺栓承压型连接的规定，在抗剪连接件中，每个高强度螺栓的承载力设计值 N_v^b 取抗剪承载力设计值 $N_v^{b'}$ 和承压承载力设计值 N_c^b 中的最小值，抗剪承载力设计值和承压承载力设计值分别为：

$$N_v^{b'}=n_v\frac{\pi d^2}{4}f_v^b=95\text{kN} \tag{9-14}$$

$$N_c^b=d\sum t f_c^b=165\text{kN} \tag{9-15}$$

式中：n_v 为螺栓受剪面数；d 为螺栓杆直径；$\sum t$ 为在不同受力方向中一个受力方向承压构件总厚度的较小值；f_v^b、f_c^b 为螺栓的抗剪和承压强度设计值。

取承载力设计值 $N_v^b = 95kN$；

在螺栓杆轴方向受拉连接中，每个高强度螺栓的承载力为：

$$N_t^b = \frac{\pi d_e^2}{4} f_t^b = 121 \tag{9-16}$$

式中：d_e 为螺栓在螺纹处对的有效直径；f_t^b 为螺栓的抗拉强度设计值。

螺栓数量 N 应根据下式计算：

$$N \geqslant \frac{T_c \sin\theta}{N_v^b} \tag{9-17}$$

$$N \geqslant \frac{T_c \cos\theta}{N_t^b} \tag{9-18}$$

取两者中较大值为最后螺栓个数。考虑到由于试件制作的误差而导致外力不能与螺栓群形心重合，仍以试件 RCF4 为例，最终计算求得连接钢板 C、D、E 处的螺栓个数分别为 18、6、9。

连接钢板的尺寸确定应考虑螺栓布置时规范中对螺栓最大、最小容许距离的规定，同时应满足焊缝连接长度的要求[1]。

9.3.3　高强钢带布置

高强钢带布置时，考虑到钢带和箍筋抗剪作用的相似性，将其等效为箍筋考虑到整体结构的受力分析中。剪力最大时，裂缝会贯通核心区，钢带的有效验算范围为 h_b（梁截面高度）。增设防屈曲支撑后，由支撑轴力传递过来的剪力是结构剪力增加的主要原因，为简便起见，认为该部分的剪力由钢带承担，则钢带布置量可根据式（9-19）计算得到：

$$\Delta V_u = \frac{f_s A_{tvs} h_b}{s} \tag{9-19}$$

式中：ΔV_u 为增设防屈曲支撑后的剪力增量；f_s 为钢带抗拉屈服强度设计值；A_{tvs} 为核心区有效验算宽度范围内同一截面验算方向钢带的总截面面积；s 为核心区内钢带的间距。

最终各试件高强钢带布置情况如下：（1）试件 RCF1 和 RCF2。本组试验重点考察防屈曲支撑对于框架结构承载能力、刚度和耗能能力的影响，因而，在试件 RCF1 和试件 RCF2 的柱端、梁柱节点核心区和整个梁跨均布置高强钢带；（2）试件 RCF3、RCF4 和 RCF5。试件 RCF3 的梁端、柱端和节点核心区不布置钢带，在试件 RCF4 和 RCF5 两个试件的柱端、梁柱节点核心区和整个梁跨均布置高强钢带，试验目的在于通过试件 RCF4 和试件 RCF5 与试件 RCF3 的试验结果对比。各试件高强钢带布置见图 9-9～图 9-11。

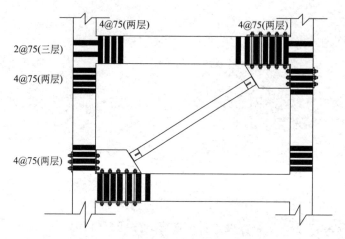

图 9-9 试件 RCF2 高强钢带布置示意图

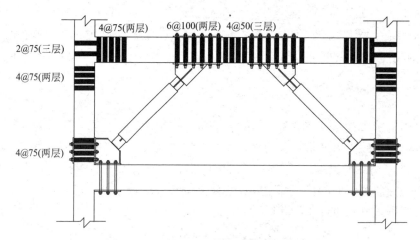

图 9-10 试件 RCF4 高强钢带布置示意图

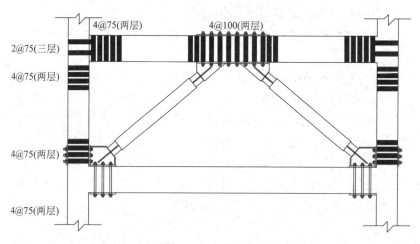

图 9-11 试件 RCF5 高强钢带布置示意图

9.4 试验方法

9.4.1 加载方案

试验在西安建筑科技大学结构工程与抗震教育部重点实验室进行。按照《建筑抗震试验规程》JGJ/T 101-2015 中的规定[3]，试验采用力-位移混合控制的加载方法进行低周反复拟静力试验，试验过程分为预加载和正式加载。试验前，先预加反复水平荷载试验两次，以消除试件内部的不均匀性和检查试验装置及各测量仪表的反应是否正常。试验开始后，采用力-位移混合控制加载。试件屈服前采用力控制并分级加载，试件屈服后采用位移控制，并以 5mm 的位移增量逐级增加。

柱顶竖向荷载采用稳压液压千斤顶施加，水平荷载采用顶点单点加载，采用 MTS 电液伺服作动器在顶层梁的中心轴处加载。试验开始时采用力控制加载，每级荷载循环 1 次，结构屈服后采用位移控制加载，为捕捉结构不同阶段的性能点，本次试验中位移增量采用 5mm，每级位移循环 3 次，直至荷载下降到峰值荷载的 85% 后终止试验。试验加载装置和加载制度示意图如图 9-12 所示。

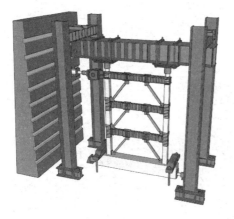

(a) 加载装置示意图

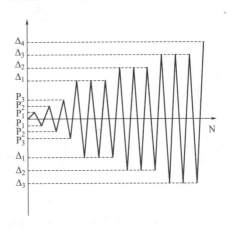

(b) 加载制度示意图

图 9-12 试验加载装置和加载制度示意图

9.4.2 量测方案

试验中通过 MTS 的 Flex 系统对 MTS 水平作动器位移和荷载进行实时采集，并通过 TDS-602 数据采集系统对试件各楼层位移、支撑轴向变形、支撑芯材应变、框架试件梁、柱钢筋和混凝土应变进行实时采集。结构各层的水平位移由位移计测量，顶层处采用线性差动变压器式位移传感器来测量，能够形成实时的结构荷载-位移滞回曲线，位移计布置如图 9-13（a）所示；在支撑两端安装有位移计用以测量支撑在加载过程中的轴向变形 ［图 9-13（b）］。在结构的关键位置布置应变片以测量该处的应变发展情况，应变测量主要包括梁端上、下纵筋的应变，耗能梁段上、下纵筋的应变、柱端纵筋的应变、支撑的应变、节点核心区箍筋及梁段箍筋的应变 ［图 9-13（c）］。

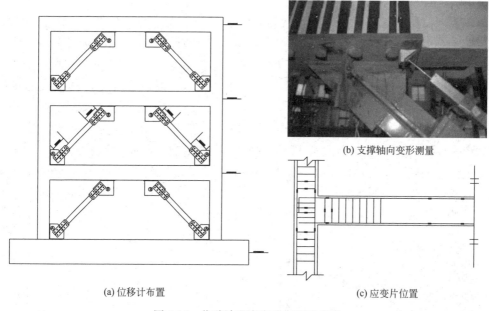

(a) 位移计布置

(b) 支撑轴向变形测量

(c) 应变片位置

图 9-13　位移计和应变片布置示意图

9.5　防屈曲支撑框架结构抗震性能试验结果分析

9.5.1　混凝土框架试验结果分析

混凝土框架（试件 RCF1 和试件 RCF3）作为结构的对比框架试件，在试验中主要观察了梁柱构件中混凝土裂缝的出现顺序，钢筋的屈服位置等，以验证结构是否满足"强柱弱梁"的设计原则。

9.5.1.1　试验现象

（1）试件 RCF1

当水平荷载加载至 30kN 时，二层梁的梁端开始出现弯曲裂缝；继续加载荷至 60kN 时，裂缝沿截面高度继续延伸，梁柱相接面裂缝开始贯通并向跨中发展，裂缝宽度增大，但柱端和梁柱节点核心区混凝土仅出现轻微开裂；试验测得的梁端部分纵筋应变已达屈服应变。此时，结构推拉向顶点位移分别达到 15.61mm 和 −19.06mm。

为更好地控制结构的变形，避免力加载出现不可预测的较大变形，在结构屈服后改用位移加载，以 5mm 的位移增量进行位移加载，每级荷载循环 3 次。当顶点位移为 −32mm 时，二层梁端的弯曲裂缝继续变宽但无新裂缝出现，表明该梁的裂缝基本出齐；其余两层的梁端也出现混凝土开裂，二层柱的柱脚和柱顶出现细微水平裂缝。当顶点位移达 −52mm 时，第二层梁端的多条竖向弯曲裂缝完全贯通，梁端出现塑性铰，且各层梁沿跨度方向还出现了部分剪切斜裂缝；柱端裂缝开展，二层梁柱节点核心区可观察到细微斜裂缝。当顶点位移到 −77mm 时，柱端裂缝和节点核心区裂缝继续开展。继续位移加载至顶点位移为 −114.5mm 时，试件二层梁端和三层柱顶部出现混凝土剥落，拉压向荷载达到峰值荷载（拉向 −113.4kN、推向 115.9kN）。继续加载至顶点拉向位移为 −137mm（推向位移为 147mm）时，拉、压向荷载分别已经下降到 −106kN 和 118kN，各层梁端均已形成塑性铰，第二层和第三层柱的柱端和节点核心区开裂严重。结构的正向和负向水平荷载分别下降至 106.3kN（87.6%）和 −95.42kN（83.3%），停止加载、试验结束。

在试件 RCF1 的加载过程中，第二层的两边梁端和第三层柱的底端的开裂最严重、破坏最明显。具体破坏过程为从第二层梁端开始、第三层和第一层梁端相继出现混凝土开裂、钢筋屈服，分别形成不同程度的梁端塑性铰；随后结构二、三层柱的柱端的出现混凝土开裂、钢筋屈服，最终在第二层和第三层的梁柱节点核心区也出现剪切裂缝和局部混凝土剥落[4]。整个试件的破坏顺序是典型的先梁、后柱再节点，达到了预期的破坏过程和破坏顺序，试件具有较好的延性。

试件 RCF1 主要的破坏形态和主要试验结果分别如图 9-14 和表 9-3 所示。

(2) 试件 RCF3

在荷载达到 30kN 之前，结构变形较小，结构基本没什么裂缝出现。当荷载达到 30kN 时，三层梁端局部开始出现细微弯曲裂缝，数量也很少；继续加载，原先出现的裂缝中有部分发生延伸，但宽度仍然很小。当荷载达到 50kN 时，裂缝不断发展，由梁端部开始向中部发展，梁端处裂缝变宽，而柱上几乎没有裂缝出现。观察到梁端部纵筋处的测点应变均较大，部分钢筋已屈服。此时结构侧移为推向 14.82mm，拉向 −19mm。

试件 RCF3 的位移加载过程仍采用 5mm 的位移增量，开始时推向位移 19mm，拉向位移 −25mm，各级荷载循环 3 圈。当位移为 25mm 时，三层柱脚处开始出现细微裂缝，梁上已有裂缝不断发展。当位移为 30mm 时，二层柱脚开始出现裂缝，三层柱脚有新裂缝出现，且位置较之前上移，原先裂缝有所延伸，

(a) 一层节点核心区

(b) 一层梁端

(c) 二层梁端

(d) 二层节点核心区

(e) 二层柱顶

(f) 三层节点核心区

图 9-14　试件 RCF1 主要的破坏形态

试件 RCF1 主要试验结果汇总表　　　　　　　　　　　　　　表 9-3

试件编号	特征点	荷载(kN)		顶点位移(mm)		层间位移(mm)					
						Δ_1		Δ_2		Δ_3	
		正	负	正	负	正	负	正	负	正	负
RCF1	屈服点	84.7	−76.0	52.8	−51.0	14.0	−12.3	20.6	−18.7	18.2	−20.0
	峰值点	121.4	−114.5	115.9	−113.4	39.1	−26.3	40.3	−46.1	36.5	−41.0
	破坏点	106.3	−95.42	145.9	−143.4	45.9	−43.1	50.7	52.0	49.3	−48.3

裂缝宽度变化不大，但梁上裂缝不断延伸且有贯通趋势。当位移为 45mm 时，一层柱脚出现裂缝，二、三层柱脚处裂缝数量继续增加，裂缝延伸并开展，此时梁柱节点核心区也有裂缝出现；此后继续加载，梁柱上的裂缝继续增加并开展，但梁上新裂缝出现较少，梁端出现部分贯通裂缝，且裂缝宽度明显变宽，节点核心区处裂缝不断发展[5]。当位移为 55mm 时，梁上裂缝几乎无新裂缝出现，梁上已有裂缝也几乎不再延伸，柱上裂缝继续开展延伸，核心区水平裂缝有贯通趋势，斜裂缝宽度变宽。加载至荷载峰值时，梁上各裂缝无变化，认为其裂缝已发展完毕，柱上裂缝仍有少数新裂缝出现，原先裂缝继续延伸变宽，核心区水平裂缝贯通，二层节点核心区混凝土剥落[5]。

在整个试验过程中，二层梁的裂缝出现较早，裂缝的发展情况快于其他层，裂缝由梁端向梁中部发展，整体裂缝分布比较分散，裂缝间距较大[2]。框架柱的裂缝较晚，梁端钢筋率先屈服，塑性铰最先出现在梁端，其裂缝宽度较大。

图 9-15 和表 9-4 分别给出了试件 RCF3 主要的破坏形态和主要试验结果。

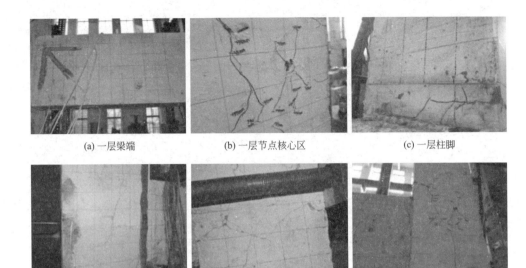

| (a) 一层梁端 | (b) 一层节点核心区 | (c) 一层柱脚 |
| (d) 三层柱顶 | (e) 二层梁端 | (f) 二层柱脚 |

图 9-15　试件 RCF3 主要的破坏形态

试件 RCF3 主要试验结果汇总表　　　　　　　　　　表 9-4

试件编号	特征点	荷载(kN)		顶点位移(mm)		层间位移(mm)					
						Δ_1		Δ_2		Δ_3	
		正	负	正	负	正	负	正	负	正	负
RCF3	屈服点	83.3	−70.5	33.5	−33.3	8.2	−6.3	13.9	−13.0	11.1	−14.3
	峰值点	97.8	−82.3	65.4	−60.9	13.1	−10.1	27.7	−23.9	24.2	−27.1
	破坏点	88.2	−69.9	75.6	−75.9	14.3	−10.4	32.8	−28.6	28.2	−37.0

9.5.1.2　滞回曲线和骨架曲线

由试验得到的试件 RCF1 和试件 RCF3 的荷载-位移滞回曲线及试件的骨架曲线分别如图 9-16 和图 9-17 所示。

从图 9-16 和图 9-17 可以看出：

（1）在加载初期，试件均处于弹性阶段，其整体变形与荷载为线性关系。在钢筋达到屈服之前，出现轻微的裂缝，试件总变形不大，滞回曲线的斜率几乎不变，试件的侧向刚度变化不大，卸载后的残余变形很小，试件在拉压作用下所构成的滞回环不明显。

（2）钢筋屈服之后，在往复荷载的作用下，原有裂缝不断地开展和延伸，钢筋的拉应变和混凝土的压应变逐渐增大，总变形持续增加，滞回曲线逐渐变平缓。混凝土受拉裂缝的开展，钢筋与混凝土间出现相对滑移以及混凝土受压区残余变形不断积累，导致试件 RCF1 和试件 RCF3 的滞回曲线上出现捏拢。卸载初

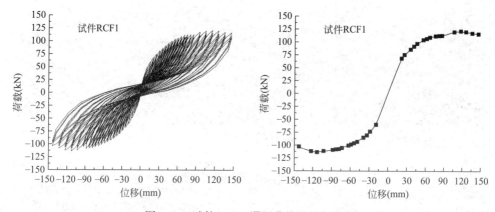

图 9-16　试件 RCF1 滞回曲线和骨架曲线

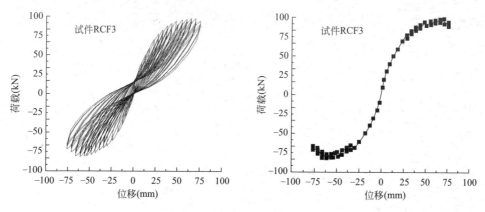

图 9-17　试件 RCF3 滞回曲线和骨架曲线

期，曲线较为陡峭，随着荷载逐渐减小，曲线趋于平缓，反复加卸载后，试件卸载曲线的斜率逐渐减小，表明了框架卸载刚度在逐渐退化。卸载后，试件出现残余变形，且随着加卸载次数增加残余变形不断地增大。

（3）试件 RCF1 的顶点位移远大于试件 RCF3，主要原因是因为试件 RCF1 中的梁柱及节点核心区均布置了高强钢带，高强钢带可以抑制混凝土的开裂，提高结构的延性，由试件 RCF1 的骨架曲线中可以明显看出，尽管试件的变形不断增大，但是其承载力并没有出现明显下降。试件 RCF1 在推拉向的最大荷载分别达到了 121.4kN 和 −118.0kN，最大层间位移为 52mm（二层拉向），相应位移角达到 1/28.85，而试件 RCF3 的拉、压极限荷载分别达到框架达到极限承载力 82.3kN 和 98kN，最大层间位移达到 37mm（第三层拉向），最大层间位移角达到 1/40.5，这也表明了由于混凝土开裂受到抑制，试件的最大荷载有所提高，但是高强钢带在提高结构延性的贡献更为显著。

9.5.1.3　承载力和刚度

由试验得到两个框架结构的拉压峰值荷载分别为 82.3kN 和 98kN，121.4kN 和 118.0kN。不同荷载级下层间刚度的计算可由式（9-20）得到，图 9-18 给出了各层层间刚度退化曲线。

$$K_i = \frac{|+P_i| + |-P_i|}{|+\Delta_i| + |-\Delta_i|} \tag{9-20}$$

式中：P_i、Δ_i 分别为第 i 次循环峰值点的荷载和位移。

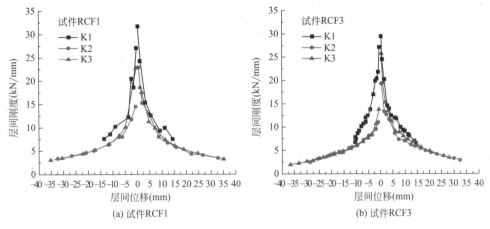

图 9-18　各层层间刚度退化曲线（试件 RCF1 和试件 RCF3）

从图 9-18 可知，试件 RCF1 和试件 RCF3 的层间刚度退化规律相似。在加载初期，结构刚度值较大，随着荷载的往复增加，裂缝出现和延伸发展，结构侧向刚度值下降较快；结构进入弹塑性阶段后，由于大量裂缝的贯通以及塑性铰的出现，结构内部的损伤积累到一定程度，结构刚度的退化逐渐趋于平稳，侧向刚度大幅度降低。试件一层由于地梁的约束作用，其刚度值最大，而顶层由于试验中加载梁的影响，其层间刚度相对于二层也稍大。

9.5.1.4　延性和耗能

试件 RCF1 中由于布置有高强钢带，抑制了裂缝的出现和发展，在试验过程中裂缝的发展较为缓慢，结构的延性和耗能能力较好，而试件 RCF3 中由于混凝土开裂较早，裂缝的开展较快，导致钢筋和混凝土之间出现明显滑移变形，试件 RCF3 的滞回曲线大致呈反 S 形，滞回曲线形状不饱满，捏拢现象明显，结构的延性和耗能能力较差，主要原因是试件 RCF3 只能依靠梁柱的抗弯能力及变形能力来抵抗水平荷载，但梁柱的抗弯能力以及变形能力有限，在较大的水平荷载作用下，结构会发生较大的变形，导致梁柱构件甚至整个结构过早的破坏。

经分析得到，试件 RCF1 的总耗能为 154566kN·mm，试件正负向的屈服位移分别为 52.79mm 和 −51.01mm，极限位移为 145.91mm 和 −127.90mm，其延性系数为 2.76 和 2.81；而试件 RCF3 的总耗能为 48438kN·mm，试件拉压向的屈服位移分别为 33.5mm 和 −33.3mm，极限位移为 75.6mm 和 −75.9mm，其延性系数为 2.26 和 2.28。

9.5.1.5 等效黏滞阻尼系数

根据试验得到的滞回曲线，可以求得试件 RCF1 和试件 RCF3 在各特征点下的等效黏滞阻尼系数，计算结果如表 9-5 所示。

试件 RCF1 和试件 RCF3 等效黏滞阻尼系数计算结果　　　表 9-5

试件特征点　　计算变量	顶点位移角[顶点位移(mm)/试件总高(mm)]							
	试件 RCF1				试件 RCF3			
	1/500	1/250	1/100	1/75	1/500	1/250	1/100	1/75
E_p(kN·mm)	232	402	1362	1877	277	616	1229	4301
E_c(kN·mm)	429	778	3342	5870	621	1528	4966	12149
ζ	0.086	0.082	0.065	0.051	0.086	0.076	0.056	0.064

注：E_p 为滞回环一圈耗散的能量；E_c 为结构在预定目标位移下的应变能。

从表 9-5 可知，结构等效黏滞阻尼系数和结构的变形密切相关，随着位移的增加，结构的等效黏滞阻尼系数随着改变。试件 RCF1 中等效黏滞阻尼系数随着位移的增加而减小，可能是因为结构的滞回曲线并不是很饱满；试件 RCF3 中在位移角为 1/75 时，等效黏滞阻尼系数反而有所增加，可能是因为结构发生了严重的破坏，混凝土的剥落等耗散了一定的能量。

9.5.2 防屈曲单斜支撑加固框架试件 RCF2

防屈曲单斜支撑框架中各层支撑的布置方向一致，试验过程中同样观察了混凝土框架梁柱构件裂缝的发展情况，支撑的变形情况以及外套筒是否发生鼓曲等。

9.5.2.1 试验现象

试件 RCF2 仍采用力和位移混合加载模式进行拟静力试验。考虑到防屈曲支撑对框架试件承载力的提高，试件 RCF2 以 30kN 的荷载增量进行加载。由于支撑与框架梁柱节点连接处以及支撑与框架梁的连接处同时受到了轴力，剪力以及弯矩的共同作用，导致该连接处的受力机理相对复杂，受力较大。

当水平荷载为 60kN 时，二层梁端开始出现细微的弯曲裂缝，防屈曲支撑无明显变形，柱端、节点核心区也没有变化。继续加载至 120kN 时，二层梁端裂缝数量增多，宽度变宽，其他层梁无明显开裂现象[4]。相对于试件 RCF1，防屈曲支撑使试件 RCF2 的整体侧移刚度大幅度提升，此时试件顶点位移仅为 −7.44mm，试件最大层间侧移发生在第二层，层间位移角为 0.0018。当水平荷载继续增加到 180kN 时，二层梁端原有裂缝向梁侧面沿梁高度方向发展，一、三层梁端也出现细小裂缝，且观察到二层处防屈曲支撑的外筒和内芯之间有微小的相对错动和滑移，防屈曲支撑的应变接近屈服应变，试件的荷载-位移曲线开始出现拐点，认为结构发生屈服[4]。此时试件 RCF2 顶点处的推向位移为 15mm，拉向位移为 16mm。

防屈曲支撑屈服后开始进行位移加载，仍以 5mm 为位移增量。当水平推向位移为 27mm 时，二层梁端裂缝开展比较明显，并在两侧面出现少许剪切斜裂缝，一、三层梁端的裂缝不断发展，三层柱底处开始出现轻微裂缝；二层防屈曲支撑的外筒和内芯之间的滑移增大，其余两层的防屈曲支撑也开始出现外筒和内芯之间的错动滑移。加载至推向位移为 56mm 时，柱端的裂缝继续开展，二层梁柱节点核心区开裂，二层梁柱纵筋处的应变值达到屈服应变；各层防屈曲支撑外筒与内芯的相对滑动十分明显。当拉向位移为 −77mm 时，二层梁端裂缝基本贯通，形成梁端塑性铰，三层柱顶出现了由于局部受压导致的竖向裂缝，其他各层的柱端、梁柱节点核心区的裂缝继续开展。继续加载到拉向位移为 −91mm 时，二、三层的梁柱核心区开裂破损严重，并出现了局部混凝土剥落现象；各层防屈曲支撑变形较大（外筒和芯材之间最大滑移约为 40mm）。继续加载到推向位移 124mm 时，二层防屈曲支撑外套筒出现明显的鼓屈，支撑端部出现了较大的裂口，内填高强砂浆外露，整体试件水平荷载也随即达到峰值荷载（拉向 −464kN、压向 384kN）[1]。加载至拉向位移为 −125mm，试件的二、三层梁柱节点核心区也开裂严重，混凝土出现严重剥落，拉向和压向水平荷载分别下降至 −412kN（88.7%）和 311kN（81%）时，停止加载、试验结束。

试件 RCF2 试验过程中，由于防屈曲支撑大幅度提到了结构的抗侧刚度，其承载力也得到大幅度提升，混凝土框架的受力情况也随之增加。试验过程中观察到的破坏顺序如下：防屈曲支撑率先发生屈服，然后梁端出现塑性铰，最后柱端出现塑性铰。结构最大弹塑性层间位移角达到 1/29.9，超过规范中 1/50 的限值要求，表现出良好抗震性能[4]。

试件 RCF2 的各主要部位裂缝形态详见图 9-19，表 9-6 给出了试件 RCF2 的主要试验结果。

9.5.2.2　滞回曲线和骨架曲线

由试验得到的试件 RCF2 的荷载-位移滞回曲线及试件的骨架曲线如图 9-20 所示。从图 9-20 得到以下结论：

（1）在加载初期，试件 RCF2 处于弹性阶段，试件的侧移随着荷载增加线性变化；滞回曲线的初始斜率相对试件 RCF1 提高较大，表明支撑的布置大幅度提高了整体结构的抗侧刚度，在与试件 RCF1 相同荷载作用下，试件的侧移非常小，卸载后试件几乎没有残余变形，此时试件在往复荷载作用下所构成的滞回环不明显。

(a) 一层梁端　　　　　　　　(b) 二层节点核心区(左)　　　　(c) 二层节点核心区(右)

(d) 二层支撑滑移　　　　　　(e) 外套筒鼓曲　　　　　　　(f) 三层柱顶局部破坏

图 9-19　试件 RCF2 主要破坏形态

试件 RCF2 主要试验结果汇总表　　　　　　　　　　　　　　　表 9-6

试件编号	特征点	荷载(kN)		顶点位移(mm)		层间位移(mm)					
						Δ_1		Δ_2		Δ_3	
		正	负	正	负	正	负	正	负	正	负
RCF2	屈服点	167.7	−99.56	17.3	−13.5	3.6	−2.8	6.5	−5.57	6.2	−5.1
	峰值点	384.2	−463.9	124.5	−114.7	35.1	−33.5	48.1	−44.0	41.3	−37.3
	破坏点	311.9	−412.2	127.9	−125.4	34.7	−36.3	50.1	−47	43.2	−42.1

注：屈服点表示防屈曲支撑屈服，下文中无特殊说明与本节一致。

（2）随着往复荷载的继续增加，试件侧移逐渐增加，防屈曲支撑开始发生屈服，试件的侧移和荷载不再呈现线性关系，混凝土框架的梁柱构件出现裂缝，并不断地开展和延伸，梁柱钢筋应变增大，总变形持续增加，随着防屈曲支撑屈服，试件的抗侧刚度有所下降。

（3）防屈曲支撑屈服后，试件承载力仍继续增大，框架结构梁、柱、节点等位置裂缝开展比较缓慢，试件中并没有出现明显滑移现象，试件 RCF2 的滞回曲线中未出现"捏拢"现象，防屈曲支撑进入弹塑性阶段并开始耗能，试件的滞回曲线比较饱满，表明了防屈曲支撑良好改善了混凝土框架结构的承载力和耗能能力。

（4）当混凝土框架结构中的二层层间侧移角达到 1/150 时，防屈曲支撑内芯开始脱出外套筒，此时混凝土框架中的裂缝主要集中在框架梁端（以二层梁端居多），柱端和节点核心区也有裂缝出现，由于防屈曲支撑屈服及混凝土框架梁柱裂缝的发展，结构的抗侧刚度开始出现缓慢退化。

（5）继续加载至混凝土框架结构二层层间位移角达到 1/50 时，防屈曲支撑外套筒可以观察到鼓曲情况，支撑内芯变形严重，但防屈曲支撑仍具有较好的承载能力；混凝土框架梁柱钢筋大部分均已屈服，梁、柱及节点处的裂缝开展情况严重，但随着位移的增加，试件的水平承载力仍有所增加，表明了对于混凝土框架结构，在规范规定的变形要求下，防屈曲支撑为其提供了良好的安全储备。

（6）与试件 RCF1 相比，防屈曲单斜支撑混凝土框架结构的滞回曲线较为饱满，试件的抗侧刚度和承载能力具有大幅度的提高，滞回曲线包围的面积较大，试件有良好的耗能能力。在往复荷载作用下，试件 RCF2 的刚度退化较慢，曲线的"捏拢"现象不明显。试件 RCF2 在往复荷载作用下的拉、压极限荷载分别达到384.2kN 和 463.9kN，最大层间位移达到 50.1mm（第二层推向），最大层间位移角为 1/29.94，具有良好弹塑性变形能力；试件 RCF2 的耗能达到 1420178kN·mm，表明了防屈曲支撑可以耗散绝大多数的能量。

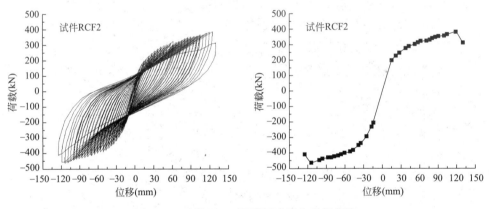

图 9-20　试件 RCF2 的滞回曲线和骨架曲线

9.5.2.3　承载力和刚度

由试验得到试件 RCF2 的拉压承载力分别为 384.2kN 和 463.9kN，图 9-21给出了各层层间刚度退化曲线，计算结果仍由式（9-20）计算得到。

从图 9-21 可知，与试件 RCF1 相比，试件 RCF2 的抗侧刚度有很大提高。在加载初期，试件 RCF2 的抗侧刚度较大，随着荷载的往复增加，防屈曲支撑发生屈服以及混凝土框架梁柱等构件上裂缝的出现和延伸发展，试件侧向刚度值下降较快；结构进入塑性阶段后，防屈曲支撑核心段沿长度方向均发生屈服，混凝土框架梁柱构件上大量裂缝的贯通，框架梁端出现塑性铰，试件 RCF2 的侧向刚度大幅度降低，但其刚度退化逐渐趋于平稳。

9.5.2.4　延性和耗能

试件 RCF2 中防屈曲支撑的布置提高了整体结构的抗侧刚度和承载能力，且

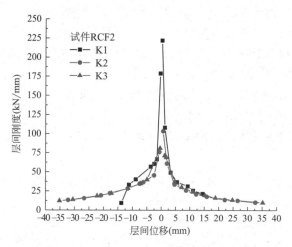

图 9-21　各层层间刚度退化曲线（试件 RCF2）

在试验过程中钢筋和混凝土之间未出现明显的相对滑移，钢带的布置提高结构的延性，延缓了混凝土框架梁柱的开裂以及钢筋的屈服，而防屈曲支撑改善了结构的耗能能力，支撑屈服后利用本身的塑性变形耗散能量，试件 RCF2 的滞回曲线较为饱满，且在较大的层间位移角下，防屈曲支撑变形较大，但仍能保持较好的性能。

经分析得到，试件 RCF2 总耗能为 1420178kN·mm，为试件 RCF1 总耗能的 9.188 倍。对于试件 RCF1，防屈曲支撑不仅提高了试件的极限位移，同时也延缓了试件的屈服，为了更好比较，本文中以防屈曲支撑屈服对应的试件侧向位移为试件 RCF2 的屈服位移。经分析得到试件拉压向的屈服位移分别为 17.26mm 和 −13.48mm，极限位移为 127.9mm 和 −125.3mm，其延性系数为 7.41 和 9.29。

9.5.2.5　等效黏滞阻尼系数

根据试验得到的试件 RCF2 的滞回曲线，可以求得试件 RCF2 在各特征点下的等效黏滞阻尼系数，计算结果如表 9-7 所示。

试件 RCF2 等效黏滞阻尼系数计算结果　　　　表 9-7

试件特征点 计算变量	试件 RCF2			
	顶点位移角[顶点位移(mm)/试件总高(mm)]			
	1/500	1/250	1/100	1/75
E_p(kN·mm)	1101	2903	13934	40187
E_c(kN·mm)	1813	5437	16832	38597
ζ	0.097	0.085	0.132	0.166

从表 9-7 可知，与混凝土框架试件 RCF1 相比，结构的等效黏滞阻尼系数有了很大的提高。结构的等效黏滞阻尼系数一开始时随着结构变形增加而有所下降，主要是因为位移较小时结构裂缝发展缓慢，结构的耗能比结构应变能增长速度慢，在较大位移下，试件 RCF2 的等效黏滞阻尼系数较大，主要是因为防屈曲支撑进入塑性阶段后耗散了大量的能量。

9.5.3　防屈曲偏心支撑加固框架 RCF4

防屈曲偏心支撑框架中支撑采用偏心布置，其耗能梁段长度为 600mm。试验过程中同样观察了混凝土框架中柱裂缝以及普通梁裂缝的出现顺序，耗能梁段的破坏情况，同时观察了防屈曲支撑的变形情况，外套筒是否发生鼓曲等。

9.5.3.1　试验现象

试件 RCF4 加载制度与试件 RCF3 类似，采用力与位移混合控制加载方式，在水平荷载达到 240kN 前，水平加兹安往复一次，每次荷载增量为 40kN。在荷载达到 160kN 之前，试件的侧向位移非常小，推拉方向的侧移均小于 7mm，同时由于钢带对混凝土的环箍作用，梁柱上几乎没有裂缝产生，此时支撑轴向变形非常小，仍处于弹性阶段。当荷载达到 240kN 时，梁上有少数裂缝出现，且主要集中在框架梁端部，二层梁端裂缝出现较多，而柱端及节点核心区几乎没有裂缝出现，在 3 层柱顶加载处由于竖向荷载的局部作用出现些许细微裂缝，支撑轴向变形仍较小，支撑外套筒与内核钢板连接处出现开裂。此时，结构在推向侧移达到 14mm，拉向达到 17mm。

试验继续采用位移加载进行，每级荷载往复加载 3 次，位移增量为 5mm，开始推向为 19mm，拉向为 −22mm。当位移加载为 32mm 时，2 层耗能梁段开始出现轻微斜裂缝，框架梁上出现少数弯曲裂缝，但裂缝宽度较小，裂缝之间的间距较大，二层柱脚及节点核心区处开始出现裂缝，3 层柱顶原先有的裂缝也有所延伸开展，防屈曲支撑核心段的应变较大，达到了 $1020\mu\varepsilon$，且支撑内核与外套筒之间开裂越来越明显，支撑核心段开始慢慢脱离外套筒。当位移加载达到 44mm 时，框架结构中的钢筋几乎都发生屈服，耗能梁段处混凝土开裂较为明显；当位移持续加载到 74mm 时，二层层间位移角达到规范规定的 1/50，耗能梁段处混凝土破坏严重，大部分混凝土被压溃剥落，钢筋开始暴露，但此时结构仍能继续受力。当推向位移加载至 97mm，拉向荷载加至 92mm 时，试件推拉荷载均达到最大值，继续加载试件峰值荷载开始缓慢退化，当荷载下降到峰值荷载的 85% 时，三层柱顶混凝土被压碎，大面积混凝土剥落，为避免继续加载发生突发破坏，终止本次试验。试验结束时试件 RCF4 的结构最大层间位移角达到 1/36，超出了规范中 1/50 的要求。整个试验过程中，裂缝发展比较缓慢，防屈曲支撑先于混凝土框架结构构件发生屈服，耗能梁段的破坏先于普通梁的破坏，框架柱上出现裂缝晚于框架梁上裂缝出现，基本上达到了预期的塑性铰机制，同时在达到峰值荷载后，防屈曲支撑继续发挥作用，试件承载力的退化较为缓慢，符合结构延性破坏的要求。

图 9-22 和表 9-8 分别给出了试件 RCF4 主要的破坏形态和主要试验结果。

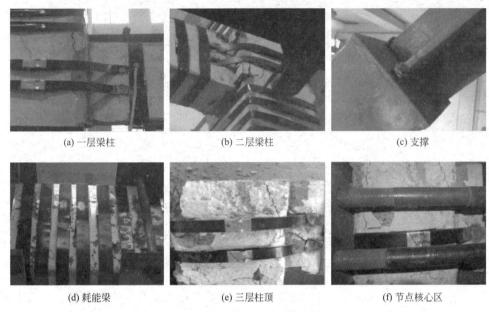

| (a) 一层梁柱 | (b) 二层梁柱 | (c) 支撑 |
| (d) 耗能梁 | (e) 三层柱顶 | (f) 节点核心区 |

图 9-22 试件 RCF4 主要破坏形态

试件 RCF4 主要试验结果汇总表   表 9-8

试件编号	特征点	荷载(kN)		顶点位移(mm)		层间位移(mm)					
						Δ_1		Δ_2		Δ_3	
		正	负	正	负	正	负	正	负	正	负
RCF4	屈服点	313.3	−301.7	16.4	−15.6	1.7	−3.0	7.6	−5.7	7.1	−6.8
	峰值点	589.0	−602.9	97.8	−94.5	22.4	−19.2	39.7	−35.5	35.6	−39.8
	破坏点	475.8	−485.0	118.6	112.5	29.9	−27.4	45.2	−42.1	43.6	−43.0

9.5.3.2 滞回曲线和骨架曲线

由试验得到的试件 RCF4 的荷载-位移滞回曲线及试件的骨架曲线如图 9-23 所示。从图 9-23 得到以下结论：

（1）在加载初期，荷载较小时，试件 RCF4 处于弹性阶段，试件的侧移与荷载为线性关系。滞回曲线的初始斜率相对试件 RCF3 提高较大，表明支撑的布置大幅度提高了整体结构的抗侧刚度，在与试件 RCF3 相同荷载作用下，试件的侧移非常小。支撑处应变较小，水平力随着水平位移仍保持成比例增长，试件的侧向刚度线性增加，卸载后试件几乎没有残余变形，此时试件在往复荷载作用下所构成的滞回环不明显。

（2）随着往复荷载的不断增加，试件变形逐渐增加，试件二层的防屈曲支撑发生屈服，试件的变形和荷载不再呈现线性关系，混凝土框架的梁柱构件出现裂缝，并不断地开展和延伸。此外，钢筋的拉应变和混凝土的压应变逐渐增大，总变形持续增加，而试件抗侧刚度有所下降。

（3）防屈曲支撑屈服后，试件承载力仍继续增大，但框架结构梁、柱、节点等位置裂缝开展比较缓慢，虽然整体变形增加，但并没有出现滑移现象。随变形增加试件 RCF4 的滞回曲线中未出现"捏拢"现象，防屈曲支撑进入弹塑性阶段并开始耗能，试件的滞回曲线比较饱满，表明了防屈曲支撑良好改善了混凝土框架结构的承载力和耗能能力。

（4）当混凝土框架结构中的二层层间侧移角达到 1/150 时，由于耗能段剪切斜裂缝较多，试件开始出现轻微的"捏拢"现象。混凝土框架中的裂缝主要集中在框架梁端（以二层梁端居多），柱端和节点核心区也有裂缝出现，试件总体变形仍是以弯曲变形为主；由于防屈曲支撑屈服，结构的抗侧刚度开始出现缓慢退化。

（5）继续加载至混凝土框架结构二层层间位移角达到 1/50 时，混凝土框架梁柱钢筋大部分均已屈服，梁、柱及节点处的裂缝延伸开展，试件整体的抗侧刚度退化，滞回曲线出现了一定的"捏拢"。防屈曲支撑仍具有较好的承载能力，随着位移的增加，试件的水平承载力仍在继续增大，表明了对于混凝土框架结构，在规范规定的变形要求下，防屈曲支撑为其提供了良好的安全储备。

（6）与试件 RCF3 相比，防屈曲偏心支撑混凝土框架结构的滞回曲线非常饱满，试件的抗侧刚度和承载能力具有大幅度的提高，滞回曲线包围的面积较大，试件有良好的耗能能力。在往复荷载作用下，试件 RCF4 的刚度退化较慢，曲线的"捏拢"现象不明显。试件 RCF4 在往复荷载作用下的拉、压极限承载能力分

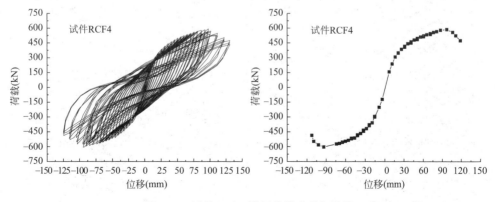

图 9-23　试件 RCF4 滞回曲线和骨架曲线

别达到 602.9kN 和 589.0kN，最大层间位移达到 45.2mm（第二层推向），最大层间位移角达到 1/32.2，具有良好弹塑性变形能力；试件 RCF4 的耗能达到 2011676kN·mm，表明了防屈曲支撑可以耗散绝大多数的能量。

9.5.3.3　承载力和刚度

由试验中得到试件 RCF4 的拉压承载力分别为 602.9kN 和 589.0kN，图 9-24 则给出了各层层间刚度退化趋势。

从图 9-24 可知，与试件 RCF3 类似，在加载初期，试件 RCF4 的抗侧刚度较大，随着荷载的往复增加，防屈曲支撑发生屈服以及混凝土框架梁柱等构件上裂缝的出现和延伸发展，试件侧向刚度值下降较快；结构进入塑性阶段后，支撑核心段沿长度方向均发生屈服，混凝土框架梁柱构件上大量裂缝的贯通，框架梁端出现塑性铰，试件 RCF4 的侧向刚度退化逐渐趋于平稳，侧向刚度值大幅度降低。与试件 RCF3 类似，试件一层由于地梁的约束影响，其层间刚度值最大，而顶层由于试验中加载梁的影响，其层间刚度相对于二层也稍大。

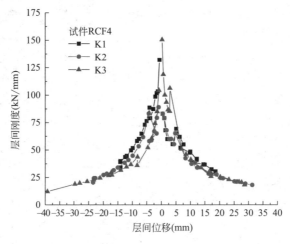

图 9-24　各层层间刚度退化曲线（试件 RCF4）

9.5.3.4　延性和耗能

试件 RCF4 在试验过程中钢筋和混凝土之间未出现明显的相对滑移变形，防屈曲支撑的布置改善了结构的耗能能力，耗能梁段改善了框架结构的内力分布，在防屈曲支撑屈服后利用本身的塑性变形耗散能量，进一步延缓了混凝土框架的破坏，试件 RCF4 的滞回曲线饱满，试件 RCF4 在达到峰值荷载后承载力没有急剧下降，保证了试件 RCF4 的延性。

经分析得到，试件 RCF4 总耗能为 2011676kN·mm，为试件 RCF3 的 41.53 倍。经分析得到试件拉压向的屈服位移分别为 21.2mm 和 −19.4mm，极限位移为 131.3mm 和 −124.8mm，其延性系数为 6.21 和 6.43。

9.5.3.5　等效黏滞阻尼系数

根据试验得到的试件 RCF4 的滞回曲线，可以求得试件 RCF4 在各特征荷载下的等效黏滞阻尼系数，计算结果如表 9-9 所示。

试件 RCF4 等效黏滞阻尼系数计算结果　　　　　　　　　表 9-9

计算变量　　试件特征点	试件 RCF4			
	顶点位移角（顶点位移/试件总高）			
	1/500	1/250	1/100	1/75
E_p(kN·mm)	1059.7	4707.0	26203.1	35029.8
E_c(kN·mm)	1787.8	7191.6	27528.5	34000.5
ζ	0.094	0.104	0.151	0.164

与试件 RCF2 类似，结构的等效黏滞阻尼系数较混凝土框架有了很大的提高。随着变形的增加，试件 RCF4 的等效黏滞阻尼系数增加，防屈曲支撑表现出良好的耗能能力。

9.5.4　防屈曲中心支撑加固框架 RCF5

防屈曲中心支撑框架（试件 RCF5）为试件 RCF4 的对比框架，主要为了研究支撑布置方式以及耗能梁对于结构性能的影响。同样地，在试验过程中主要观察了框架梁柱的裂缝出现以及发展过程，梁中部与支撑连接处混凝土的开裂情况，防屈曲支撑的变形以及外套筒的鼓曲情况。

9.5.4.1　试验现象

当试件的水平荷载为拉向 160kN 时，结构二层层间位移角达到 1/550，防屈曲支撑轴向变形很小，防屈曲支撑核心段以及混凝土和钢筋的应变均很小，试件 RCF5 的侧移和荷载呈线性变化关系[2]。当荷载达到推向 200kN 时，试件二层梁端混凝土开裂，随着荷载的增加，三层和一层梁端也出现开始竖向裂缝。当荷载达到拉向 240kN 时，框架梁上已出现了较多的裂缝，原有裂缝有所延伸和开展，而在柱端和节点核心区未发现明显裂缝，防屈曲支撑仍处于弹性阶段，轴向变形较小，防屈曲支撑核心段与外套筒之间未出现开裂现象[5]。

在试件 RCF5 的层间位移角达到规范规定的屈服位移角要求（1/550）后，改用位移加载，每级加载的位移增量为 5mm 且每级荷载往复加载三圈。当推拉方向位移都为 20mm 时，试件 RFC5 中二层和一层的防屈曲支撑相继发生受拉屈服，但未发生受压失稳的现象，在二层梁大约 1/3 梁段处和框架梁与防屈曲支撑连接部位开始出现斜向的剪切裂缝。随着荷载的增大，试件变形逐渐明显，裂缝不断开展延伸，同时在防屈曲支撑和框架梁的连接处剪切裂缝不断增多，防屈曲支撑发生屈服进入弹塑性阶段开始耗能，防屈曲支撑约束段与外套筒之间的出现开裂，防屈曲支撑核心部分开始脱离外套筒，二、三层柱柱顶和节点核心区产生新裂缝。当推向位移达到60mm时，各层框架梁与防屈曲支撑的连接处出现大量剪切斜裂缝，防屈曲支撑与框架梁中部的连接板发生轻微变形，二层梁柱核心区裂缝长度和宽度大幅增加，各层柱顶都出现裂缝；随着荷载的增加，混凝土框架通过自身的塑性变形和支撑的塑性变形来耗能，其裂缝不断延伸和开展，防屈曲支撑内芯残余变形逐渐明显。当推向和拉向位移达到90mm时，试件RCF2二层层间位移角达到1/50，二、三层梁端出现塑性铰，防屈曲支撑与框架梁中间连接处段混凝土破坏严重，大面积混凝土开始剥落，连接板有明显的弯曲现象，试件达到极限承载力。继续加载试件的承载力开始出现缓慢退化，三层柱顶混凝土被压溃，试件破坏程度比较严重，承载力下降到85%，试验结束，此时试件的层间位移角达到1/30，也超出了规范中弹塑性层间位移角1/50的要求[5]。

整个试验过程中，试件各构件出现裂缝数量较试件RCF3少，裂缝开始发展较慢，然而到加载中后期，由于防屈曲支撑与框架梁连接时并未完全对中以及防屈曲支撑在拉压荷载作用下并非完全对称，连接部位出现了不平衡力导致了连接处中产生了较大的剪力作用，框架梁产生大量的剪切斜裂缝并快速延伸开展，该部位的混凝土破坏较严重，且钢筋和混凝土直接发生了相对滑移。相比于试件RCF4，由于不平衡力导致试件的损伤累积较为严重，试件中出现严重的局部破坏，试件RCF4的承载力和刚度退化比试件RCF5来得快，且由于过早的剪切破坏导致试件的极限承载力也较试件RCF4小；与试件RCF4类似，试件RCF5中的防屈曲支撑先于混凝土框架结构发生屈服，框架梁端先出现裂缝，继而柱端出现裂缝，在框架梁端出现塑性铰，总体上满足了预期的塑性铰机制，试件达到峰值荷载后承载力的退化较为缓慢，总体上也满足了延性破坏的要求。

试件RCF5主要的破坏形态主要试验结果分别如图9-25和表9-10所示。

9.5.4.2 滞回曲线和骨架曲线

由试验得到的试件RCF5的荷载-位移滞回曲线及试件的骨架曲线如图9-26所示。从图9-26得到以下结论：

（1）在加载初期，水平荷载较小，试件RCF5的侧移非常小，试件处于弹性阶段，其侧移与荷载的变化呈线性关系。滞回曲线的初始斜率相对试件RCF3提高较大，表明支撑的布置大幅度提高了整体结构的抗侧刚度，相比前两个试件，试件RCF5的初始刚度最大；卸载后试件几乎没有残余变形，此时试件在往复荷载作用下所构成的滞回环不明显。

（2）随着往复荷载的继续增加，试件侧移逐渐增加，与试件RCF4类似，试件RCF5中二层的防屈曲支撑首先发生屈服，试件的侧移和荷载不再是线性变化。梁柱构件特别是框架梁端以及框架梁和防屈曲支撑的连接部位开始出现裂缝，并不断地开展和延伸，总变形持续增加，钢筋的拉应变和混凝土的压应变逐

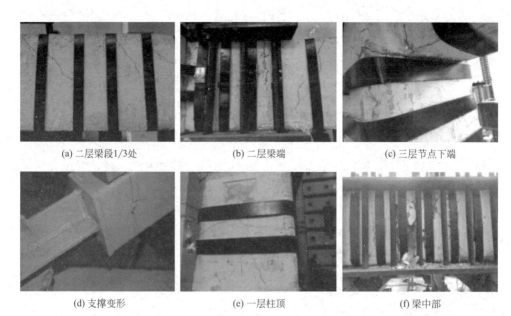

| (a) 二层梁段1/3处 | (b) 二层梁端 | (c) 三层节点下端 |
| (d) 支撑变形 | (e) 一层柱顶 | (f) 梁中部 |

图 9-25　试件 RCF5 主要破坏形态

试件 RCF5 主要试验结果汇总表　　　　　　　　　　表 9-10

试件编号	特征点	荷载(kN)		顶点位移(mm)		层间位移(mm)					
						Δ_1		Δ_2		Δ_3	
		正	负	正	负	正	负	正	负	正	负
RCF5	屈服点	257.3	−246.2	10.5	−14.7	2.4	−3.8	3.2	−5.8	3.6	−5.1
	峰值点	500.6	−488.9	70.0	−85.6	19.3	−21.6	25.2	−30.5	21.6	−31.2
	破坏点	425.5	−415.6	108.8	−116.4	28.3	−24.8	43.5	−43.7	33.2	−42.3

渐增大，但随着防屈曲支撑的屈服，试件的抗侧刚度有所下降。

（3）防屈曲支撑屈服后，继续加载时试件承载力仍继续增大，对于防屈曲支撑与框架连接时未能完全对中以及防屈曲支撑直接的拉压荷载存在轻微的差异导致框架梁和防屈曲支撑的连接部位在不平衡力作用下开始出现大量的剪切裂缝，该处的钢筋和混凝土直接发生相对滑移。随变形增加，试件 RCF5 的滞回曲线中出现相对明显的"捏拢"现象；防屈曲支撑进入弹塑性阶段并开始耗能，试件的滞回曲线相对试件 RCF3 饱满性有所改善，其承载力也远大于试件 RCF3 的承载力，表明了防屈曲支撑良好改善了混凝土框架结构的承载力和耗能能力。

（4）当混凝土框架结构中的二层层间侧移角达到 1/150 时，试件 RCF5 二层的框架梁中部出现了贯通的剪切斜裂缝，混凝土开始剥落，框架梁端（以二层梁端居多），柱端和节点核心区也有裂缝出现。防屈曲支撑和外围约束套筒之间出现开裂，此时防屈曲支撑核心段沿长度方向大都已经屈服，防屈曲支撑对结构提供的侧向刚度有限，试件 RCF5 的承载力在随着位移的增加几乎没有什么增加。

（5）继续加载至混凝土框架结构二层层间位移角达到 1/50 时，混凝土框架梁中部的剪切破坏相当严重，大部分混凝土剥落，滞回曲线的捏拢愈加明显；梁柱钢筋大部分均已屈服，梁、柱及节点处的裂缝延伸开展，抗侧刚度退化明显。此时防屈曲支撑仍具有较好的承载能力，随着位移的增加，尽管混凝土框架结构的破坏较为严重，试件仍保持较高的承载能力，表明了防屈曲支撑能够为混凝土框架结构提供一定的安全储备，保证结构不会发生承载力突变。

（6）与试件 RCF3 相比，试件 RCF5 的滞回曲线稍微饱满一些，但存在和试件 RCF3 类似的捏缩现象。试件的抗侧刚度和承载能力具有大幅度的提高，滞回曲线包围的面积较大，试件耗能能力有所提高；与试件 RCF4 对比，试件 RCF5 有较大的初始刚度，但是结构最终的承载力却较低，且滞回曲线也没有试件 RCF4 的饱满，表明在损伤不断累积情况下，试件 RCF5 各方面的性能退化较试件 RCF4 快。试件 RCF5 在往复荷载作用下的拉、压极限承载能力分别达到 500.6kN 和 −488.9kN，最大层间位移达到 43.7mm（第二层推向），最大层间位移角达到 1/34.3，具有良好弹塑性变形能力。

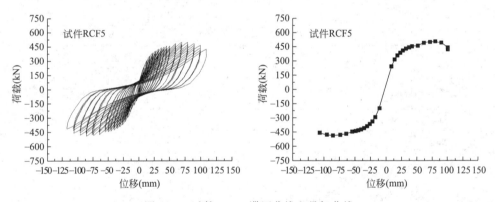

图 9-26 试件 RCF5 滞回曲线和骨架曲线

9.5.4.3 承载力和刚度

由试验得到框架结构的拉压承载力分别为 500.6kN 和 488.9kN，图 9-27 给出了各层层间刚度退化曲线。

从图 9-27 可知，与试件 RCF4 类似，在加载初期，试件 RCF5 的抗侧刚度较大，随着荷载的往复增加，防屈曲支撑发生屈服以及混凝土框架梁柱等构件上裂缝的出现和延伸发展，试件刚度逐渐降低。开始时试件侧向刚度值下降较快，结构进入塑性阶段后，支撑核心段沿长度方向均发生屈服，框架梁中部和防屈曲支撑连接部位出现的剪切斜裂缝以及混凝土框架梁柱构件上大量裂缝的贯通，框架梁端出现塑性铰，侧向刚度值大幅度降低，试件 RCF5 的侧向刚度退化逐渐趋于平稳。与前两个试件类似，试件一层由于地梁的约束影响，其层间刚度值最大，

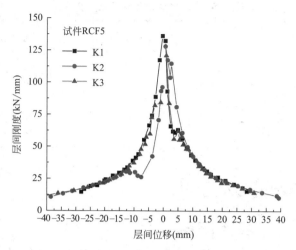

图 9-27　各层层间刚度退化曲线（试件 RCF5）

而顶层由于试验中加载梁的影响，其层间刚度相对于二层也稍大。

9.5.4.4　延性和耗能

试件 RCF5 在试验过程中在框架梁中部由于存在的不平衡力导致钢筋和混凝土之间出现相对滑移变形，试件在往复荷载作用下出现了一定的"捏缩"现象。相对于试件 RCF3，防屈曲支撑的布置提高了整体结构的抗侧刚度和承载能力，改善了结构的耗能能力，延缓了混凝土框架梁柱构件的开裂以及钢筋的屈服，同时提高了整体结构的极限位移，防屈曲支撑在屈服后利用本身的塑性变形耗散能量，试件 RCF5 的滞回曲线相对比较饱满，且在较大的层间位移角下，防屈曲支撑仍能保持较好的性能，同样地，试件 RCF5 在达到峰值荷载后承载力没有急剧下降，保证了试件 RCF5 的延性。

试件 RCF5 的耗能达到 816903kN·mm，是试件 RCF3 的 16.86 倍，尽管试件 RCF5 中梁段出现了不利结构变形和延性的剪切破坏，但是防屈曲支撑仍在很大程度上改善了混凝土框架的耗能能力。经分析得到试件拉压向的屈服位移分别为 10.5mm 和－14.7mm，极限位移为 108.8mm 和－116.4mm，其延性系数为 10.36 和 7.92。

9.5.4.5　等效黏滞阻尼系数

同理，试验得到的试件 RCF5 的滞回曲线，可以求得试件 RCF5 在各特征荷载下的等效黏滞阻尼系数，计算结果如表 9-11 所示。

从表 9-11 可知，试件 RCF5 的等效黏滞阻尼系数随着变形的增加变化不大。位移较小时，混凝土梁中部的破坏已较为明显，框架梁耗散了一定的能量；较大位移下，相对于试件 RCF4，试件 RCF5 的等效黏滞阻尼系数偏小，表明了框架梁过早发生破坏会影响防屈曲支撑耗能性能的发挥。

试件 RCF5 等效黏滞阻尼系数计算结果   表 9-11

试件特征点 计算变量	试件 RCF5			
	顶点位移角[顶点位移(mm)/试件总高(mm)]			
	1/500	1/250	1/100	1/75
E_p(kN·mm)	1522.4	3729.0	16205	27700
E_c(kN·mm)	1956.4	4685.2	19063	29798
ζ	0.124	0.127	0.135	0.140

9.5.5　试验结果对比分析

9.5.5.1　滞回曲线和骨架曲线

荷载-位移滞回曲线是试件在循环荷载作用下抗震性能的综合体现，主要反映构件的承载能力、延性性能、刚度退化规律和耗能能力等性能；骨架曲线反映了构件受力和变形的关系，是进行结构抗震弹塑性动力反应分析的主要依据。图 9-28 为各试件水平荷载-位移滞回曲线及曲线外包线形成的骨架曲线对比结果。从图 9-28 可以看出：

（1）试件在恒定竖向荷载和水平往复荷载作用下经历了开裂、屈服、极限和破坏四个阶段，但在试件骨架曲线上并未出现屈服拐点，表明试件的屈服是一个从局部向整体逐渐扩散的过程。

（2）防屈曲支撑可以显著提高结构的承载力，改善结构的耗能性能；试件 RCF4 的结构承载力和极限位移均大于试件 RCF5，表明了防屈曲偏心支撑混凝土框架中的耗能梁可以进一步改善结构的抗震性能[6]。

（3）试件 RCF1 的极限位移大于试件 RCF3，表明了高强钢带有利于提高结构的延性，且在较大变形下，结构的承载力下降不明显。

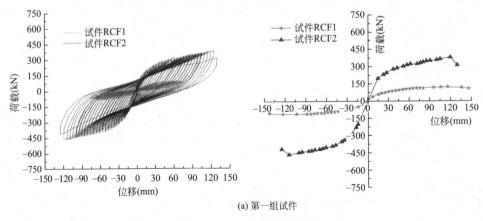

(a) 第一组试件

图 9-28　滞回曲线和骨架曲线对比（一）

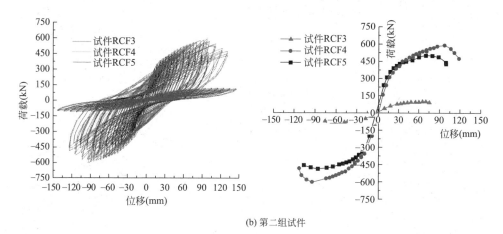

(b) 第二组试件

图 9-28　滞回曲线和骨架曲线对比（二）

9.5.5.2　承载力和刚度

表 9-12 中给出了各试件的屈服荷载，峰值荷载和极限荷载。从表 9-13 可以看出，防屈曲支撑大幅度提高了结构的承载力，试件 RCF4 的承载力提高幅度最大，可能原因是结构中耗能梁段改善了其内力分布，而试件 RCF5 虽然其初始抗侧刚度较大，但是梁段过早破坏导致其承载力提高幅度受限。

各试件主要试验结果汇总表　　　　　　　表 9-12

试件编号 特征点	第一组试件				第二组试件					
	RCF1		RCF2		RCF3		RCF4		RCF5	
	正	负	正	负	正	负	正	负	正	负
屈服荷载(kN)	84.7	−76.0	167.7	−99.56	83.3	−70.5	313.3	−301.7	257.3	−246.2
峰值荷载(kN)	121.4	−114.5	384.2	−463.9	97.8	−82.3	589.0	−602.9	500.6	−488.9
极限荷载(kN)	106.3	−95.42	311.9	−412.2	88.2	−69.9	475.8	−485.0	425.5	−415.6

图 9-29 给出了两组试件中各试件层间刚度退化曲线图。从图中可以看出，各个试件的层间刚度大小不同，但是其刚度的退化曲线基本上是一致的，且一层和三层的层间刚度略大于二层的层间刚度，主要是由于地梁和加载梁的约束作用提高了其层间刚度。

9.5.5.3　延性和耗能

表 9-13 中列出了各个试件在正向和负向荷载作用下的延性系数。表中屈服位移数值中，前一个数值由等效能量法得到，第二个数值则为防屈曲支撑屈服时对应的结构侧移。从表 9-13 可以看出，各试件的延性系数相对于混凝土框架结构均有很大程度的提高，表明了防屈曲支撑显著提高了结构在进入塑性阶段后的变形能力，主要是由于防屈曲支撑具有良好的耗能能力，延缓了主体结构的破

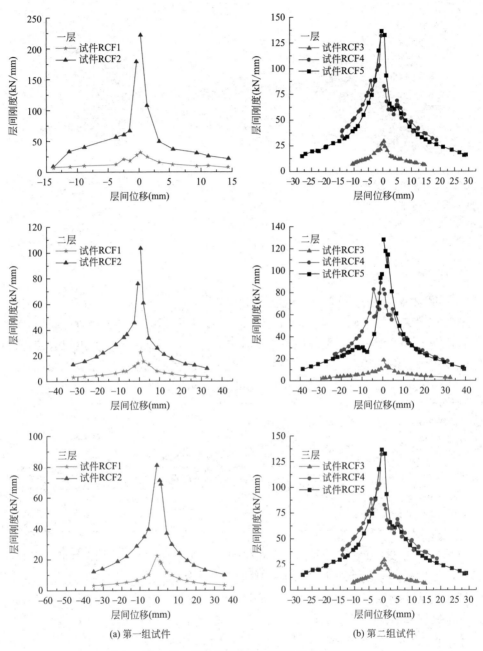

图 9-29　试件各层层间刚度及退化曲线

坏，提高了结构的极限位移。试件 RCF5 中框架梁中部出现的不平衡力使得框架梁中部破坏严重，结构发生内力重分布，支撑承担了更大的荷载作用，防屈曲支撑的屈服提前，而支撑屈服后仍有较好的塑性变形能力，提高了结构的极限位移，因而其延性系数较高。

各试件位移延性系数计算结果　　　　　　表 9-13

计算变量	正向				
	第一组试件		第二组试件		
	RCF1	RCF2	RCF3	RCF4	RCF5
Δ_y(mm)	52.8	58.9/17.26	33.5	48.94/21.2	30.7/10.5
Δ_μ(mm)	145.9	127.9	75.6	131.3	108.8
μ	2.76	2.17/7.42	2.26	2.68/6.21	3.54/10.36

计算变量	负向				
	第一组试件		第二组试件		
	RCF1	RCF2	RCF3	RCF4	RCF5
Δ_y(mm)	−51.0	−55.76/−13.48	−33.3	−46.99/−19.4	−38.8/−14.7
Δ_μ(mm)	−143.4	−125.3	−75.9	−124.8	−116.4
μ	2.81	2.25/9.29	2.28	2.66/6.43	3.0/7.92

注：表中"/"前后的数值分别表示根据能量等效法得到的屈服位移和防屈曲支撑屈服时对应的结构位移。

图 9-30 给出了试件在不同的结构变形下的耗能对比情况，从图 9-30 可以看出：

（1）随着变形的增加，各个试件的耗能均呈现上升趋势。对于混凝土框架结构，其主要利用梁柱构件的变形进行耗能，而梁柱构件的变形能力有限，因而试件 RCF1 和试件 RCF3 的耗散能量较小，且增长缓慢。相对于试件 RCF3，试件 RCF1 中布置的高强钢带有利于改善结构中梁柱的开裂情况，在较大变形下，结构能维持一定的承载力而不下降。

（2）对于防屈曲支撑混凝土框架结构，各试件的耗能均有很大程度提高，试件的耗能随着侧移的增加快速增长，表明了防屈曲支撑作为有效的耗能构件，能够耗散绝大部分能量。试件 RCF4 的耗能最多，主要是因为在结构中存在耗能梁，耗能梁利用其本身的塑性变形可以耗散一定的能量，试件 RCF4 在较大变形情况下框架梁中部出现剪切斜裂缝，并且快速延伸和开展，吸收了一定的输入能量，同时框架结构的非线性需求降低，试件发生内力重分布，防屈曲支撑承担了大部分的荷载，产生了较大的塑性变形，耗散的较多的能量。

（3）在加载后期，试件 RCF5 的破坏较为严重，防屈曲支撑的塑性变形也累积到了一定程度，无法再继续大量耗散能量，而试件 RCF4 一直保持着稳定的性能，在加载后期防屈曲偏心支撑中耗能梁与支撑直接的协调关系体现出了一定的优越性，二者协调工作，在防屈曲支撑屈服后，耗能梁也可以利用其变形耗散一定的能量，作为结构的第二道防线。

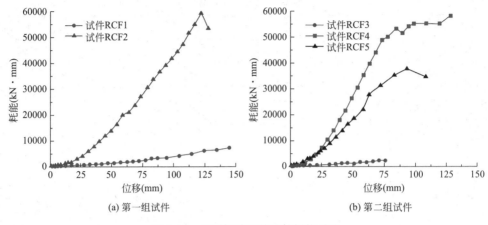

图 9-30　相同侧移下的试件耗能对比

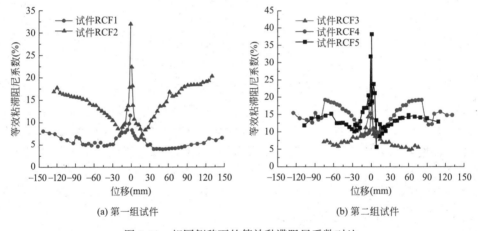

图 9-31　相同侧移下的等效黏滞阻尼系数对比

　　图 9-31 给出了两组试件在不同的结构变形下的等效黏滞阻尼系数随结构变形的变化情况。从图 9-31 可以看出，在结构变形达到某个值前，等效黏滞阻尼系数随着结构变形的增大而减小，而超过某个值后再随着结构变形的增加而增大。

9.5.5.4　试件层间位移角限值

　　分别对防屈曲单斜支撑混凝土框架（试件 RCF2），防屈曲偏心支撑混凝土框架（试件 RCF4）以及防屈曲中心支撑混凝土框架（试件 RCF5）的拟静力试验结果进行分析，通过观察试验过程中结构损伤的发展情况，计算得到三榀试件在不同状态下的层间位移角，计算结果如表 9-14 所示。

防屈曲支撑混凝土框架不同损伤状态下的层间位移角　　　表 9-14

试件名称	层间位移角		出现位置		宏观现象描述
	推向	拉向	推向	拉向	
	最小	最大	最小	最大	
RCF2	−1/414	+1/261	底层	中间层	混凝土框架中几乎没有裂缝产生,梁柱完好,防屈曲支撑未发生屈服;结构基本处于弹性状态,卸载时没有残余变形产生
RCF4	+1/542	+1/334	顶层	中间层	
RCF5	+1/426	−1/188	顶层	中间层	
RCF2	−1/237	+1/141	底层	中间层	防屈曲支撑开始屈服;主体结构中与支撑相连部位(耗能段)有轻微裂缝出现,梁柱钢筋未发生屈服,节点完好,结构变形较小
RCF4	−1/237	+1/153	底层	顶层	
RCF5	+1/161	+1/88	底层	中间层	
RCF2	−1/180	+1/104	底层	中间层	梁中纵向钢筋开始屈服,结构梁端出现多条弯曲裂缝,梁端开始形成塑性铰;梁中部有轻微斜裂缝出现,节点处有轻微裂缝出现,结构未出现较大变形
RCF4	−1/164	−1/89	底层	中间层	
RCF5	+1/111	−1/51	底层	顶层	
RCF2	+1/122	+1/52	底层	中间层	防屈曲支撑塑性明显,主体框架梁端裂缝发展严重,与支撑相连部位(耗能段)混凝土破坏严重,框架柱端混凝土开裂,结构整体有较大塑性变形,卸载后残余变形明显;主体框架保持稳定,结构仍具有足够的承载储备
RCF4	−1/79	+1/41	底层	顶层	
RCF5	+1/86	−1/39	底层	顶层	
RCF2	−1/62	−1/34	底层	顶层	防屈曲支撑累积塑性变形较大,结构承载力主要由梁柱提供,而梁柱破坏严重,梁端以及中部混凝土大面积剥落,柱纵向钢筋大面积屈服,混凝土剥落,柱顶混凝土压溃;结构的承载力退化明显
RCF4	−1/55	+1/33	底层	中间层	
RCF5	+1/65	−1/30	底层	顶层	

注：表中"+"表示推向,"−"表示拉向。

从表 9-14 可以看出,在相近的损伤状态下,各个试件的层间位移角存现一定的差异,且出现的位置不尽相同,这可能是由于混凝土材料本身的差异性以及测量的误差造成的。考虑防屈曲支撑混凝土框架结构是介于混凝土框架结构和框架-剪力墙结构之间的结构体。结合本次试验结果,可将其弹性层间位移角限值取为 1/600,其弹塑性层间位移角限值取为 1/40。

9.6　本章小结

本章通过 2 榀未加固与 5 榀不同形式的高强钢带-BRB 支撑组合加固 RC 框